中国城市科学研究系列报告

中国城市科学研究会　主编

中国建筑节能年度发展研究报告 2008

2008 Annual Report on China Building Energy Efficiency

中国工程院咨询项目

 清华大学建筑节能研究中心　著

中国建筑工业出版社

图书在版编目（CIP）数据

中国建筑节能年度发展研究报告 2008/清华大学建筑节能研究中心著. —北京：中国建筑工业出版社，2008
中国城市科学研究系列报告
ISBN 978-7-112-09346-5

Ⅰ.中… Ⅱ.清… Ⅲ.建筑-节能-研究报告-中国-2008 Ⅳ.TU111.4

中国版本图书馆 CIP 数据核字（2008）第 009606 号

党的十七大报告把节能减排作为我们今后长期的重要任务，建筑作为与工业、交通并列的三大用能主体，其节能问题得到了我国各级政府和社会各界越来越高的重视。目前我国的城镇建设已进入高速发展时期，建筑能源消耗也呈现出逐年增长的趋势。在这样的背景下，认清我国的建筑用能现状和发展趋势，落实科学发展观，走出一条具有中国特色的建筑节能途径，对于我国的节能减排工作具有重要意义。本书对我国的建筑能耗现状与发展、节能潜力和节能任务做了详细分析，提出了适合我国国情的建筑节能战略和节能途径，并归纳了各种建筑节能技术和政策，对这些节能措施应用于不同地区和不同建筑时的适宜性进行了总结。

本书读者对象为各级政府领导和建设领域节能工作主管人员，以及科研机构、大专院校的研究人员。

* * *

责任编辑：齐庆梅　张文胜
责任设计：郑秋菊
责任校对：安　东　王　爽

中国城市科学研究系列报告
中国城市科学研究会　主编
中国建筑节能年度发展研究报告 2008
2008 Annual Report on China Building Energy Efficiency
中国工程院咨询项目
清华大学建筑节能研究中心　著

*

中国建筑工业出版社出版、发行（北京西郊百万庄）
各地新华书店、建筑书店经销
北京密云红光制版公司制版
北京七彩京通数码快印有限公司印刷

*

开本：787×960 毫米　1/16　印张：18¾　字数：314 千字
2008 年 3 月第一版　2016 年 4 月第二次印刷
定价：40.00 元
ISBN 978-7-112-09346-5
（16010）

版权所有　翻印必究
如有印装质量问题，可寄本社退换
（邮政编码　100037）

《中国建筑节能年度发展研究报告》顾问委员会

主任：仇保兴

委员：(以拼音为序)：

陈宜明　韩爱兴　何建坤　胡静林

赖　明　倪维斗　王庆一　吴德绳

武　涌　徐锭明　寻寰中　赵家荣

周大地

本书作者

清华大学建筑节能研究中心：

江亿（第1章，第2章，3.1.1，3.2.1，3.3.1，附录四）
杨秀（第1章，第2章，附录一，附录二）
张声远（第1章，第2章，附录一，附录三）

付 林（1.3，3.2.3，3.3.2～3.3.6）	魏 庆（1.5）
杨旭东（1.6，3.7.8）	燕 达（2.1）
朱颖心（2.3，附录五）	林波荣（3.1.1～3.1.5）
刘兰斌（3.2.2）	王 刚（3.4.1）
李先庭（3.4.2）	石文星（3.4，3.5.1）
王宝龙（3.4.4）	刘晓华（3.5.2）
谢晓云（3.5.2）	李 震（3.5.3）
顾道金（3.6.1）	刘 烨（3.6.2）
张寅平（3.8）	王 馨（3.8）
张晓亮（3.9）	单 明（3.7.1，3.7.7）
秦 蓉（附录六）	陈毅兴（2.1.1）

特邀作者：

北京市可持续发展促进中心	邢永杰（3.7.1，3.7.6）
美国普渡大学	陈清焰（3.1.5）
香港大学	李玉国（3.7.4，3.7.9）
大连理工大学	陈 滨（3.7.3）
清华大学	李定凯（3.7.5）
西安建筑科技大学建筑学院	刘加平（3.7.2，3.8）
深圳市建筑科学研究院	马晓雯（附录七）

序　言

建设资源节约型社会，是中央根据我国的社会、经济发展状况，在对国内外政治经济和社会发展历史进行深入研究之后做出的战略决策，是为中国今后的社会发展模式提出的科学规划。节约能源是资源节约型社会的重要组成部分，建筑的运行能耗大约为全社会商品用能的三分之一，并且是具有节能潜力最大的用能领域，因此应将其作为节能工作的重点。

不同于"嫦娥探月"或三峡工程这样的单项重大工程，建筑节能是一项涉及全社会方方面面，与工程技术、文化理念、生活方式、社会公平等多方面问题密切相关的全社会行动。其对全社会介入的程度很类似于一场新的人民战争。而这场战争的胜利，首先要"知己知彼"，对我国和国外的建筑能源消耗状况有清晰的了解和认识；要"运筹帷幄"，对建筑节能的各个渠道，各项任务做出科学的规划。在此基础上才能得到合理的政策策略去推动各项具体任务的实现，也才能充分利用全社会当前对建筑节能事业的高度热情，使其转换成为建筑节能工作的真正成果。

从上述认识出发，我们发现目前我国建筑节能工作尚处在多少有些"情况不明，任务不清"的状态。这将影响我国建筑节能工作的顺利进行。出于这一认识，我们开展了一些相关研究，并陆续发表了一些研究成果，受到有关部门的重视。随着研究的不断深入，我们逐渐意识到这种建筑节能状况的国情研究不是通过一个课题或一项研究工作就可以完成的，而应该是一项长期的不间断的工作，需要时刻研究最新的状况，不断对变化了的情况做出新的分析和判断，进而修订和确定新的战略目标。这真像一场持久的人民战争。基于这一认识，在国家能源办、建设部、发改委的有关领导和学术界许多专家的倡议和支持下，我们准备与社会各界合作，持久进行这样的国情研究。作为中国工程院"建筑节能战略研究"咨询项目的部分内容，从2007年起，我们每年把建筑节能领域的国情研究最新成果汇编成书，以《中国建筑节能年度发展研究报告》这种形式向社会及时汇报。

本书是继2007年研究报告后的第二本。与第一本相比，其结构有如下调整：

全书分四部分，包括前三章和一个附录。第1章为我国建筑能源消耗状况与中外建筑能耗对比，由此可对我国建筑节能问题有总体认识；第2章是一年来我们在建筑节能国情研究中的主要心得，提出要实现建筑节能的目标，必须走与自然和谐的具有中国特色的建筑节能之路。我们认为这可能是在中国实现建筑节能的关键。第3章汇集了与当前建筑节能工作密切相关的技术、机制和政策问题，可供从事相关领域第一线工作的同志查阅参考。电气系统节能，包括建筑内的输配电、照明、拖动及控制系统的节能，应该是建筑节能中非常重要的组成部分，由于种种原因，这一部分内容一直没能组织好，因此没能包括在今年这本报告中。这决不是认为电气系统节能不重要，而是由于它太重要了而写不出完全满意的稿。2009年的年度报告将包括这部分内容。与2007年报告一样，本年度报告还包括了一个很大的附录。其中大多数内容在2007年的基础上有所订正，同时还增加了一些我们认为有必要的新内容。以后我们希望把此书的结构固定。第1、3章和附录的主题不变，内容根据每年情况的变化和认识的深入进行调整，第2章则根据当年建筑节能的主要问题与工作重点选择不同的主题进行深入讨论。对于时间有限的读者，请一定通读第1章，以了解本书最主要内容。衷心希望读者能用一些时间通读第2章，与我们一起探讨一下，实现我国建筑节能的关键在哪里。

  本书提供的重要信息之一就是中国建筑能耗数据。目前世界上统计建筑能耗的方法尚无统一的科学标准，不同的方法甚至可能得出一些不同的结论。2007年报告中我们使用了我们提出的"等效电法"来换算不同类型的能源，我们认为这是更符合能源自身特性规律的分析转换方法。然而，这一方法与目前国内通行的"标准煤"方法不一致，由此在某些数据上引起一些误解。为了使本书的数据更容易被理解和与其他文献比较，本年度报告中的能耗数据我们一律改为"标准煤"的体系。除了电力以外的其他能源，一律按照其热量等量地折合为标准煤；对于电力则根据我国的平均发电煤耗（2004年是354g/kWh）折合为标准煤。我们盼望着等效电法能尽早被能源界和全社会所接受，我们也能尽早改回等效电法去分析建筑能耗。那样将可以给出对整个能源流动与转换过程的更清晰的图案。

  2007年报告中尚缺少全面和可信的农村建筑用能数据。为此2006、2007两年我们组织了800多人次的学生志愿者进行了农村能源状况的实际调查。他们对我国24个省市自治区的200多个县市的典型村、典型户进行了深入的调查和分析，初步得到我国农村建筑能耗的第一手数据。统计结果表明，我国农村建筑能耗远远高于原来认识的"低商品能耗，高生物质初级能源"的状况，北方农村实际使用的燃煤量超过1

亿吨。这一数值远超出国家统计局统计年鉴中的相关的燃煤统计数据。看来目前我国农村各类小煤窑产煤通过各种非正式渠道进入农村的燃煤量会在1亿吨标煤左右。这一事实动摇了我们原来得出的"建筑能耗占我国商品能源总量的18.8%"的认识，考虑到这一亿吨标煤和其他一些因素，我们现在得到的初步认识是：我国城乡建筑运行能耗约占我国商品能源总量的25.5%。希望这一数据能帮助我们更清楚地认识当前开展的建筑节能工作。如我在2007年报告的序言中所说，本书中的许多数据仍然是不准确的，许多认识也可能不全面，甚至存在谬误。然而，这些数据的收集、分析和计算可能是长期的任务，对一些问题的认识也可能是长期的争论。等到这些都有了最终的结果再向社会公布，可能将贻误战机，严重影响我国建筑节能工作的大计。从这一考虑出发，我们还是发表了这些不成熟的数据，给出这些不成熟的看法。希望得到社会各界的批评与纠正。我们也将继续像这次一样，随着对更多数据的掌握和对问题认识的深入，在每年的年度报告中随时改正，逐渐完善。

党的十七大报告把节能减排作为我们今后长期的重要任务，生态文明应成为中华民族文化建设的重要内容。我们今年在建筑节能国情研究中深深认识到，要实现我国建筑节能的长远目标，核心也是要开展生态文明的建设，协调人与自然的关系，倡导节省能源节省资源的生活模式，营造与自然和谐的人居环境。从这一理念出发，按照科学发展观，我们提出：建筑节能属消费领域，不同于物质生产领域；不能单纯追求提高能源利用效率，而要从降低能源消费总量出发，倡导节约能源的消费模式；建筑节能不能采用"贴标签"式，单纯追求采用了多少节能技术，更重要的是看实际消耗了多少能源，应该从实际用能数据出发。这一观点在本书第2章中有充分讨论。我们认为只有这样才有可能实现我国建筑节能的长远目标。希望这一观点能够引起社会上更多的人的关注与讨论。

感谢社会各界对这本书的关注、帮助、扶植、批评和建议。除前页列出的作者外，还要感谢李一力、李炳华、陈大华、戴威、蔡宏武、王鑫、王远与周翔等人对本书做出的贡献，包括提供的观点、文稿、数据和建议。我总觉得现在交出的这本书距社会各界的希望与要求还差得太远。我们一定投入更大的力量，全面调查，潜心研究，不断探索，使这本报告一年比一年好，使其为中国的建筑节能事业真正做出贡献。

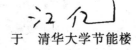

于 清华大学节能楼

目 录

第1章 我国建筑能耗现状

1.1 建筑能耗统计方法 ………………………………………………… 1
1.2 建筑能耗整体状况 …………………………………………………… 3
    1.2.1 我国建筑能耗的特点和建筑分类 ……………………………… 3
    1.2.2 各类建筑能源消耗 ……………………………………………… 4
    1.2.3 中外建筑能耗比较 ……………………………………………… 6
1.3 城镇采暖能耗状况 …………………………………………………… 8
    1.3.1 北方城镇采暖 …………………………………………………… 8
    1.3.2 北方城镇采暖节能的主要任务 ………………………………… 15
    1.3.3 长江流域采暖 …………………………………………………… 16
1.4 城镇住宅除采暖外能耗状况 ………………………………………… 17
    1.4.1 城镇住宅除采暖外的能耗总体状况 …………………………… 18
    1.4.2 城镇住宅除采暖外能耗的分项分析 …………………………… 19
    1.4.3 城镇住宅除采暖外能耗的分项中外对比 ……………………… 20
    1.4.4 城镇住宅除采暖外能耗的发展趋势 …………………………… 21
1.5 公共建筑能耗状况 …………………………………………………… 23
    1.5.1 各类大型公共建筑能耗总量 …………………………………… 24
    1.5.2 大型公建能耗的中外对比 ……………………………………… 25
    1.5.3 各类大型公共建筑的分项能耗 ………………………………… 27
    1.5.4 大型公建空调能耗 ……………………………………………… 29
    1.5.5 普通公建的用能状况 …………………………………………… 32
    1.5.6 目前公共建筑发展中的严峻问题和当前的节能任务 ………… 32
1.6 农村建筑能耗状况 …………………………………………………… 33

  1.6.1 农村建筑能源消费总量及结构 ………………………………… 34
  1.6.2 各项生活用能情况 ……………………………………………… 36
  1.6.3 农村室内环境问题 ……………………………………………… 39
  1.6.4 农村节能的主要任务 …………………………………………… 40
1.7 我国的建筑能耗预测和节能战略分析 ………………………………… 42
1.8 全球各国的人均生态足迹 ……………………………………………… 45

第 2 章 实现中国特色的建筑节能

2.1 建筑能耗差异分析 ……………………………………………………… 47
  2.1.1 长江流域住宅建筑的采暖 ……………………………………… 48
  2.1.2 住宅能耗的差异 ………………………………………………… 50
  2.1.3 办公建筑能耗差异 ……………………………………………… 53
2.2 从建筑能耗差异中得到的启示 ………………………………………… 59
  2.2.1 建筑提供的服务和能源消耗 …………………………………… 59
  2.2.2 对建筑节能领域中一些观点的分析 …………………………… 62
  2.2.3 建筑节能的真正目的和任务 …………………………………… 64
2.3 人类需要什么样的室内热环境 ………………………………………… 65
  2.3.1 决定居住者热舒适的基本参数 ………………………………… 65
  2.3.2 稳态空调环境的设定温度与传统热舒适理论 ………………… 67
  2.3.3 非空调环境下的热舒适 ………………………………………… 69
  2.3.4 冬季采暖环境下的热舒适 ……………………………………… 73
  2.3.5 小结 ……………………………………………………………… 74
2.4 营造与自然和谐的建筑室内环境的途径 ……………………………… 75
  2.4.1 室内外通风换气 ………………………………………………… 76
  2.4.2 室内的温度湿度控制 …………………………………………… 77
2.5 营造自然和谐的室内环境，实现中国特色的建筑节能 ……………… 81

第 3 章 建筑节能措施评价

3.1 围护结构 ………………………………………………………………… 83
  3.1.1 什么情况下需要保温 …………………………………………… 83

3.1.2 保温技术 …… 89
3.1.3 遮阳技术 …… 91
3.1.4 双层皮幕墙技术 …… 92
3.1.5 自然通风器和呼吸窗技术 …… 96

3.2 采暖节能技术 …… 99
3.2.1 采暖末端计量与调节 …… 99
3.2.2 基于分栋热计量的末端通断调节与热分摊技术 …… 101
3.2.3 电厂循环水供热 …… 105

3.3 建筑能源转换和能源供应技术 …… 108
3.3.1 吸收式制冷机 …… 108
3.3.2 区域供冷 …… 110
3.3.3 各种热电联产发电装置介绍 …… 112
3.3.4 燃煤热电联产供热 …… 116
3.3.5 燃气式区域性热电联产和热电冷联产 …… 119
3.3.6 建筑热电冷联供系统 …… 120

3.4 热泵技术 …… 123
3.4.1 土壤源热泵 …… 125
3.4.2 地下水水源热泵 …… 131
3.4.3 地表水源热泵 …… 134
3.4.4 空气源热泵 …… 138
3.4.5 热泵系统末端装置与输配系统的设置 …… 140

3.5 室内热湿环境营造新技术 …… 141
3.5.1 变制冷剂流量的多联机系统 …… 141
3.5.2 温湿度独立控制空调系统 …… 145
3.5.3 热管型机房专用空调设备 …… 155

3.6 大型公共建筑节能的管理措施 …… 158
3.6.1 大型公共建筑用电分项计量 …… 158
3.6.2 大型公共建筑全过程节能管理体系 …… 160

3.7 农村节能技术 …… 166
3.7.1 农宅围护结构保温技术 …… 166
3.7.2 窑洞民居技术 …… 169

	3.7.3 被动式太阳能采暖技术	170
	3.7.4 中国炕技术	173
	3.7.5 农林固体剩余物致密成型燃料及其燃烧技术	176
	3.7.6 高效低排放户用生物质半气化炉具	179
	3.7.7 沼气技术	179
	3.7.8 生物质气化技术	182
	3.7.9 农村室内环境综合改善技术	184
	3.7.10 农村建筑节能小结	186
3.8	太阳能利用	187
	3.8.1 太阳能的特点及其在建筑节能中的应用形式	187
	3.8.2 太阳能热水器	187
	3.8.3 太阳能光电池及其应用	190
	3.8.4 太阳能热泵和空调	192
	3.8.5 太阳能应用举例	193
3.9	住宅能耗标识	196

附录一 建筑能耗相关数据汇总

1	全国数据	201
	1.1 人口与GDP相关数据	201
	1.2 能源消费相关数据	204
	1.3 建筑使用产品消费相关数据	211
	1.4 建筑相关数据	214
2	地方数据	216
	2.1 人口与GDP相关数据	216
	2.2 建筑相关数据	218
3	国际数据	222
	3.1 人口与GDP相关数据	222
	3.2 能源消费相关数据	223
	3.3 建筑相关数据	225
4	能源计量单位换算	226

附录二 2004年中国建筑能耗计算说明

1 各类建筑面积计算方法及结果 ……………………………………………… 227
2 各类建筑能耗计算方法及计算结果 ………………………………………… 227
　2.1 农村建筑能耗 ………………………………………………………… 228
　2.2 城镇采暖能耗 ………………………………………………………… 230
　2.3 城镇住宅除采暖外的能耗 …………………………………………… 231
　2.4 公共建筑除采暖外的能耗计算方法 ………………………………… 235
　2.5 我国建筑能耗的总体消耗情况 ……………………………………… 237
3 从宏观统计模型计算的建筑能耗数据 ……………………………………… 238
　3.1 建筑总能耗的上限值 ………………………………………………… 238
　3.2 北方城镇采暖能源消耗的校核 ……………………………………… 239
　3.3 住宅建筑能源消耗的校核 …………………………………………… 239
　3.4 公共建筑能源消耗的校核 …………………………………………… 240

附录三 中国建筑能耗发展过程计算说明

1 各类建筑面积计算方法及计算结果 ………………………………………… 241
2 各类建筑能耗计算方法及计算结果 ………………………………………… 242

附录四 能源统计中不同类型能源核算方法的探讨

1 引言 …………………………………………………………………………… 245
2 我国能耗统计中的核算方法及存在的问题 ………………………………… 245
　2.1 我国能耗统计中的核算方法 ………………………………………… 245
　2.2 目前能耗核算方法存在的问题 ……………………………………… 246
3 新的不同类型能源间的换算方法：等效电法 ……………………………… 249
　3.1 换算方法 ……………………………………………………………… 249
　3.2 应用实例 ……………………………………………………………… 251
4 结论 …………………………………………………………………………… 252
参考文献 ………………………………………………………………………… 252

附录五　热舒适理论的深入研究报告

1　稳态空调环境的设定温度与传统热舒适理论 ································· 253
2　非空调环境与稳态空调环境下热舒适的差异 ································· 254
  2.1　非空调环境下人体热感觉与 PMV 指标的偏离 ························· 254
  2.2　非空调环境下的舒适温度 ·· 255
  2.3　空调与非空调环境对人群健康的影响 ···································· 256
  2.4　非空调环境影响人员热感觉的因素 ······································· 257
3　动态空调环境下热舒适的研究进展 ·· 260
参考文献 ·· 261

附录六　办公建筑提高夏季空调设定温度对建筑能耗的影响

1　引言 ··· 263
2　研究方法 ··· 263
3　研究对象 ··· 265
  3.1　建立模型 ·· 265
  3.2　计算工况（夏季工况） ··· 265
4　计算结果分析 ·· 266
  4.1　空调设定温度对冷负荷的影响 ·· 266
  4.2　自然通风对空调系统运行时间的影响 ···································· 268
  4.3　空调系统耗电量 ··· 270
  4.4　引起空调能耗降低的主要因素及相应节能措施 ······················· 271
5　结语 ··· 272
参考文献 ·· 273

附录七　深圳住宅建筑能耗标识体系实践

1　引言 ··· 274
2　项目简介 ··· 274
3　标识指标的获取与使用 ·· 276
  3.1　指标的获取手段 ··· 276

  3.2 指标的获取示例 …………………………………………………… 276
  3.3 结果分析 ………………………………………………………… 277
  3.4 标识数据的使用 ………………………………………………… 277
4 调研工作计划 …………………………………………………………… 278
  4.1 购房者（消费者）调研 ………………………………………… 278
  4.2 售楼人员调研 …………………………………………………… 279
  4.3 房地产商（管理者）调研 ……………………………………… 279
  4.4 调研结果评审 …………………………………………………… 279
5 总结与展望 ……………………………………………………………… 279

第1章 我国建筑能耗现状

1.1 建筑能耗统计方法

与建筑相关的能源消耗包括建筑材料生产用能、建筑材料运输用能、房屋建造和维修过程中的用能以及建筑使用过程中的建筑运行能耗。我国目前处于城市建设高峰期，城市建设的飞速发展促使建筑业、建材业飞速发展，由此造成的能源消耗已占到我国总的商品能耗的 20%～30%。然而，这部分能耗完全取决于建筑业的发展，与建筑运行能耗属完全不同的两个范畴。建筑运行的能耗，即建筑物照明、采暖、空调和各类建筑内使用电器的能耗，将一直伴随建筑物的使用过程而发生。在建筑的全生命周期中，建筑材料和建造过程所消耗的能源一般只占其总的能源消耗的 20%左右，大部分能源消耗发生在建筑物运行过程中。因此，建筑运行能耗是建筑节能任务中最主要的关注点。本书仅讨论建筑运行能耗。另外，建筑可分为生产用建筑（工业建筑）和非生产用建筑（民用建筑）。由于工业建筑的能耗在很大程度上与生产要求有关，并且一般都统计在生产用能中，因此，本书提及的建筑能耗均为民用建筑运行能耗。

建筑能耗统计工作的目的，大致可分为三类：一是了解建筑能源消耗的整体情况，掌握其在社会总能耗的比例和重要性；二是了解各类建筑的总体能耗情况，通过中外横向比较和当前与历史的纵向比较，归纳总结目前中国建筑能耗的特点，找出建筑能源消耗的薄弱环节，确定建筑节能的重点所在；三是掌握建筑能耗的详细情况，包括各类建筑的具体能耗数值、建筑面积、能源类型、能耗强度、典型建筑的分项能耗数据等，以确定节能的具体措施，同时，确定能耗的变化发展趋势，科学地预测建筑能耗发展。这三类目的的特点是分别由宏观到微观，所需数据也由整体粗略到全面详细，相应地，也应该采取不同的数据收集和统计方法。

在我国，能源消耗的统计体系是按照行业分类沿用"工厂法"，而不是按产业活动原则分类。各部门、各行业缺乏分用能渠道、分能源品种的能源活动数据（王庆一. 按国际准则计算的中国终端用能和能源效率. 中国能源，2006. 12）。由于建筑能耗大多为终端能耗，没有被我国的统计体系归为一类来统计，而是被割裂在各个产业部门中，与工业生产的能源消耗混淆在一起，这就给建筑能耗数据的获得带来了困难。在这种情况下，为得到不同详细程度的有效数据，需要用到一些统计和计算方法，包括：能源统计数据的调整测算、能耗数据调查、建立能耗数据模型、模拟分析方法等。本书中采用的建筑能耗数据，主要来源和计算方法如表1-1所示，详细的建筑能耗统计和计算过程详见附录二。

本书中采用的建筑能耗数据主要来源和计算方法　　　　表 1-1

采用的能耗数据		主要数据来源	计算方法
建筑能耗总体消耗数据		中国统计年鉴	宏观数据调整测算
各类建筑能耗数据	北方城镇采暖	中国统计年鉴 电力工业年报 对北京七十余座建筑采暖能耗的长期监测 对北京800万 m^2 采暖住宅的能耗调查 对北京市百余座锅炉供热小区的能耗统计 对全国69座热电厂的能耗统计 不同气候区典型城市的热网调查数据	宏观数据调整测算 建立能耗模型计算
	城镇住宅	中国统计年鉴 对北京、上海、深圳等地几千户住宅的能耗调查	建立能耗模型计算，宏观数据对计算结果进行验证
	农村住宅	中国农村住户调查年鉴 农村统计年鉴 对全国24个省份的典型农户调查统计	微观数据模型计算
	公共建筑	中国统计年鉴 不同气候区典型城市数据调查	建立能耗模型计算，宏观数据对计算结果进行验证
其他国家的建筑能耗数据		世界能源展望（World Energy Outlook），世界能源署（International Energy Agency） 各国国家能源统计年鉴	—

1.2 建筑能耗整体状况

1.2.1 我国建筑能耗的特点和建筑分类

我国建筑能耗的总体特点为：

1) 南方和北方地区❶气候差异大，仅北方地区采用全面的冬季采暖。我国处于北半球的中低纬度，地域广阔，南北跨越严寒、寒冷、夏热冬冷、温和及夏热冬暖等多个气候带。夏季最热月大部分地区室外平均温度超过26℃，需要空调；冬季气候地区差异很大，夏热冬暖地区的冬季平均气温高于10℃，而严寒地区冬季室内外温差可高达50℃，全年5个月需要采暖；目前我国北方地区的城镇约70%的建筑面积冬季采用了集中采暖方式，而南方大部分地区冬季无采暖措施，或只是使用了空调器、小型锅炉等分散在楼内的采暖方式。因此，在统计我国建筑能耗时，把北方采暖能耗单独统计。

2) 城乡住宅能耗用量差异大。一方面，我国城乡住宅使用的能源种类不同，城市以煤、电、燃气为主，而农村除部分煤、电等商品能源外，在许多地区秸秆、薪柴等生物质能仍为农民的主要能源；另外，目前我国城乡居民平均每年消费性支出差异大于3倍，城乡居民各类电器保有量和使用时间差异也较大。因此，在统计我国建筑能耗时，将农村建筑用能分开单独统计。

3) 把非住宅的民用建筑称为公共建筑，发现不同规模的公共建筑除采暖外的单位建筑面积能耗差别很大，当单栋面积超过2万 m^2，采用中央空调时，其单位建筑面积能耗是不采用中央空调的小规模公共建筑能耗的3~8倍，并且其用能特点和主要问题也与小规模公共建筑不同。为此，把公共建筑分为大型公共建筑与一般公共建筑两类。对大型公共建筑单独统计能耗，并分析其用能特点和节能对策。

依据能耗特点，目前我国民用建筑可分类如下：

1) 北方城镇建筑采暖能耗。这一采暖能耗与建筑物的保温水平、供热系统状

---

❶ 本书中的"北方地区"指采取集中供热方式的省、自治区和直辖市，包括：北京市、天津市、河北省、山西省、内蒙古自治区、辽宁省、吉林省、黑龙江省、山东省、河南省、陕西省、甘肃省、青海省、宁夏回族自治区、新疆维吾尔自治区。目前这些地区的城镇有70%左右的建筑面积为集中采暖方式。

况和采暖方式有关。

2) 农村建筑能耗。包括炊事、照明、家电等。目前农村秸秆、薪柴等非商品能源消耗量很大，而且，此类建筑能耗与地域和经济发展水平不同差异很大。目前尚无统计渠道对这些非商品能源消耗进行统计，本书农村的能耗数据大多根据大规模的个体调查获得。

3) 城镇住宅除采暖外能耗。包括照明、家电、空调、炊事等城镇居民生活能耗。除空调能耗因气候差异而随地区变化外，其他能耗主要与经济水平有关。

4) 一般公共建筑除采暖外能耗。一般公共建筑是指单体建筑面积在 2 万 m^2 以下的公共建筑或单体建筑面积超过 2 万 m^2，但没有配备中央空调的公共建筑。包括普通办公楼、教学楼、商店等。其能耗包括照明、办公用电设备、饮水设备、空调等。

5) 大型公共建筑除采暖外能耗。大型公共建筑是指单体面积在 2 万 m^2 以上且全面配备中央空调系统的高档办公楼、宾馆、大型购物中心、综合商厦、交通枢纽等建筑。其能耗主要包括空调系统、照明、电梯、办公用电设备、其他辅助设备等。

1.2.2 各类建筑能源消耗

2004 年我国建筑总面积为 389 亿 m^2，总商品能源消耗约 5.1 亿 t 标煤，占社会总能耗的 25.5%，各类建筑的能耗情况见表 1-2、图 1-1、图 1-2。

我国的建筑能源消耗分类和现状（2004 年） 表 1-2

	总面积	电耗	煤炭	液化石油气	天然气	煤气	生物质	总商品能耗
	亿 m^2	亿 kWh	万 t 标煤	万 t 标煤	万 t 标煤	万 t 标煤	万 t 标煤	万 t 标煤
农　　村	240	830	15330	960	—	—	26600	19200
城镇住宅（不包括采暖）	96	1500	460	1210	550	290	—	7820
长江流域住宅采暖	40	210	—	—	—	—	—	740
北方城镇采暖	64	—	12340	—	400	—	—	12740
一般公共建筑	49	2020	1740	—	590	—	—	9470
大型公共建筑	4	500	—	—	—	—	—	1760
建筑总能耗	389	5060	29870	2170	1540	290	26600	51730

数据来源：农村数据：可持续能源发展财政和经济政策研究参考资料，2005 年数据，王庆一，2005 年 10 月；其他数据，详见附录二。

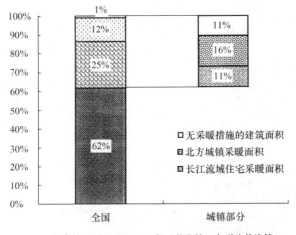

图 1-1 2004 年我国各类建筑的面积（不考虑工业厂房）

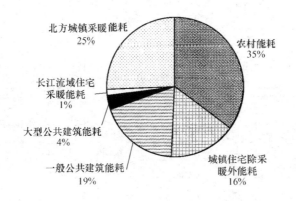

图 1-2 2004 年我国各类建筑的能源消耗

表 1-2 中，采暖采用"吨标煤"作为能耗计量单位，这是因为我国采暖目前以煤为主要能源。采暖热源主要是热电联产电厂、集中供热锅炉房，以及分散的末端采暖方式。这三类热源方式都折合为标煤。对于热电联产的采暖热源，与国内纯电厂的平均发电煤耗比较，多消耗的燃煤为采暖煤耗。除了北方城镇采暖以外，其他类建筑能耗主要由电力、燃气、燃煤、燃油构成。为了便于分析和遵循我国的能源统计惯例，本书把电力消耗和燃料消耗的热量分别统计，燃料和热力消耗按低位发热量法折合为标准煤消耗，当考察建筑总能耗时，把电力按发电煤耗法折合为标准煤，折合系数参考 2004 年全国平均火力发电煤耗，即 1kWh 电力折合为 354g 标准煤，下文同。

1.2.3 中外建筑能耗比较

(1) 中外能耗统计数据比较

2004年的世界一次能源消耗量如图1-3所示,目前美国、中国是全球总的能源消耗最高的两个国家,我国与美国的能源消耗总量及其分解比较见表1-3。

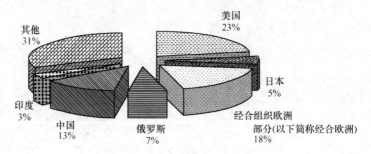

图1-3 世界能源消耗情况

中美能源消耗情况的宏观比较　　　　　　　　　表1-3

		绝对数值			中美比例(以中国数值为基准)		
		中 国	中国城镇	美 国	中 国	中国城镇	美 国
a	社会总能耗(百万吨标煤,Mtce)	2032 (2132)	—	3629	1		1.8
b	总能耗占全球比例	12.58%	—	22.50%	1		1.8
c	总人口(亿)	13.13	5.42	2.97	1	0.4	0.2
d	人均总能耗(tce) $d=a/c$	1.55	—	12.2	1		7.9
e	建筑能耗占总能耗比例	25.5% (24.3%)	—	38.58%	1		1.6
f	建筑总能耗(Mtce), $f=a\times e$	517	325	1400	1	0.6	2.8
g	人均建筑能耗(tce/人) $g=f/c$	0.38	0.60	4.71	1	1.6	12.3
h	总建筑面积(亿 m^2)	389	149	278	1	0.4	0.7
i	单位面积建筑能耗(kgce/平米) $i=f/h$	13.29	21.81	50.36	1	1.7	3.9

数据来源:中国数据参见附录二;美国数据来自 International Energy Outlook 2007, Energy Information Administration of USA, 2007, 7。

注:1. 表中的社会总能耗和建筑总能耗均为一次能耗,其中建筑电力消耗按2004年全国平均火力发电煤耗折合标准煤,1kWh折合354g标准煤,燃气、燃煤、燃油和生物质能的终端燃料消耗按低位发热量法折合标准煤。
　　2. 表中括号内数据包括了农村的分散煤炭消耗未计入国家统计渠道的部分,详见附录二。

由表 1-3 中可以看出，在总人口是美国 5 倍、总建筑面积是美国 1.3 倍的前提下，我国的建筑能耗总量仅为美国的 1/3 左右。无论是人均值还是单位面积值，我国的建筑都大大低于美国的能源消耗水平，即使去掉能耗水平较低的我国农村建筑，仅取我国城镇的建筑能耗进行比较，人均建筑能耗也还不到美国的 1/7，单位面积能耗也仅为美国的 1/4。上述比较结果也可由图 1-4 表示。

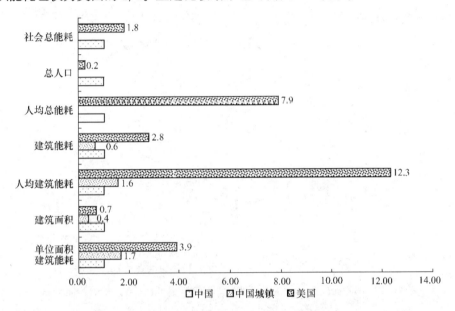

图 1-4　2004 年度中美建筑能耗宏观数据比较（图中以我国平均数为基准，美国和中国城镇的数据均为相对比例，无量纲）

(2) 我国与主要发达国家的能耗数据比较

将我国建筑能耗与世界主要的发达国家进行比较，如图 1-5 和图 1-6 所示，从

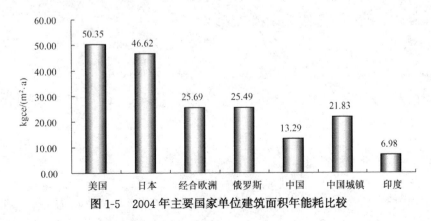

图 1-5　2004 年主要国家单位建筑面积年能耗比较

图中可以看到，我国建筑能耗大大低于发达国家水平。从图1-5、图1-6中看出，即使与发达国家中建筑节能做得较好的欧洲国家相比，我国单位面积建筑能耗仅为欧洲的1/2，人均建筑能耗仅为1/4；考虑到我国城镇和农村建筑用能水平的差别，即使不计入农村数据，只用我国城镇建筑的能耗数据进行比较，也与发达国家相差很大。虽然目前国际上各国的能源统计方法和体系不同，能耗数据各有差别，但所有数据反映出的趋势和数量级是相互吻合的，因此通过我国与主要发达国家的能耗数据进行比较，可以得到结论：我国建筑能耗按照单位面积比较，目前水平仅为主要发达国家的1/2～1/3。

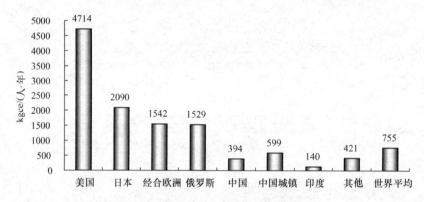

图1-6　2004年主要国家年人均建筑能耗比较

（图1-5、图1-6数据来源：中国数据参见附二；其他国家数据来自 International Energy Outlook 2007，Energy Information Administration (EIA)，2007）

1.3　城镇采暖能耗状况

我国建筑采暖根据其能耗状况可分为三大类：北方城镇、长江流域城镇、农村建筑采暖。其中农村建筑采暖能耗状况在1.6节中给出，本节讨论前两类建筑的采暖能耗状况。

由于历史沿革，我国黄河流域以北地区的城市建筑普遍提供采暖设施，而长江流域以南则不提供采暖服务，这样就形成完全不同的采暖方式，也就导致采暖能耗状况完全不同。

1.3.1　北方城镇采暖

黄河流域以北地区包括黑龙江、吉林、辽宁、内蒙古、新疆、青海、甘肃、宁夏、山西、北京、天津、河北这些省市自治区的全部城镇及陕西北部、山东北部、河南北部的部分城镇。2004年这些省份城镇建筑面积总量约64亿m^2，其70%以上的建筑采用不同规模的集中供热进行采暖，剩余部分则采用各类不同的分散采暖方式。图1-7给出构成集中供热采暖方式的各个环节和各环节的能源消耗。如图所示，采暖能耗涉及建筑物需热量与实际供热量、集中供热系统管网效率，以及为采暖系统提供热量的热源系统效率三大因素。下面分别进行分析。

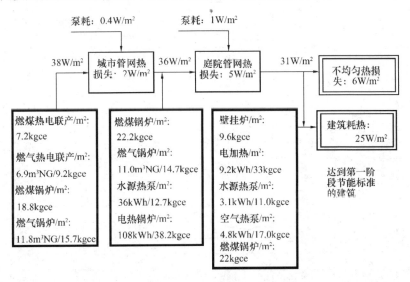

图1-7 北京城区各种供热采暖方式的能耗及损失

数据来源：北京市民用建筑采暖现状和发展研究，供热顾问团研究报告，2005.3

注：1. 这是北京的采暖能耗，东北、西北地区气候与北京不同，因此能耗也与北京不同，总的用能数量高于北京。

2. 粗线框内表示供热热源方式，不同的热源种类分别对应燃煤、燃气或电力。

(1) 建筑物需热量与供热量

表1-4为在北京对一百多个各类供热小区统计出的各类建筑物采暖当室温维持于18℃时所需要热量的范围，这是在2006年实际运行数据的基础上加上外温修正得到（2006年属暖冬，外温高于北京设计气象参数，因此乘了大于1的修正系数），并且截掉只占统计样本数量10%的最高值和只占统计样本数量10%的最低值。表1-5为欧洲一些国家的采暖能耗，由于其外温与北京有所不同，因此表中同时列出采用同样方法进行外温修正后的采暖能耗。比较表1-4与表1-5，可以看出

北京市建筑采暖需要的热量与目前欧洲国家相差不大。

北京市各类建筑采暖需热量（室温18℃） 表1-4

建筑类型	采暖需热量范围[kWh/(m²·年)]	建筑类型	采暖需热量范围[kWh/(m²·年)]
普通住宅楼	50～100	商场	10～120
普通办公楼	30～90	学校	30～100
旅馆酒店	40～90		

一些国家的采暖能耗调查值 表1-5

年份	建筑类型	国别	采暖度日数	采暖能耗[kWh/(m²·年)]	修正为北京气候的采暖能耗[kWh/(m²·年)]
2004	住宅	北京	2450	83	83
1998	住宅	波兰	4043	124	75
2004	住宅	德国	3126	185	145
1998	住宅	德国	3430	57	41
2004	住宅	法国	2747	150	134
1998	住宅	芬兰	5303	55	25
1998	住宅	瑞典	3230	20	15
2004	住宅	希腊	1565	120	188
2004	办公楼	德国	3126	120	94
2004	办公楼	法国	2747	166	148
2004	办公楼	荷兰	2784	310	273
2004	办公楼	希腊	1565	100	157
2004	宾馆	德国	3126	225	176
2004	宾馆	法国	2747	179	160
2004	学校	德国	3126	160	125
2004	学校	法国	2747	118	105
2004	学校	荷兰	2784	145	128
2004	学校	希腊	1565	55	86

数据来源：

1. 能耗数据

   (1) 1998年数据表示一批节能建筑的调查值，数据来源：INDICATORS OF ENERGY EFFICIENCY IN COLD-CLIMATE BUILDINGS, Results from a BCS Expert Working Group, http://eetd.lbl.gov/EA/Buildings/ALAN/indicators99/index.html。

   (2) 2004年数据为国家或地区的统计数据平均值，数据来源：北京：清华大学2005～2006年北京住宅采暖测试结果；其他国家：Applying the EPBD to improve the Energy Performance Requirements to Existing Buildings— ENPER-EXIST, Intelligent Energy of EPBD, 2007。

2. 气象数据。北京来自民用建筑节能设计标准JGJ 26—95，基于18℃；欧洲国家来自2007 Earth Satellite Corporation www.earthsat.com，基于18.3℃。

3. 修正为北京气候方法：某地区的修正能耗＝该地区的采暖能耗/该地区的采暖度日数×北京采暖度日数。

欧洲这些国家建筑围护结构保温水平都远优于北京市的大多数建筑，为什么采暖需热量却在大多数情况下与北京相差不大？这是因为采暖需热量不仅仅由建筑保温状况决定，还与建筑物的体型系数❶、建筑物的通风换气状况以及室内温度设定值有关。欧洲住宅多为独立别墅，其体型系数约为我国大型公寓式住宅（12层）的两倍，欧洲多数层高低体量小的办公建筑其体型系数也为我国大型办公建筑的1.5倍以上。此外别墅型建筑通风换气次数在一次以上，欧洲的各类公共建筑也从近年来开始严格控制室内空气质量，普遍采用机械通风换气，换气次数也多在1次/h以上。除了个别采用排风热回收措施的建筑外，非住宅建筑通风换气的热损失已接近或超过围护结构热损失。此外欧洲采暖室内设定温度在21~24℃，对于北京的气候条件来说，这样的设定值比18℃的采暖设定值能耗高出约15%。

然而我国北方地区大多数集中供热的采暖建筑的实际供热量在很多情况下都高于为了维持18℃的室温所需要的热量，这就导致部分采暖房间温度偏高，部分采暖季节（例如供热初期和供热末期）室温普遍偏高。为了避免过热，居住者只好开窗散热，大量的采暖热量通过外窗散掉。图1-8给出了北京市21座围护结构相同

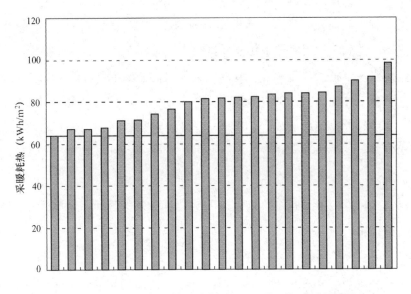

图1-8 北京市21个围护结构相同的楼（37墙）年采暖耗热量分布

---

❶ 体形系数是指建筑物与室外大气接触的外表面积和其所包围的体积之比，它实质上是指单位建筑体积所分摊到的外表面积。

的住宅楼 05~06 采暖季的能耗状况。可以看出，各楼之间供热量差别较大，供热能耗在 66~98kWh/（m²·年）不等。如果认为能耗低的楼可以满足采暖要求的话，其他楼的超过该楼的供热量，就可以认为是过量供热了。图中表明，目前集中供热系统的过量供热率约为 20%~30%。换言之，如果能够使集中供热末端房间温度真正维持在 18℃，而不是依靠开窗散热，则采暖能耗能够在目前基础上降低 20%以上。造成过量供热的原因是：1）集中供热系统调节性能不良，造成采暖房间冷热不均，为了满足偏冷的房间温度不低于 18℃，只好增大总的供热量，导致其他建筑/房间过热；2）末端没有有效的调节手段，由于某些原因室温偏热时，只能被动地听任室温升高或开窗降温；3）部分热源调节不良，不能根据外温变化而改变供热量，导致外温偏暖时过量供热。实行供热改革，通过热计量和改进末端调节能力来实现调节，就是为了使实际供热量接近采暖需热量，降低过量供热率，从而实现 20%以上的节能效果。

（2）集中供热外网损失

我国目前的集中供热系统管网损失参差不齐，差异非常大。对于近年新建的直埋管热水网，其热损失可低于输送热量的 1%，而对于有些年久失修的庭院管网和蒸汽外网，管网热损失可高达所输送热量的 30%，这就导致供热热源需要多提供 30%的热量才能满足采暖需要。由于管网热损失差别非常大，因此很难进行全面统计给出整体水平。根据初步调查，管网损失偏大的情况主要有两类：1）蒸汽管网，采用架空或地下管沟方式，由于保温脱落、渗水，再加上个别的蒸汽渗漏，造成 10%~30%的管网热损失。2）采用管沟方式的庭院管网，由于年久失修和漏水，有些管道长期泡在水中，造成巨大的热量损失。外网的热损失可以很容易在下雪时根据地面融雪状况简单判断。如果存在这类管网损失，实行"蒸汽改水"和整修管网，可以大幅度减少采暖供热量。这可能是目前各种建筑节能措施中投资最小、见效最大的措施。

（3）集中供热热源

我国北方城镇的集中供热系统目前约有 50%由热电联产热源提供，其中约 35%是热电联产发电产生的热量，其余 15%为调峰锅炉房产生的热量。图 1-9 为我国近年来热电联产集中供热面积逐年增长的状况。其余 50%的集中供热则由不同规模的燃煤和燃气锅炉提供热量。热电联产热源主要是 5 万~40 万 kW 的燃煤发

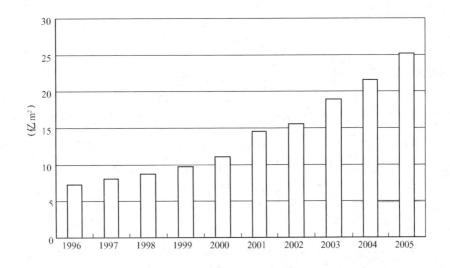

图 1-9　近年来我国热电联产集中供热面积逐年增长状况

(数据来源：中国统计年鉴 1997~2006)

电机组在发电的同时用余热供热。这些机组在以热电联产模式运行时，以输入的燃煤所含热量作为 100% 的输入，其发电效率为 20%~25%，产热效率为 60%~55%。与我国燃煤的纯发电电厂 35% 的发电效率比较，热电联产所生产的 22% 的电力折合 63% 的燃煤输入，所多出的 37% 的燃煤热量可以视为生产热量所付出的燃煤。如果热电联产此时产热效率为 55%，则相当于 37% 的输入燃煤热量生产出 55% 的热量，所以从这个角度看，这一工况下热电联产的效率高达 150%，这就是说热电联产是最节能的热力生产方式的原因。然而当气候变暖，采暖热负荷降低后，这些热电联产电厂为了维持其经济效益往往仍全负荷发电运行，部分余热排到冷却塔；采暖季结束后，许多热电联产电厂改为纯发电方式运行，这时，容量小的机组发电效率很低，夏季发电的损失甚至抵消了冬季高效供热所节约的燃煤。表 1-6 为我国常用的不同容量的热电机组热电联产模式时的发电效率与产热效率，以及纯发电工况的发电效率。因此，大力支持和发展热电联产方式的集中供热热源，同时尽可能使这些机组在供热期间能够全负荷供热（即减少其部分负荷运行时间），而在非供热期，严格限制小容量、低效率的热电机组运行，应作为我国热电生产的重要政策。

不同容量热电机组热电联产模式时的发电效率与产热效率　　　　表 1-6

容量	2万 kW 以下	5万～10万 kW	20万～30万 kW	60万 kW 以上
发电效率（%）	10～15	18～22	25～30	30～35
产热效率（%）	60～70	55～70	40～50	35～45
纯发电效率（%）	20～26	28～32	35～38	43～45

我国集中供热的另外大约 50% 的热源是由不同容量的燃煤燃气锅炉提供。其中 90% 以上为燃煤锅炉，只是在北京等个别大城市的市区才是燃气锅炉为主。这些锅炉的能量转换效率随锅炉容量和燃料种类不同而大不相同。实测燃煤锅炉效率在 50%～85% 之间。图 1-10 则为实测的各燃气锅炉的实际效率。这些锅炉的效率之所以出现这样大的变化范围主要是因为运行调节与控制不同所致（如鼓风量不同等）。我国目前小容量燃煤锅炉在很多城市还是主导热源，这使我国集中供热的锅炉型热源的平均效率约为 60%，远低于热电联产方式的 150% 的效率值。尽快取消小容量的燃煤锅炉，通过管网改造扩大集中供热规模，用大容量高效清洁燃煤锅炉替代；或兴建燃煤热电联产热源，这些应该是我国集中供热系统热源节能改造的主要方向。

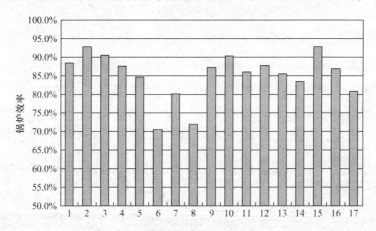

图 1-10　北京市实测的燃气锅炉的能量转换效率

（数据来源：中央国家机关锅炉采暖系统节能分析报告，清华大学节能中心，2006 年 6 月）

综合考虑北方地区不同气候状况和建筑保温水平，可以近似得到目前我国北方城镇建筑物采暖平均需热量为 90kWh/(m²·年)，平均过量供热率 25%，末端实际供热 113kWh/(m²·年)，管网损失 3%，热源平均供热量 117kWh/(m²·年)，完全采用热电联产热源时，折合的供热煤耗为 9.6kg 标煤/(m²·年)；采用锅炉房热源时，供热煤耗为24kg标煤/(m²·年)；采用70%的热电联产，30%的大型锅炉房调峰时，平均供热煤耗折合为14kg标煤/(m²·年)。我国集中供热系统热电联产和集中锅炉房热源约各占50%，平均供热煤耗为19kg标煤/(m²·年)。

(4) 其他供热热源

各类分散的供热方式约占城镇建筑面积的30%。主要为分散煤炉，分散燃气炉，电采暖和各种热泵采暖方式。表1-7为这些采暖方式的平均采暖能耗。需要注意的是，采用水源热泵方式采暖，目前也都是通过一定规模的管网实行集中供热。尽管规模较小，对于住宅建筑来说过量供热率也高达15%~20%。2004年我国平均发电煤耗为354g/kWh，水源热泵的电—热转换效率为3.5时，105kWh/(m²·年)的供热量折合10.6kg标煤/(m²·年)，低于锅炉房热源，但高于热电联产热源(9.6kg标煤/(m²·年))。目前各类热泵采暖占非集中供热中的比例很小，分散煤炉占绝大部分。分散煤炉所供热的建筑均为体量小、体型系数大的建筑，所以能耗高达20~25kg标煤/(m²·年)。这样集中供热以外方式采暖的平均能耗折合为燃煤大约为22kg标煤/(m²·年)。

不同采暖方式的平均采暖能耗　　　　　表1-7

	平均采暖能耗[kg标煤/(m²·年)]
分散煤炉	20~25
分散燃气炉	11~16
电采暖	24~40
各种热泵采暖	10~17

(5) 城镇采暖能耗总量

综上所述，我国城镇采暖35%为热电联产集中供热，35%为各类锅炉集中供热，30%为分散供热，平均能耗折合为燃煤为：

$$14kg \times 0.35 + 24 \times 0.35 + 22 \times 0.3 = 20kg 标煤/(m^2 \cdot 年)$$

我国目前北方城镇采暖建筑面积约为64亿m²，采暖能耗折合约为1.3亿t标煤/年。

1.3.2　北方城镇采暖节能的主要任务

我国北方城镇采暖能耗占全国城镇建筑总能耗近40%，并且不同方式、不同建筑的采暖能耗相差很大。因此，无论从相对还是绝对总量，北方城镇采暖节能潜力均为我国各类建筑能耗中最大的，应是我国目前建筑节能的重点。

可以实现采暖节能的技术途径如下：

（1）改进建筑物围护结构保温性能，进一步降低采暖需热量。与发达国家相比，我国北方建筑围护结构的热阻可在目前基础上再提高50%，部分渗风严重的老式钢窗也需要更换。围护结构全面改造可以使采暖需热量由目前的90kWh/（m²·年）降低到平均60kWh/（m²·年）。

（2）推广各类专门的通风换气窗，实现可控制的通风换气，避免为了通风换气而开窗，造成过大的热损失。这可以使实际的通风换气量控制在0.5次/h以内。

（3）改善采暖的末端调节性能，避免过热；同时在假期和周末无人时，有可能把室温降至值班采暖温度（10～14℃），这样可基本消除目前集中供热系统平均20%的过度供热。

（4）有条件的应全面推行地板采暖等低温采暖方式，从而降低供热热源温度，提高热源效率。

（5）积极挖掘利用目前的集中供热网，发展以热电联产为主的高效节能热源；大幅度提高热电联产热源在供热热源中的比例。如果把热电联产热源所占比例从目前的三分之一提高到50%以上，则可以使我国北方采暖能耗再下降7%。

（6）改目前的高能耗低效率小型燃煤锅炉为大型高效锅炉或并入集中供热网。

全面实现如上诸条，可使我国北方城镇采暖单位面积能耗降低40%，也就是从目前的20kgce/（m²·年）平均下降到12kgce/（m²·年）。

要实现这一目标，必须配套的相应政策与机制为：

（1）严格新建建筑节能审查，推动既有建筑节能改造，使围护结构保温性能得以全面改善。

（2）全面实施按热量计量收费制度，从而使围护结构改造获得收益，并促进行为节能，减少过量供热。

（3）相应地改革供热企业体制和运行管理机制，使对热源和热网的各种节能改造措施得以有效落实。

1.3.3 长江流域采暖

这包括山东、河南、陕西部分不属于集中供热的地区和上海、安徽、江苏、浙江、江西、湖南、湖北、四川、重庆，以及福建部分需要采暖的地区。这一地区冬季也有短期出现零度左右的外温，但日均温很少低于零度，一年内日均温低于10℃的天数一般不超过100天。在历史上这些地区都不属于法定的建筑采暖区，除少数高档建筑，一般都采用局部采暖方式。传统上采用木炭烤火，改革开放后，城镇建筑的采暖方式变成电暖气、电褥子、热泵式空调，以及一些以燃气燃油为燃料的采暖装置。然而据初步统计，住宅或一般办公建筑采用直接电热或热泵采暖时能耗都在4~8kWh/（m²·年）。这样，尽管这一带住宅建筑面积为40亿m²，但冬季采暖用能仅210亿度电，折合标准煤不超过800万t，远远低于北方采暖能耗。这样低的采暖能耗完全是因为采暖是只服务于部分空间和部分时间的间歇局部采暖，并且即使是采暖的房间室温也只是维持在14~16℃。与这一地区气候类似的法国南部，采暖能耗高达40~60kWh/（m²·年）。其差别就是对建筑提供全面采暖，对室内温度全天候保障，室温控制在22℃左右而不是我国这一地区的14~16℃。目前这一地区一些新开发的高档社区开始采用集中供热，有些城市正规划建设大规模集中供热网。已建成的一些城市热网和住宅小区热网的运行结果表明，集中供热方式必然提供全天候、全建筑空间的采暖服务，这些建筑保温水平又远低于北方地区，加上调节不当导致的过量供热，结果采暖能耗一般都在30~50kWh/（m²·年）以上。当采用燃煤锅炉采暖时，能耗可高达8~10kg标煤/（m²·年），40亿m²住宅建筑将需要3600万t标煤，将为目前当地采暖能耗的5倍。而采用热电联产方式，又会由于冬季时间短热电厂运行时间过短而造成经济效益很差。如果在夏季采用纯发电方式或电冷联供方式，其能耗反而远高于常规电厂和常规电制冷方式（见3.3~3.5节）。因此，在长江流域不适合采用集中供热方式。如何为了满足人民生活水平提高导致对冬季室内热舒适要求的提高，适当地改善这一地区室内热状况，同时又不造成建筑能耗的大幅度增大，是目前我国建筑节能工作一项严峻和急迫的任务。可能的途径是发挥这一地区室内外温差小、各类地表水资源丰富的特点，发展各类分散的热泵采暖方式，维持这一地区部分空间部分时间采暖的特点，发展出一种新的低能耗采暖方式。

1.4 城镇住宅除采暖外能耗状况

前文详细说明了我国各地区的冬季采暖能耗状况。本节讨论除采暖之外的城镇住宅的其他能耗，主要包括炊事、生活热水、空调、照明、其他家电等。所消耗的能源主要种类为电力、燃煤、天然气、液化石油气和煤气。

1.4.1 城镇住宅除采暖外的能耗总体状况

2004 年我国城镇住宅面积为 95 亿 m^2，除北方地区采暖外的建筑内生活能源消耗约为 1500 亿 kWh 电和 460 万 t 燃煤、45 亿 m^3 天然气、704 万 t 液化石油气和 51 亿 m^3 煤气（数据来源：城市建设年鉴 2005）❶，其中的燃煤和燃气消耗主要用于炊事和生活热水。2004 年我国城镇住宅平均单位建筑面积电耗为 15.6kWh/(m^2·年)，单位建筑面积直接一次能源消耗为 2.6kgce/(m^2·年)。我国城镇人口为 5.42 亿人，人均建筑能耗为 144kgce/(人·年)。家庭户数有 1.7 亿户，每户的建筑能耗为 457kgce/(户·年)。将各种能源折合标准煤，2004 年我国城镇住宅除采暖外的能源消耗则为 7820 万 t 标准煤。

比较中美日三国城镇住宅除采暖外能耗，如表 1-8 所示。

2004 年中美日三国城镇住宅能耗数据对比（能耗数据不包括采暖）　　表 1-8

	人均城镇住宅面积	人均电耗	人均热耗	人均总能耗	单位面积城镇住宅电耗	单位面积城镇住宅热耗	单位面积城镇住宅总能耗
单位	m^2/人	kWh/人	kgce/人	kgce/人	kWh/m^2	kgce/m^2	kgce/m^2
中国	17.7	278	46	145	15.6	2.6	8.1
美国	70.3	3480	271	1503	49.5	3.8	21.0
日本	31.2	1903	205	879	61	6.6	27.8

注：1. 数据来源：美国数据：Building Energy Databook 2006, the US Department of Energy, 2006；日本数据：Handbook of Energy & Economic Statistics of Japan, Energy conservation centre, 2006.
2. 能源换算方法：表中电耗与热耗为终端能耗，而总能耗均为一次能耗，总能耗＝电耗/当年发电煤耗＋热耗；其中中国建筑电力消耗按 2004 年全国平均火力发电煤耗折合标准煤，1kWh 折合 354g 标准煤，燃气、燃煤和燃油等终端燃料消耗按低位发热量法折合标准煤。

由表 1-8 的对比可发现，与美国和日本相比，我国城镇住宅单位面积能耗仅为美国的 1/3 强，人均住宅能耗为美国的 1/10 左右。

---

❶ 能耗数据获得方法：中国统计年鉴能耗数据调整测算与建立建筑能耗模型相结合，详见附录二。

1.4.2 城镇住宅除采暖外能耗的分项分析

(1) 夏季空调能耗

2004 年我国城镇住宅空调总电耗为 256kWh，占住宅总电耗的 17%，全国住宅单位建筑面积平均的空调能耗为 2.7kWh/(m^2·年)。如图 1-11 所示为我国各地区的城镇住宅夏季空调能耗。

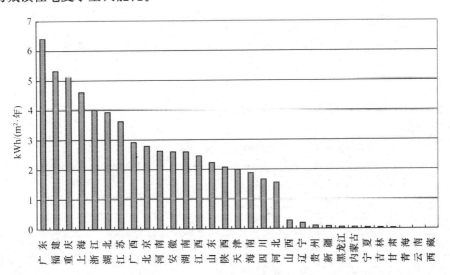

图 1-11 2004 年全国各地区城镇住宅空调单位面积能耗

我国城镇住宅空调总能耗前四位依次是：广东、浙江、江苏和湖北，这四个省的城镇住宅空调能耗约占全国城镇住宅空调总能耗的 47%，2004 年这些地区城镇住宅空调能耗占住宅总耗电量的比例分别为：36%、29%、26% 和 25%；住宅空调能耗指标较高的地区依次是：广东、福建、重庆、上海、浙江、湖北和江苏，这七个省的城镇住宅空调能耗约占全国城镇住宅空调总能耗的 64%。可见我国城镇住宅空调能耗的集中度很高，空调能耗较高的地区都是天气比较炎热、经济比较发达的地区，气候条件和收入水平是影响城镇住宅空调能耗的两个重要因素。

(2) 生活热水与炊事能耗

2004 年我国城镇住宅消耗 460 万 t 燃煤、45 亿 m^3 天然气、704 万 t 液化石油气和 51 亿 m^3 煤气，这些热量用于炊事与生活热水，热量消耗折合为 2510 万 t 标煤。另外我国还有一部分电炊具和电热水器，由于缺乏统计渠道和准确的统计数据，本书将住宅生活热水与炊事的总能耗统计为住宅的热量消耗。

（3）家电能耗

住宅用电的家用电器主要包括电饭锅、微波炉、排油烟机、电视机、电脑、洗衣机、电冰箱和电风扇等。2004年我国住宅家电能耗为600亿kWh，单位建筑面积平均电耗为6.3kWh/(m^2·年)。

（4）照明能耗

2004年我国城镇住宅的照明能耗为644kWh，单位建筑面积平均电耗为6.8kWh/(m^2·年)。

1.4.3　城镇住宅除采暖外能耗的分项中外对比

2004年中美日住宅各分项能耗对比（单位：kWh/(m^2·年)）　　表1-9

	总能耗 kgce/(m^2·年)	炊事 kgce/(m^2·年)	生活热水 kgce/(m^2·年)	照明 kWh/(m^2·年)	其他家电 kWh/(m^2·年)	空调 kWh/(m^2·年)
中国城镇	8.1	2.6		6.8	6.3	2.6
美国	21.1	0.8	3.1	11.2	28.0	10.4
日本	27.8	1.2	5.4	57.3		3.8

数据来源：中国数据见附录二；美国数据：Building Energy Databook 2006, the US Department of Energy, 2006；日本数据：Handbook of Energy & Economic Statistics of Japan, energy conservation centre, 2006。

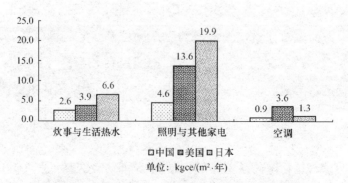

图1-12　2004年中美日住宅除采暖外能耗比较图

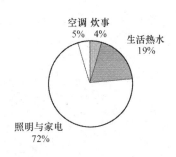

图 1-13　我国城镇住宅总能耗分项比例　　图 1-14　美国城镇住宅总能耗分项比例　　图 1-15　日本城镇住宅总能耗分项比例

从表 1-9 中看出，除炊事外，美国的住宅各分项的单位面积能耗都成倍高于我国住宅。生活热水、照明和家电的能耗与建筑本身的关系不大，其能耗主要是由城镇居民生活水平和用能方式上的区别造成的。而对于空调能耗，考察中美差别，必须排除气候差异这个重要的影响因素。美国大量人口聚集的东、西海岸属于温带海洋性气候，冬暖夏凉，全年不用开空调，这样全国空调能耗平均之后仍有 10.4 $kWh/(m^2 \cdot 年)$。实际上，在和北京气候相近的美国城市纽约、费城，调查得到的一些住宅空调能耗大于 60 $kWh/(m^2 \cdot 年)$。

1.4.4　城镇住宅除采暖外能耗的发展趋势

由之前的住宅能耗分析及中外比较，我国城镇住宅除采暖外的能耗现状特点为：人均和单位建筑面积能耗均大大低于发达国家；单位建筑面积的空调、家电和生活热水能耗均大大低于发达国家，炊事能耗与发达国家水平相当。

但是，不可忽视的趋势是，我国正处在经济持续快速发展期，人民生活水平得到持续改善，城镇住宅建筑面积迅速增加（见图 1-16），由此形成的城镇住宅能耗也正在持续增长。

另一方面，随着我国经济的发展和人民收入的增加，我国城镇居民的各种家用电器数量正在逐年增长（见图 1-17），建筑设备形式、室内环境的营造方式和用能模式也正在悄然与发达国家"接轨"，家用耗能设备的使用范围和使用时间都在增长，这将不可避免地带来住宅能耗的增长。此外，近年来大量"别墅"、"town house"出现，大多为高档豪华住宅，户均用电水平几倍甚至几十倍于普通住宅，

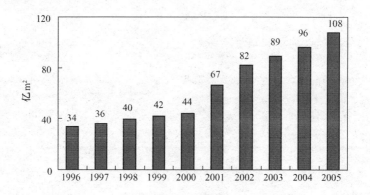

图 1-16　我国城镇住宅总面积变化

（数据来源：中国统计年鉴 1997～2006）

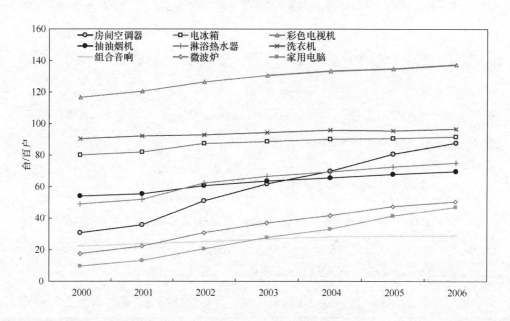

图 1-17　近年来我国城镇居民拥有家电数量变化

（数据来源：中国统计年鉴 2001～2006）

随着我国经济发展和高收入人群的增加，此类高能耗住宅的持续增多，成为我国建筑能耗增长的一个重要因素。

对我国城镇住宅能耗发展进行简单的预测，考虑人数增加，住宅面积的增长，夏季空调利用率和开启时间的增加，以及生活热水用量的加大，其他家电能耗略有增加，而照明和炊事能耗不变。具体的能耗预测结果如表 1-10 所示。

对我国城镇住宅能耗发展的预测　　　　　　　　表 1-10

项　目		单位	2004	2020
城镇总人口		亿	5.4	6.8
城镇住宅面积		亿 m²	96	156
人均总能耗		kgce/m²	159	338
总能耗			电耗 1500 亿 kWh，热耗折合 2510 万 tce，合计为 7820 万 tce	电耗 3870 亿 kWh，热耗折合 6550 万 tce，合计为 2.0 亿 tce
单位建筑面积能耗		kWh/m²	电耗 15.6 kWh/m²，热耗折合 2.6kgce/m²，合计为 8.1kgce/m²	电耗 24.8kWh/m²，热耗折合 4.2 kgce/m²，合计为 13kgce/m²
分项能耗	空调能耗	kWh/m²	2.6	10
	家　电	kWh/m²	6.3	8
	照　明	kWh/m²	6.78	6.78
	生活热水	kgce/m²	1.6	3.2
	炊　事	kgce/m²	1	1

因此，住宅节能主要任务是避免住宅能耗随建设规模增大和生活水平提高造成的大幅度增长，减少由此给我国能源供应带来的沉重压力。主要措施包括：在全社会继续提倡行为节能，倡导勤俭节能的生活方式；在南方的夏热冬冷地区通过加强住宅建筑的通风、遮阳性能，尽可能在夏季的大部分时间中依靠自然通风就可以获得较好的室内舒适，而不完全依靠空调；及时发展和推广太阳能热水器和高效生活热水制备技术，不使生活热水需求量的增加造成住宅能耗的大幅度增加；推广节能灯具和高效电器，限制或禁止使用衣服烘干机等高耗能家电设备。

另一方面，我国城镇住宅应严格控制某些所谓"高技术"甚至于"节能技术"的高耗能技术的应用，如住宅中央空调、住区的集中供冷等。由于这些方式很难实现用户侧部分空间部分时间的分别调控，并且系统的水泵风机能耗几乎超过冷机能耗，因此远比目前广泛使用的分散空调方式费能。

1.5　公共建筑能耗状况

本文中的公共建筑也指非住宅类民用建筑，即办公楼、学校、商店、旅馆、文化体育设施、交通枢纽、医院等。我国目前此类建筑总量为 53 亿 m²，占城镇建筑总量的 36%。由于 1.4 节已详细讨论了北方城镇采暖情况，本节分析讨论此类建筑除采暖外的运行能耗。这主要包括：照明能耗、空调与通风能耗、生活热水供应、办公设备、建筑其他设施能耗（如电梯、给排水设备等）和其他用于特殊功能的能耗（例如厨房、信息中心等）。

此类建筑单体规模从几百平方米到一二十万平方米。调研发现，从单位建筑面积能耗特点出发，可把这些建筑大致分为两大类：单体规模大于 2 万 m² 且采用中央空调的建筑，称大型公共建筑；单体规模小于 2 万 m² 并且没有采用中央空调的建筑，称普通公共建筑。这两类建筑除采暖外的单位面积能耗有很大差别：前者折合用电量为 90~200kWh/(m²·年)，后者仅在 30~70kWh/(m²·年)（除餐厅、计算机房等特殊功能建筑）。我国日前大型公共建筑总量约为一万座，总面积约为 4 亿 m²，除采暖外能耗折合为电力 500 亿 kWh/年。普通公共建筑近百万座，总面积约 49 亿 m²，除采暖外能耗折合为 2020 亿 kWh/年。比较二者，可以看出：大型公共建筑能源消耗量大，管理集中，可能的节能潜力大，应作为建筑节能的重点之一。

1.5.1 各类大型公共建筑能耗总量

图 1-18、图 1-19、图 1-20 分别是对北京、上海、深圳等地统计并汇合在一起

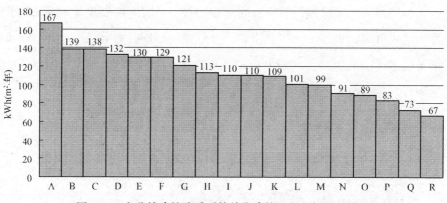

图 1-18 办公楼建筑除采暖外单位建筑面积电耗调查结果

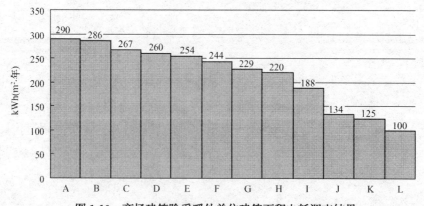

图 1-19 商场建筑除采暖外单位建筑面积电耗调查结果

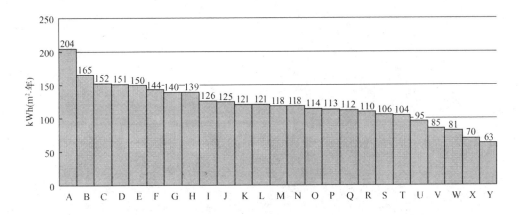

图 1-20 宾馆建筑除采暖外单位建筑面积电耗调查结果

的办公楼、商场、宾馆三类大型公共建筑的除采暖外单位建筑面积的能耗（折合为用电量）。表 1-11 为根据这些数据统计出的各类建筑单位面积能耗均值与方差。

各类建筑单位面积电耗均值与方差　　　　　　　表 1-11

	办公楼楼	商场	宾馆
平均值（kWh/（m²·年））	111.2	216.2	121.0
方差（kWh/（m²·年））	25.7	65.1	31.0

1.5.2 大型公建能耗的中外对比

图 1-21 为由国外研究机构和学者调研得到的一些发达国家办公楼、商场和宾馆除采暖外单位建筑能耗折合为用电量的数值。

比较图 1-21 与图 1-18～图 1-20，可以看出我国目前大型公共建筑能耗尚低于发达国家目前状况。为了进一步认识中外大型公建能耗差异的来源，表 1-12 列出位于美国费城的某座大型办公建筑的能耗状况。这是一座美国大学文理科型学院的办公楼。该校园共 150 座建筑，这 150 座建筑各种用能的平均值也在表 1-12 中列出。

美国某大学建筑能耗调查结果　　　　　　　表 1-12

单位	美国某校园平均 kWh/m²	美国校园某办公建筑 kWh/m²
照明办公电器设备	152.7	149.4
冷机和主循环泵	48.1	52
建筑内的风机	93.9	197.1
建筑内的水泵	15.3	7.5
总计	309.9	406

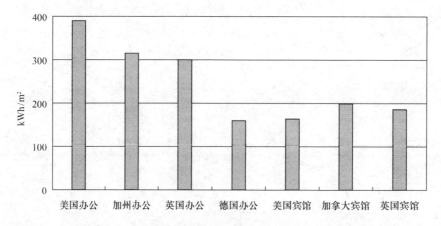

图 1-21 一些发达国家公共建筑单位建筑面积能耗调查结果

（数据来源：EIA. Commercial Buildings Energy Consumption and Expenditures (1995)；R. G. Zmeureanu et al. Energy performance of hotels in Ottawa. (1994)；Department of the Environment. UK. Energy Efficiency Office. Introduction to Energy Efficiency in Hotels (1994)；PG&E, Commercial Building Survey Report 1999；UK National Statistics；Germany average practice is calculated based on the energy consumption measurements of 15 German office buildings built between 1990 and 2002 by Prof. Hatkopf)

表 1-13 给出位于北京市一些高档写字楼按同样方式统计得到的各项用能。北京气候与美国费城非常接近。所不同的只是冬季外温比费城略低而夏季外温比费城略高，这只能增加北京采暖和空调的能耗。对比表 1-12、表 1-13 表明，北京的这些办公楼目前能耗显著低于费城的同类型建筑。

北京高档写字楼建筑能耗调查结果[单位 kWh/(m²·年)]　　表 1-13

建筑物	办公、照明、电梯等	厨房、信息中心等特殊用电	空调系统				总计
			总计	冷机	冷冻泵/冷却泵	风机	
A	64.2	0.0	46.2	27.0	11.0	8.3	110.4
B	25.3	19.8	45.7	26.7	10.8	8.2	90.8
C	27.5	15.9	11.6	6.1	3.9	1.5	55.0
D	22.5	8.7	16.8	8.1	6.3	2.3	48.0
E	23.4	41.3	21.9	11.1	9.4	1.3	86.6
F	43.6	21.8	17.9	8.3	8.1	1.5	83.3
G	35.8	15.7	28.3	16.8	9.4	2.1	79.8
H	46.9	7.4	17.9	7.0	3.9	7.0	72.2
I	51.3	5.9	17.5	8.9	6.7	1.9	74.7
J	26.5	0.0	17.3	6.6	3.0	7.7	43.8
K	31.8	15.4	9.1	4.3	2.3	2.5	56.3
L	58.7	6.6	36.6	13.8	7.1	15.7	101.9

可以看出，以办公建筑为例，美国建筑物单位面积办公照明等功能用电量是中国同类建筑物的3倍多，单位面积空调系统耗电量则是中国同类建筑物的5~8倍。这里既有所谓建筑物或系统的"服务质量"不同导致的差别，又有系统形式、运行时间、控制调节策略等因素导致的差别。

1.5.3 各类大型公共建筑的分项能耗

记录和统计大型公共建筑能耗总量是能源管理的基本要求，但这一总量数据仅能了解建筑物用能概况。由于大型公建中各种能源用户众多，因此只凭能耗总量的高低难以进行判断或下结论，这就需要大型公建的分项能耗数据。

分项是指大型公建中不同功能的能源终端用户，包括照明、空调通风、办公、电梯、生活热水等。由于大型公建中通常仅有供计费使用的1~3块总电表，因此以往分项能耗数据都是通过能耗费用账单和各种设备列表、运行记录等资料计算得到，能耗数据准确性参差不齐。2006年起，清华大学先后在二十余座大型公建中安装用电分项计量与实时分析系统，随时掌握大型公建分项能耗状况，揭示系统和设备用能规律（详见第3章的3.6.1）。

（1）照明能耗

以办公建筑为例，调查得到各座大型公共建筑照明电耗在5~25kWh/(m^2·年)之间，如图1-22所示。造成上述差别的主要原因有：

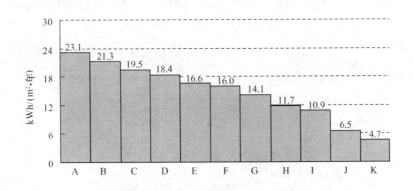

图1-22 北京一些办公建筑照明电耗调查结果

1）开启时间：大型公建中的照明设备普遍开启时间较长，与工作时间、人员习惯有关，而与天气阴晴基本无关。某大型公建连续三周逐时照明电耗如图1-23所示。

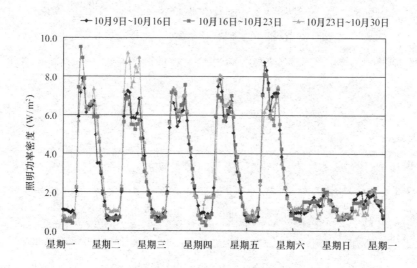

图 1-23 北京某大型办公建筑逐时照明电耗测试结果

2) 单位面积照明灯具装机功率：各建筑物实际照明灯具的装机功率有一定差别，其节能潜力在于使用高效节能灯具，以及根据建筑内部空间实际使用情况适当降低某些次要区域的灯具装机功率。

3) 建筑物实际使用状况：晚间、周末加班时间多少，走廊、楼梯间、会议室等次要功能区域或间歇使用区域所占面积比例等。

（2）办公电器能耗

以办公建筑为例，调查得到各座大型公共建筑办公电器能耗在 6～45 kWh/(m²·年)之间，如图 1-24 所示。造成上述较大差别的主要原因有：人均办公面积多少，工作时间长短，工作类型，办公自动化程度等。其节能潜力在于杜绝非工作时间段的办公电器待机电耗。

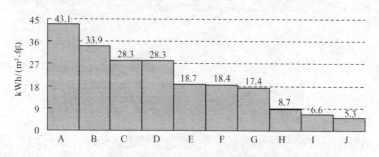

图 1-24 北京一些办公建筑的办公设备能耗调查结果

(3) 空调系统能耗

以办公建筑为例，调查得到各座大型公共建筑空调系统能耗在 10～50 kWh/(m²·年)之间，如图 1-25 所示。造成上述较大差别的主要原因有：

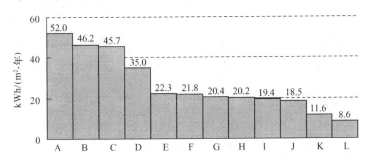

图 1-25 北京一些办公建筑空调系统能耗调查结果

1) 开启时间：与工作时间、室内环境控制要求有关。

2) 系统形式：全空气系统风机电耗远高于风机盘管等空气—水系统。与部分需连续供冷区域的空调系统方式是集中还是分散有关。

3) 气候。

4) 控制调节：特别是在部分负荷下，如夏季夜间、春秋过渡季时，系统控制调节策略和手段。

空调系统能耗由冷机、水泵、风机电耗等构成。下一小节将给出空调系统分项能耗状况。

(4) 其他能耗

电梯能耗：与上述分项能耗相比，其比例较低。

电热开水器能耗：在办公建筑能耗中占一定比例，曾发现某办公楼仅开水器耗电即达 110kWh/(人·年)。其节能潜力在于：加强电热开水器的保温，下班关闭，杜绝在无人使用时的反复开启加热。

生活热水能耗：在星级宾馆饭店能耗中占相当的比例，特别是循环水泵连续运行导致较高电耗。其节能潜力在于合理的循环水泵控制调节方式，以及合理的供水温度控制调节。

1.5.4 大型公建空调能耗

一般来说，空调系统占大型公建的能耗比例最高。反映空调系统全年累积能耗水平的指标包括：单位面积耗冷量，以及单位面积的冷机耗电量、冷冻水循环泵耗电量、冷却水循环泵耗电量、空调末端风机耗电量等。下面以部分调查的办公建筑为例，说明大型公建的空调能耗。

(1) 耗冷量

如图1-26所示，可以看出，同为办公建筑，单位面积每年的耗冷量的范围可达到20～130kWh/(m²·年)。这与供冷时间长度密切相关，与单位面积的冷负荷也有一定关系。

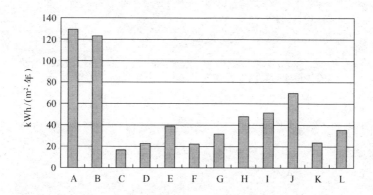

图1-26　北京一些办公建筑单位面积耗冷量调查结果

(2) 冷机电耗

由图1-27可以看出，同为办公建筑，冷机耗电折合单位面积可达到4～28 kWh/(m²·年)。这与供冷时间长度密切相关，与冷机的类型、额定效率、负荷率等也有一定关系。

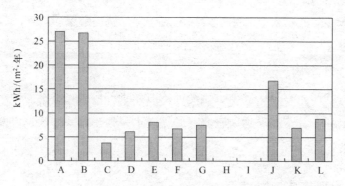

图1-27　北京一些办公建筑单位面积冷机耗电量调查结果

（图注：H、I楼采用天然气直燃机制冷，故无耗电量）

(3) 冷冻水循环泵电耗

由图 1-28 可以看出,同为办公建筑,冷冻水循环泵耗电折合单位面积可达到 2~9 kWh/(m²·年)。这与供冷时间长度密切相关,与水泵运行策略、水泵效率、空调末端水阀控制方式等也有一定关系。

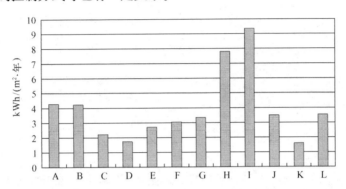

图 1-28 北京一些办公建筑单位面积冷冻泵耗电量调查结果

(4) 冷却水循环泵电耗

由图 1-29 可以看出,同为办公建筑,冷却水循环泵耗电折合单位面积一般在 2~5kWh/(m²·年),个别空调系统的冷却水循环泵电耗高达 14 kWh/(m²·年)。这一方面与供冷时间长度密切相关,另一方面与水泵效率、冷凝器阻力、冷却水管道阻力等也有一定关系。

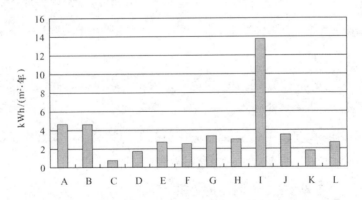

图 1-29 北京一些办公建筑单位面积冷却泵耗电量调查结果

(5) 空调末端风机电耗

由图 1-30 可以看出,同为办公建筑,空调末端风机耗电折合单位面积可以在 1~8kWh/(m²·年)之间。这主要与空调末端方式是以全空气系统(包括定风量系统和变风量系统)为主,还是以空气—水系统(风机盘管)为主有关。K建筑为全空气变风量系统,风机电耗甚至接近冷机电耗。此外,空调末端风机电耗还与开启时间长度、风机控制调节方式等有关。

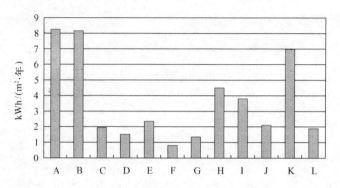

图1-30　北京一些办公建筑单位面积空调末端风机耗电量调查结果

综上所述,风机、水泵等输配系统电耗占大型公建空调系统能耗的一大部分,也是节能潜力所在,必须引起关注。

1.5.5　普通公建的用能状况

调查表明,普通公建除采暖之外的用电仅为 20~50kWh/(m^2·年)。除办公与大型公建类似外,其他分项能耗在不同程度上低于同类型大型公建,如空调仅为 5~7kWh/(m^2·年),照明也低于大型公建,电梯电耗几乎为零等。这类建筑间能耗的差别主要原因是:

1)人均建筑面积不同。人均面积低,办公设备密度高,导致单位建筑面积用能高,这点不应视为建筑能耗高。

2)照明能耗的差别,主要是由于应用节能灯的状况、白天开灯情况,以及灯的控制既是分组可控、分盏可控、还是全室共用一个开关。

3)空调,办公设备夜间下班后的关闭状况。

4)其他用电设备如电开水器,冰箱等的使用状况。

1.5.6　目前公共建筑发展中的严峻问题和当前的节能任务

当前,我国公共建筑发展面临相当严峻的问题,主要表现在:一方面,大量新建公建中，大型公建比例不断提高，档次越来越高（如各地政府大楼、高档文化设施、高档交通设施等）。兴建千奇百怪、能耗巨大的大型公建成为某种体现经济发展水平的"标签"。另一方面，既有公共建筑相继大修改造，由普通公建升级为大型公建，导致能耗大幅度升高。大型公共建筑往往与"三十年不落后"、"与国际接轨"等发展理念相挂钩。然而，现代化建设和经济发展必须需要大量的高档次的公建吗？大型公建是在标榜怎样的一种文化，是否符合科学发展观的要求，是否与社会主义核心价值体系相一致呢？

大型公建的增长状况已经引起党中央国务院的高度重视。大型公建的节能当前应抓好两项工作：

一是抓好既有大型公建的能耗分项计量，全面掌握大型公建中各个系统的实际用能状况。根据计量得到的分项用能数据，设定大型公建节能降耗的具体目标，抓好大型公建用能过程的主要矛盾，做到有的放矢，并且根据计量得到的用能数据衡量和检查各项节能措施、管理方法、技术手段的实际效果，保障大型公建节能的健康发展，实实在在地降低大型公建运行能耗。

二是在此基础上，发展以能耗数据为核心，应用于规划、设计、建设、验收、运行管理等全过程的新建大型公建节能管理体系，即在规划阶段承诺建筑物的能源消耗限值；在设计阶段进行以满足能耗承诺为基本要求的建筑和系统设计，并通过模拟分析得到能耗数据、评估是否满足承诺；在验收阶段通过短期的现场实测，检验建筑物是否能满足之前的能耗承诺；在运行管理阶段，通过能耗分项计量系统，实时监测是否超出当初承诺的能耗限值。这样就形成以能耗数据为贯穿始终的对象、在不同阶段有不同能耗数据获取方法的新建大型公建全过程节能管理体系。

1.6 农村建筑能耗状况

我国农村目前的民用建筑面积为 240 亿 m^2，占全国总建筑面积的 60%以上。在过去相当长的时期内，由于城乡经济状况和人民生活水平的巨大差异，农村民用建筑商品用能总量和单位面积的商品用能耗都远低于城市建筑。改革开放后特别是近年来随着农民生活水平的提高，农宅建设已进入了更新换代的高峰时期。到 2010 年，农村人均居住面积将达到 $30m^2$，农村需新建住宅 30 多亿 m^2。广大农民在进入或奔向"小康"时代的同时,村镇住宅的能源消耗费也同时发生着前所未有的变化。这对资源相对不足的中国来说,必须引起高度重视。全面摸清农村生活用能现状,并据此制定切实可行的农村建筑节能措施和激励机制,对加快我国整体建筑节能步伐起着举足轻重的作用,也是实施可持续发展战略的重要组成部分。

1.6.1 农村建筑能源消费总量及结构

图 1-31 是通过对大量典型农户调研数据进行整理后得到的 2006～2007 年我国

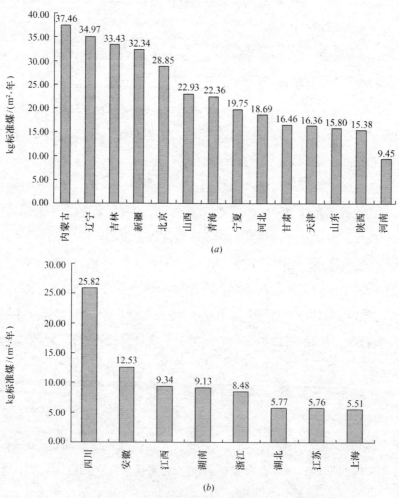

图 1-31 我国农村地区单位面积生活用能情况

(a) 北方地区;(b) 南方地区

注:图中四川的数据是由四川和重庆两地综合得到的(下文同)。

农村地区单位建筑面积每年生活用能情况，包括炊事、采暖、空调和照明的能耗，统计的能源种类包括：煤炭（散装煤、蜂窝煤）、液化石油气、电力、生物质能（木柴、秸秆），其中电力是按照发电煤耗计算法折合为标煤，其他各类能源都根据燃料的平均低位发热量进行折算。

从图中可以看出，北方地区和四川省由于冬季采暖需要，单位面积耗能量普遍较高（由于河南很多地方冬季不采暖，所以能耗较低）。其中内蒙古、辽宁、吉林、新疆四省由于地处严寒地区，采暖负荷较大，单位面积消耗量超过30kg标准煤/年。

图1-32给出了调研的24个省（市、自治区）农村生活用能的消费结构。从图中可以看出，北方地区各省商品能占生活用能的比例普遍较高。其中北京、天津、

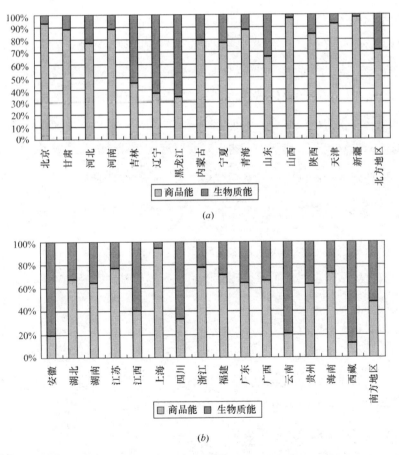

图1-32 我国农村地区生活用能消费结构情况

(a) 北方地区；(b) 南方地区

山西、新疆商品能的比例均已超过了90%，辽宁、吉林和黑龙江由于薪柴和秸秆资源相对丰富，商品能所占比例要低于其他省份。整个北方地区商品能（包括散煤、蜂窝煤、液化石油气、电能）和生物质能（包括：木柴、秸秆）的比例分别为71.2%和28.8%。

南方地区只有上海农村使用商品能的比例超过了90%，其他各省相对较低，而安徽、四川、云南和西藏只有20%左右，是全国比例最低的几个省份。整个南方地区商品能和生物质能的比例分别为47.8%和52.2%。

采用《中国农村统计年鉴2006》中所提供的各省农村人口数量和人均居住面积进行推算，目前我国30个省（市、自治区）每年农村生活用能已经达到3.2亿t标准煤，其中商品能煤炭为1.9亿t，液化石油气597万t，电1324.2亿kWh，生物质（包括薪柴和秸秆）总量为2.2亿t。

从所调研的省（市、自治区）综合来看，目前商品能在整个农村地区生活用能中已经占到60%的份额，生物质能只占到40%。20世纪80年代，我国农村使用薪柴和秸秆等生物质能的比例还能占到80%以上，而现在由于农村居民居住面积和收入水平的逐年增加，有能力购买一定数量的商品能源，因此使薪柴和秸秆等非商品能源逐渐被取代。长此下去，将会对我国经济和社会的可持续性发展带来沉重的压力，应该引起相关部门和广大能源领域工作者的足够重视。

1.6.2 各项生活用能情况

农村民用建筑用能主要包括：照明和家电、炊事、建筑室内采暖、夏季室内降温用能。农村生活热水目前用量还比较低，且大多通过太阳能热水方式获得，因此不在讨论范围。

(1) 照明和家电用电

建筑照明和各类家电是农村建筑用电的主要形式。除个别边远地区采用太阳能发电、风力发电或自办小水电外，农村建筑用电主要依靠我国电网系统，但在大多数地区单位面积的照明和家电用电量远低于城镇平均水平，随着农民生活水平的逐步提高，这部分用电量也将逐步提高。然而，由于各种原因，目前农村建筑照明设施中白炽灯的使用率远高于城市，造成照明效率低，增加了农民的用电负担。因此应该把绿色照明工程适当向农村倾斜，通过多种补贴政策，以接近白炽灯的价格限量向农民供应节能灯,对节约用电、减轻农民用电负担,都非常有效。据调查统计,目前我国农村家庭白炽灯与荧光灯的使用量之比为 9:1 以上,假定每个农户照明全年平均用电量为 150kWh,则全年总用电量为 360 亿 kWh,若将其中一半的白炽灯改成节能灯,则每年可以节约照明用电 150 亿 kWh 左右,按照每度电 0.6 元计算,每年可以节省电费 90 亿元。

另外,继续鼓励因地制宜的小水电、风电发电,用这些分布式电源替代部分电网用电,对改善农村用电结构也有重要意义。

(2) 炊事用能

在一些地区炊事用能和采暖用能是结合在一起的。对大多数省份的农村家庭而言,炊事用能呈现多样化的趋势。目前农民厨房中的普遍现象是"三管齐下",有烧柴的大灶,有烧煤的炉子,还有液化石油气炉具。液化石油气费用高,而烧柴灶和燃煤炉的用能效率都很低,并且造成严重的室内外空气污染,部分地区已经严重危害农民健康。不同地区农户的炊事柴灶一年消耗的秸秆和薪柴量有很大差别,少的只有 1~2t,多的则达到 5~6t,按照低位发热量计算其炊事用能为城市居民户均水平的 2 倍以上。除城乡居民生活方式的差异外,这也反映出目前柴灶的能源利用效率非常低,低效的同时也造成对室内外环境的严重污染。但是由于生物质在农村是免费能源,尽管能源利用效率低下,仍然是农村尤其是北方地区的主要炊事用能方式。

由调研统计数据看出,商品能在农村炊事用能中的比例与当地的经济水平密切相关。在上海、浙江、江苏等经济较好的地区,液化气已经成为当地主要的炊事燃料(图 1-33)。在南方其他省市,如湖南、湖北、四川、江西等生物质资源丰

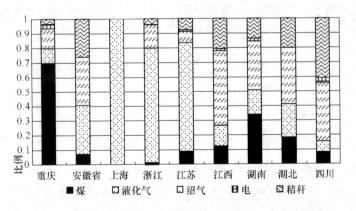

图 1-33 南方各省农村主要炊事用能种类的家庭数量比例分布

富的省份，生物质能作为农户炊事主要燃料的比例过半；另外从利用方式上来看，随着近些年沼气技术在农村的大力推广，以直接秸秆燃烧为主要炊事用能的农户比例下降，而以沼气为主要用能的农户比例明显增大。

(3) 冬季采暖用能

目前，北方农村建筑用能最突出的问题是冬季采暖用能。除了处于严寒地区和寒冷地区的北方各省都会采取相应的采暖措施以外，处于夏热冬冷地区的长江流域各省农村也大多会采用不同程度的采暖措施（如图 1-34 所示）。

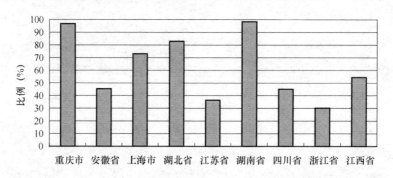

图 1-34 长江流域各省农村冬季采用采暖措施的家庭数量比例

北方寒冷地区各省大多以煤为主要燃料，取暖方式也大多以火炕和自制锅炉为主。总的趋势上，北方因为气候寒冷，采暖需求大，燃料使用量要远远大于南方。其中新疆、北京和山西等地区煤的户均消耗量每户每年超过 3t 标准煤。一些经济较好的地区也有一些采用空调、电暖气等电器来进行取暖的农村家庭，不过总数较低，最多的省份使用比例也没有超过 10%。而南方各省则比较有地方特色，取暖形式上也是多种多样。长江流域地区相对使用最广泛的采暖方式就是炭火炉（主要燃料为木炭）。例如湖南、湖北、安徽、江西等地炭火炉使用比例达 60% 左右。而经济条件比较好的地区如上海市和江浙地区则经常采用空调和电热毯进行采暖，但由于采暖时间短，总电耗量不大。

(4) 夏季室内降温能耗

目前农村夏季降温方式以开窗通风为主，并辅以电扇，农村空调安装数量普遍较少。即使在经济水平较好的地区，如上海、浙江、江苏等地的农村，夏季降温估算电耗也在 1kWh/(m^2·年)或更低(表 1-14)。因此，无论南方还是北方农村，夏季降温能耗占生活用能的比例很小。

南方各省市夏季降温估算能耗表　　　　　　表 1-14

省　份	重庆	安徽	上海	浙江	江苏	江西	湖南	湖北	四川
能耗[kWh/(m²·年)]	0.61	0.38	0.68	1.28	0.90	0.94	0.86	0.52	0.47

1.6.3　农村室内环境问题

我国北方地区农村室内环境的突出问题是冬季室内空气温度过低。农村住宅以独立式单体建筑为主，体形系数大，再加上保温普遍不良以及采暖方式落后，造成大量农宅能耗大并且室温低。例如，图 1-35（a）所示的北京市房山区某农村住宅平均单位建筑面积每年的采暖消耗折合为 22.6kg 标煤。这个值虽然和北京市采暖状况不佳的燃煤集中供热系统差不多，但考虑城市供热的能耗是在保证室内温度达到舒适度的前提下消耗的，而农村的室内温度根据调研远没有达到热舒适水平。图 1-35（b）为该户实测的温度曲线。一周内室外温度最低为 -2.5℃，该农户的室内温度最低在 8℃，最高不超过 16℃，平均温度在 12℃左右，室内热舒适性远低于目前城市住宅水平。但是该户整个冬季采暖耗煤 4t，有 2000 多元的采暖费支出，成为家庭经济的沉重负担。

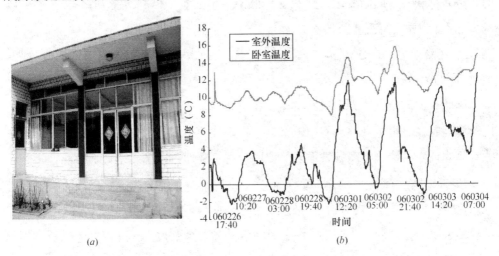

图 1-35　北京市房山区某户卧室冬季温度实测曲线（测试时间 2 月 26 日～3 月 4 日）

另外，室内空气质量低下是农村住宅的另一主要问题。室内空气质量与人的健康密切相关，因此引起人们越来越多的关注。说起室内空气质量，我们往往指城市室内的环境污染，认为农村应该是"山清水秀"的地方。然而，调研中发现不少农家的室内环境与当地的室外环境形成了鲜明的对比。目前农村居室内环境污染现象比较普遍，居室内生物性、物理性、化学性污染有不同程度的存在。农村居民的室内环境污染令人担忧。分析其原因，主要是由非清洁燃料低效燃烧和不良生活卫生习惯所造成的。如煤炭、秸秆和薪柴的直接燃烧，功能房间布局的不合理，人员在室内吸烟，通风排烟措施的缺乏及家禽的随便散养等，这些问题也需要引起足够的重视。除了需要通过综合技术手段解决室内环境质量问题，还需通过大力宣传和科学引导，增强农民的环境保护意识，建立良好的环境卫生习惯。

1.6.4 农村节能的主要任务

目前，我国农村建筑用能最突出的问题是冬季采暖用能。据调查，目前北方农村采暖普遍的问题为：

1) 室内温度过低。在北方寒冷地区冬季，相当多的农户全家集中到一两间卧室中生活以减少采暖用能，但即使如此房间温度也只能维持在10℃左右。

2) 较重的经济负担。当采用燃煤作为采暖的主要燃料时，由于建筑保温性能的恶劣和采暖系统的低效，尽管室温远低于城市建筑，但耗煤量却高达30～40kg标煤/m²，为城市采暖能耗的1.5～2倍。

3) 污染严重。由于炉具和采暖系统的不合理，秸秆和燃煤长期低效率使用，造成室内外空气环境的严重污染。

因此，如何根据北方农村的特点，提高传统采暖方式的采暖效率，降低能耗，同时提高各种可再生资源的使用效率，推广新能源、新技术，找到采暖问题的解决方案是当前农村建筑节能领域重要的课题。这主要通过以下几个方面解决。

(1) 改善农村住宅，降低采暖负荷

这需要改造建筑物形式，改进建筑的外墙材料，改善建筑门窗和通风形式。农村建筑采暖能耗高的主要原因之一就是建筑的体形系数过大，外墙、屋顶所占面积过大，导致热损失过高。屋面系统"撒气漏风"。传统的外墙采用很厚的土坯、干打垒或石材，具有较好的保温性能。但近年来随着经济的发展，逐渐变为240mm或370mm砖墙，热阻是原来土坯建筑的1/3～1/2，是城市建筑节能标准中规定热阻的1/3。在外墙与地面交接处很少采用保温措施，通过地面形成很大的热损失。

改为砖房后外窗面积普遍增加，有些住宅南向几乎成为全外窗结构。而外窗又多为普通单层玻璃，保温效果极差，这也造成了巨大的热损失。此外，门窗密闭不严，建筑平面布局不合理，这都造成室外空气过量渗透，从而增加了采暖负荷。利用科学方法，发展适宜技术，使农居的建造方式从目前的手工业方式发展为工程化方式，大幅度提高设计水平和工艺水平，是当前亟待解决的问题。改善建筑的热工性能是解决北方农村采暖问题的基础和先决条件。

(2) 采暖系统的问题

尽管北方原有的火炕采暖方式在近千年来承担着北方人民冬季采暖的重任，但由于其依赖秸秆薪柴、使用麻烦、易造成室内外污染、炕上温度不匀、热舒适不好等问题，目前有逐渐被各种土暖气和火炉所取代之势。然而，燃煤式火炉也同时带来过高的燃料负担和室内外空气的污染等问题。较低的燃烧效率也导致采暖煤耗量大大高于城镇建筑。

农村居住建筑的采暖方式如何解决？按照城镇方式发展全村的集中供热显然是农村经济状况所不能支撑的，也是我国能源供应所不可承受的。怎样在传统方式上推陈出新，既改善采暖效果并解决空气污染问题，又能充分从农村的实际情况出发，满足农村燃料构成、经济水平和建筑特点，发展新的住宅采暖方式，这是解决北方农村住宅采暖的又一关键。多年来在传统火炕的基础上发展出新型的"吊炕"技术，利用秸秆薪柴或秸秆压缩颗粒为燃料，改善了燃烧条件，改变了火炕表面冷热不匀的状况，提高了火炕向室内散热的能力，与好的灶具及良好保温的建筑结合，使冬季室内达到热舒适要求，并不造成室内外环境的污染。这是值得大力推广的采暖解决方案（见 3.7.4）。这种研究和推广思路，以及由此产生的对传统文化的思考，都值得我们在目前解决农村建筑能源问题和建设新农村工作中借鉴。

(3) 优化农村用能结构，实现可持续发展

目前农村生活用能以煤和生物质直接燃烧为主，能源利用效率低，污染严重，用能结构不合理。优化用能结构应该以生物质能的高效清洁利用为主，结合太阳能、水电等可再生能源，逐步减少对煤炭的依赖，是实现农村可持续发展，保障我国能源供应安全的重要步骤。

生物质能的高效清洁利用可以采用如下方法：农林固体剩余物致密成型燃料及其燃烧技术（见 3.7.5）、高效低排放户用生物质半气化炉具（见 3.7.6）、沼气技

术（见 3.7.7）、生物质气化技术（见 3.7.8）等。对于这些技术的应用和推广，应本着因地制宜、结合农村经济发发展水平的原则，通过相关政策的正确引导稳步进行。

此外，基于现阶段大多数农村的实际经济水平，目前在农村应大力推广节能灯具、太阳能热水器等投资少、见效快的节能措施。同时要结合中国农村的特点以及与发达国家的区别来进行利用，不能简单照搬国外做法。例如，除了某些特殊或边远地区之外，目前不宜在农村地区大规模推广太阳能光伏发电、太阳能路灯等明显超出农民经济承受力并且投资回收期长的技术。对于生物质利用也应遵循就近收集、就近利用的原则。除了生物质资源非常丰富和集中的农、林区之外，不宜将生物质资源远距离运输、储存并用来集中发电。

综合上述分析可以看出，我国农村尤其是北方地区单位建筑面积的采暖和炊事能耗普遍较高，而越来越多的人正在逐渐放弃使用传统的生物质能而转向使用商品能。此外，由于长期使用低效率的采暖炊事方式，造成农村室内空气环境质量堪忧。与城市相比，我国农村拥有更广阔的空间，相对低廉的劳动力，丰富的可再生能源。反之，由于用能密度低，输送成本高，常规商品能源的成本又比城市高，因此农村能源应当采取与城市完全不同的解决方案。基于当地产生的秸秆薪柴等生物质能源的清洁高效利用，辅之以太阳能、风能和小水电等无污染可再生能源，可以发展出一条可持续发展的农村能源解决途径，从而促进我国新农村建设的发展和农民生活水平的进一步提高，并大大缓解农村生活水平和用能水平提高对我国能源供应的压力。

1.7 我国的建筑能耗预测和节能战略分析

本节给出我国 2004 年建筑能耗占全国总的商品能的 25.5%。其中城乡建筑总耗电量为 5020 亿 kWh，占我国当年总用电量的 23%。与发达国家相比，我国的人均和单位面积平均的建筑能耗相对较低。

假设到 2020 年，建筑总面积增加 100 亿 m^2（城镇住宅增加 60 亿 m^2，公共建筑面积增加 40 亿 m^2，农村建筑面积不增加）。根据不同的建筑能耗发展趋势，可得到以下我国建筑用能情景预测，如表 1-15 和图 1-36 所示。

1.7 我国的建筑能耗预测和节能战略分析

对 2020 年我国建筑能耗发展不同情景的预测表　　　表 1-15

		现 状	情景一	情景二	情景三
建筑用能情况	大型公建占公建比例(%)	7.5	10	15	25
	北方城镇采暖能耗[kgce/(m²·a)]	20	12	16	20
	长江流域采暖能耗[kWh/(m²·a)]	5.3	8	15	12kgce/(m²·a)
	住宅电耗[kWh/(m²·a)]	15.6	20	30	40
	住宅热耗[kgce/(m²·a)]	2.6	3	4	5
	农村电耗[kWh/(m²·a)]	3.5	10	15	20
	农村炊事[kgce/(m²·a)]		1	1.5	2
	农村北方采暖	6.8	15	20	25
	农村南方采暖		3	6	9
	大型公建电耗[kWh/(m²·a)]	125	125	150	180
	普通公建电耗[kWh/(m²·a)]	41	41	50	60
年建筑能耗		5060 亿 kWh 电，热折合 3.4 亿 t 标煤	10550 亿 kWh 电，热折合 4.0 亿 t 标煤	15220 亿 kWh 电，热折合 5.5 亿 t 标煤	18720 亿 kWh 电，热折合 7.8 亿 t 标煤

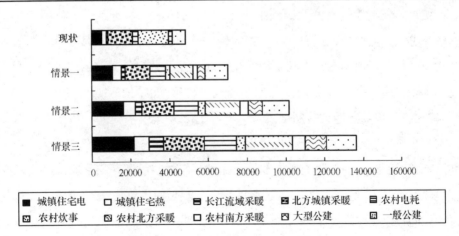

图 1-36　对 2020 年我国建筑能耗发展不同情景的预测（万 t 标煤）

根据上述预测可以看出，到 2020 年，由于城市房屋建设的增长和人民生活水平的提高，建筑能耗必然比目前有大幅度增加。如果通过各项努力，实现我们的节能目标，北方城镇采暖等用能途径的单位建筑面积能耗有所降低，其他途径的单位用能量略有提高，如情景一，则总的建筑能耗还要增加到目前的1.5倍，这基本符合中央提出的GDP翻两番，而能源消耗仅增加一倍的战略目标。但是如果建筑节能工作没能充分落实，则建筑总能耗很容易会增长到目前建筑能耗总量的3倍以上，如情景三，那将严重影响我国的社会经济发展。实际上即使达到情景三，无论是人均建筑能耗还是单位建筑面积能耗，仍不到目前发达国家建筑能耗水平的一半，而如能实现情景一，则单位建筑面积的能耗仅为目前发达国家水平的三分之一以下。对比我们在2020年预期的中国社会与经济发展水平，这样低的建筑能耗将是全人类无前例的，所以这将是人类文明发展史上的一项巨大创新，也是中国在节约能源保护环境的前提下实现现代化为全世界发展中国家作出的最好范例。

要真正实现情景一，最重要的工作为：

1）严格控制我国城市建设的总量，要在2020年的新增城市建筑面积不超过100亿 m²，意味着目前每年新增开工面积不能超过8亿 m²。目前每年实际的城市新建建筑开工面积都在10亿 m² 以上，因此严格控制新开工建筑项目应是目前实现建筑节能目标的最重要的措施。

2）严格控制大型公共建筑的建设量，要使大型公共建筑（按照能耗衡量与定义）占城市非住宅建筑总量的比例小于10%。这样，一方面要严格控制新建大型公共建筑总量，同时坚决反对既有建筑大修改造中提高标准，使其"升级"为大型公共建筑。目前新建的城市非住宅建筑中，属大型公共建筑类型的在一些城市已经超过30%，怎样在目前的状况下迅速实现这一转变，也是一项严峻的任务。

3）加速实现以计量收费制度改革为核心的北方城市采暖的"热改"任务。只有体制和机制的改革，并配合推广适宜技术，才能彻底改变我国北方采暖目前的相对高能耗状况。情景一中计划的单位建筑面积采暖能耗要比目前降低40%，平均采暖能耗为每平方米每年12kg标煤。只有在末端全面实现有效的调控，克服目前普遍存在的过度供热现象，并且全面规划和改造集中供热热源，才有可能全面实现这一目标。目前在这两点上看来还相差甚远。

4）开发以生物质能源和其他可再生能源为主的新的农村能源系统，同时大幅度改进北方农村建筑的保温性能和采暖方式，实现满足可持续发展要求的社会主义新农村建设。这需要大量的技术创新和各级政府的政策、机制及经费支持，更需要从科学发展观出发的全面的科学的规划。然而目前随着各种模式新农村建设的展开，以燃煤为主的商品能消耗量急剧增长，迅速接近情景一规划的2020年数值。农村商品能消耗量是很难逆转的。因此，新农村建设的能源问题可能是目前建筑节能任务中最急迫的任务。

5）探讨长江流域住宅和普通办公建筑的室内热环境控制解决方案。情景一设计的平均$8kWh/(m^2·年)$解决这一地区冬季采暖，在世界上同样气候条件下的发达国家没有先例。这一地区经济的飞速发展和生活水平的提高又使改善冬季室内环境的压力越来越高，许多远高于这一能耗标准的新建项目都在陆续兴建。通过技术创新和政策引导，迅速发展出百姓可接受的、符合舒适性要求的环境控制新方式，在典型工程科学示范的基础上全面推广这些新方式，对实现情景一的目标至关重要。

6）大型公共建筑的节能运行和节能改造。在实际的运行能耗数据的指导下，通过各种科学的有效的措施，使实际的能源消耗量真正将下来，并能长期坚持下去，通过具体的管理措施、管理体制使其落实，这将是一项重要的、长期、持续的工作。

1.8 全球各国的人均生态足迹

生态足迹，指的是生产人类所消耗食物、纤维和木材，吸纳其制造的废物和提供空间进行基本设施建设所需的土地总面积；它可以衡量人类对大自然的需求。而地球生物承载力，指的是地球以自身生物生产力面积来制造资源的能力。当人类每年的生态足迹小于地球生物承载力时，人类活动的造成的资源消耗可以被即时恢复，而当生态足迹大于地球生物承载力时，人类对资源的消耗就超过地球可提供的资源，地球的资源就会被逐渐耗竭，人类就不能持续发展。

2001年，地球的生物承载力为113亿全球公顷（1全球公顷指生物生产力与全球平均值相等的$1hm^2$土地），约为地球表面积的1/4，即每人1.8全球公顷。而根据世界自然基金会（World Wildlife Fund，简称WWF）调查，2001年全球生态足迹为135亿全球公顷，即人均生态足迹2.2全球公顷，超出地球生物承载力约20%。这种生态超载现象会逐渐耗尽地球的自然资本，使人类活动不能持续发展。

根据WWF的发布数据，1975~2003年的全球各主要国家的人均生态足迹与国家发展情况如图1-37（见书末彩页）所示，横轴表示人类发展指数，反映了人民生活水平，纵坐标表示人均生态足迹。从图上可以看出，目前我国的人均生态足迹和生活水平均远低于欧美发达国家（表1-16）；从某种意义上，这印证了我国目前的建筑能耗水平较低的现状。1975年至今，我国人均生态足迹和人民生活水平都一直低于全球平均水平，经过30年来的经济发展，人民生活水平有了大幅度提高，已接近"可接受的发展水平"，但同时人均足迹也已接近全球平均人均生态足迹。美国、欧盟国家、韩国和日本这些主要的发达国家，生活水平都已远超过"可接受的发展水平"，但人均生态足迹也远远高出全球的人均生态足迹；美国更是6倍于全球平均的生态足迹。这就表明，目前发达国家的"高水平生活"普遍是建立在过度消耗地球生态资源的基础上的，而地球不可能支撑全部地球人按照这种生活模式和经济模式进入"可接受的发展水平"。如果我国按照发达国家走过的发展道路，以逐渐增加的生态足迹换取"高水平生活"，随着人民生活水平的提高而进入高人均生态足迹区间的话，由于我国庞大的人口基数，必然给全球生物承载力带来极大的压力。因此我们必须寻找采用新的发展模式，在满足社会和经济发展，满足人民生活水平提高的基础上，不使人均生态足迹过度增加。这就是可持续发展的模式。然而目前世界上几乎还没有一个国家以全球平均人均生态足迹的水平进入"可接受的发展水平"阶段。因此这对中国是一个严峻的挑战。我们前面没有可参考可借鉴的案例，只有通过创新，走出自己的路，在有限的自然资源条件下，仅依靠接近于全球人均的生态足迹，实现良好的社会与经济发展，创造出"高水平生活"。这一战略目标的实现，不仅对中华民族，而且在人类发展史上都将是重大的贡献。

2003年主要国家生态足迹与发展指数表　　　　表1-16

国家地区	生态足迹（Ecological Footprint）	发展指数（Human Development Index）
美国	9.6	0.94
澳大利亚	6.6	0.96
匈牙利	3.5	0.86
意大利	4.2	0.93
韩国	4.1	0.90
南非	2.3	0.66
巴西	2.1	0.79
中国	1.6	0.76
印度	0.8	0.60

第2章 实现中国特色的建筑节能

2.1 建筑能耗差异分析

前面数据表明,目前我国无论按照人均建筑能耗还是按照单位建筑面积能耗,都远低于发达国家的目前水平。同样还表明,即使对我国同一地区、同一功能的建筑,其能源消耗量有时也存在巨大差别。本节将主要针对一些典型案例,从这些建筑能耗的差异出发,深入剖析造成这一差异的原因,从而得到实现中国建筑节能的途径。由于我国城镇和农村经济发展状况不同,建筑节能工作面临的主要问题也不同,因此以下着重对城镇的问题进行讨论。

中国城镇和美国各类建筑能耗的比较表　　　　　　　　表 2-1

	单位面积能耗[kgce/(m²·年)]					占总城镇建筑能耗的比例				
	北方城镇采暖	南方采暖	城镇住宅	大型公建	一般公建	北方采暖	南方采暖	城镇住宅	大型公建	一般公建
中国城镇	19.8	1.7	8.1	38.9	19.6	39.2%	2.3%	24%	5.4%	29.1%
美国		9.7	21.38	78.0		21.3%		35.4%	43.2%	

注:表中数据均为一次能耗。数据来源:中国,见附录二;美国,Building Energy Databook 2006, the US Department of Energy. 2006。

从表 2-1 中可以看出,

1) 尽管中美两国地理状况和气候大致相同,我国北方建筑采暖占我国城镇建筑能耗近 40%,是建筑能耗最主要的部分,而美国采暖仅为 21.3%,低于不包括采暖的住宅能耗,也低于不包括采暖的公建能耗;

2) 我国北方城镇单位面积采暖能耗与美国建筑采暖能耗相差并不悬殊,但其他各项,即长江流域采暖,除采暖外的住宅能耗、公建能耗都远低于美国。

因此，我国城镇建筑能耗远低于发达国家主要是由长江流域采暖能耗的差别，住宅除采暖外的能耗的差别，以及办公建筑能耗的差别三大原因所构成。下面对这三个方面逐一分析。

2.1.1 长江流域住宅建筑的采暖

图 2-1 为上海、重庆调查的一些住宅单位面积全年的用电量数据。这包括夏季空调耗电和照明、家电等全部家庭用电量。根据对夏季空调用电量的调查和家庭照明与其他家电耗电量的调查和分析，剔除个别极高和极低的，上海住宅冬季采暖用电量应在 $4 \sim 8 kWh/(m^2 \cdot 年)$，重庆住宅冬季采暖用电量应在 $2 \sim 6 kWh/(m^2 \cdot 年)$。然而，与上海、重庆冬季气候非常接近的法国中部地区，典型的住宅冬季采暖用能却在 $20 \sim 60 kWh/(m^2 \cdot 年)$。这种差别源于何处？

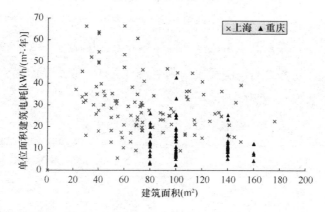

图 2-1　上海、重庆调查的一些住宅单位面积全年用电量调研结果

考察大部分上海住宅，冬季采用的是局部间歇采暖方式。即家中无人时不采暖，下班后在起居室开启电暖器或热泵型空调，到睡前关闭；晚上进入卧室前开启卧室的电暖器或热泵，或者仅使用电褥子。在有人活动的空间即使开启采暖设施，室温也仅维持在 15℃ 左右，无人时关闭采暖设施，室温自然下降，有时可降到 10℃ 以下。由于室温偏低而外温又不太冷，因此这一地区的居民室内外着衣量相同，目前还没有北方地区居民冬季进门脱掉大衣，室内室外不同着衣方式的习惯。

再考察法国中部南部地区的住宅冬季状况，发现与上海很不相同。这些地区普遍采用直接电热型采暖，尽管也有些家庭按照间歇方式运行，但基本上是全空间采暖，室温在采暖期间往往维持在22℃或更高。进门后脱掉大衣，室内外也习惯于不同的着衣方式。

表2-2列出采用模拟分析软件计算出同一座建筑在上海、杭州、武汉、重庆采暖间歇运行和连续运行时，室温在14～22℃时，单位建筑面积采暖用电量。计算结果表明，采暖温度从14℃升到22℃，从间歇改为连续，采暖能耗相差8～9倍，如果再加上采用热泵和采用直接电热的差别，则14℃热泵间歇采暖与22℃电热连续采暖的用电量差可高达17倍。这一计算可以解释我国长江流域地区采暖能耗与发达国家同样气候条件下采暖能耗巨大差别的原因。5～6℃的室温差别和着衣习惯，可以导致这样大的能源消耗差别。那么，随着这一地区的经济发展和生活水平的提高，是否也会逐步提高冬季室温？目前的这种着衣习惯是否也会逐渐变化？图2-2为日本住宅近三十年来冬季室温的变化，伴随这种逐渐上升的室温就是逐渐增长的建筑能耗。我国进入了经济高速发展阶段，那么也将自然地出现同样的变化，还是通过不同的文化与技术的道路，在满足改善人民生活水平的前提下，不造成这种能源消耗的增长呢？

模拟计算同一座建筑在不同气候下的采暖用电量情况表 表2-2

室温	14℃	16℃	18℃	22℃
采暖运行方式	分散采暖，间歇运行	分散采暖，间歇运行	分散采暖，间歇运行	全空间采暖，连续运行
上海	4.4	8.3	13.3	35.6
杭州	4.2	7.8	13.7	34.5
武汉	5.9	11.0	16.7	39.4
重庆	3.0	6.9	12.3	37.1

注：假设采用热泵采暖方式，热泵的采暖能效比$COP=1.9$

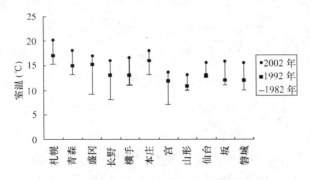

图2-2 日本住宅近三十年来冬季室温的变化

2.1.2 住宅能耗的差异

如果将住宅能耗分为炊事、生活热水、照明、空调、信息类家电、服务类家电（冰箱、洗衣机、洗碗机、吸尘器等）六类，则同一地区或同一气候带下，按照单位人（炊事、生活热水、服务类家电）或单位面积（照明、空调、信息类家电）比较，生活热水、空调和服务类家电三类是能耗差异最大的用能途径。图2-3列出中美日三国这三类住宅能耗消费的比较。

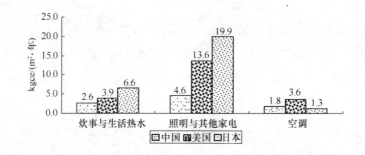

图 2-3 2004年度中美日三国住宅一次分项能耗比较

(数据来源：中国数据来自附录三；美国数据：Building Energy Databook 2006, the
US department of Energy, 2006；日本数据 Handbook of Energy & Economic
Statistics of Japan, energy conservation centre, 2006)

(1) 住宅生活热水用能

美、日住宅几乎全部配备各种不同的生活热水设施，2004年我国城镇住宅的生活热水设施拥有率不到70%（数据来源：中国统计年鉴2005）。这是造成生活热水能耗差异的第一个原因。日本住宅人均生活热水使用量为100~150L/(人·天)，而我国装有生活热水器设施的居民，实际生活热水使用量仅在20~40L/(人·天)左右，远低于日本居民。这主要是由于生活方式的不同，包括每天的洗浴次数、淋浴还是盆浴、其他生活用水是用热水还是冷水。此外，据中国五金制品协会统计，我国目前太阳能热水器家庭拥有率为7.8%（数据来源：2004年中国行业资讯，暖通制冷行业卷研究报告），是全世界太阳能热水器拥有量最高的国家。对于安装了太阳能热水器的家庭，辅助电热装置的使用率并不高，结果是"有太阳能热水就洗澡，阴天无太阳就不洗"，这就使这些家庭的生活热水能耗极低。反之发达国家住宅即使采用太阳能热水器，为了保证任何时候都有足够的热水供应，太阳能热水系统中的辅助电热器往往为30%~50%的总热量。随着我国人民生活水平的不断提高，我们的住宅生活热水用量是否也将逐渐达到发达国家水平？我们的太阳能热水器的辅助电热量比例是否也会逐渐增加到发达国家水平？

(2) 空调耗电

图 2-4 给出 2006 年和 2007 年在北京实测的一座采用分体空调的中等收入住宅楼的有效样本户的全年空调用电量。表 2-3 列出 2006 年和 2007 年实测统计出的北京一批分体空调、户式中央空调和采用了多种先进节能技术与措施的中央空调住宅的全年空调电耗。从这些实测数据中可以得到：

各种不同类型住宅空调方式能耗比较　　　　表 2-3

空调方式	年份	住宅楼编号	全楼空调平均耗电 [kWh/(m²·年)]
分体空调	2006	A	2.1
		B	1.4
		C	3.0
	2007	A	2.1
		B	1.9
		C	4.3
		F	1.8
		G	1.4
		H	1.6
户式中央空调	2006	D	5.2
	2007	I	8.3
		D	6.3
集中空调	2006	E	19.8

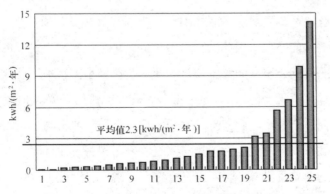

图 2-4　北京市某采用分体空调的住宅楼
各住户全年空调能耗指标

1) 中央空调单位面积能耗几乎是住宅分体空调平均值的 8 倍,是户式中央空调平均值的 3 倍。中央空调的实际电耗与按照国标计算出的空调能耗接近,并且与费城的住宅空调实测值接近。

2) 分体空调电耗普遍偏低,并且相互之间差异悬殊。进一步分析表明,这些差异与住户的楼层、朝向、户型等因素的相关系数都不大,这表明建筑结构与形式不是造成图 2-4 中分体空调能耗巨大差异的原因。

3) 进一步调查表明,分体空调能耗的差异主要源于夏季空调的实际累计运行时间。而累计运行时间的长短主要是由如下因素决定:

① 当室外较凉爽时,开空调还是开窗通风;
② 室温升至多少时才开启空调,是 30℃、28℃,还是 26℃;
③ 开启空调后,室温的设定值;
④ 所有房间所有时间都开空调还是只在家中有人时开启有人的房间。

这些因素导致分体空调的电耗变化可以从最高 $14kWh/(m^2 \cdot 年)$ 到最低不到 $1kWh/(m^2 \cdot 年)$。

4) 分体空调能耗这样巨大的差别与各户的经济收入相关性很差,但与户主的年龄在一定程度上呈负相关,既年龄越高,空调能耗越低。

从上海、杭州、深圳、重庆的一些相关的住宅能耗调查中,可以得到类似的结论。这表明目前住宅空调能耗中的巨大差别主要是由于不同的使用模式和室内维持的不同热状态所造成。采用中央空调,实现的是"全空间、全时间"的室内环境控制,很难实际支持上面这种"部分时间、部分空间"的使用模式,因此整体能耗高;美国费城住宅的案例尽管是联体别墅,但由于采用"风管机",也是对房间进行全空间、全时间的空调,因此能耗与中央空调接近;采用户式中央空调,对每户实施的是"部分时间、全空间"空调,因此相互差异小,其平均值低于分体空调的最高值,是分体空调平均能耗的 2~3 倍。而分体空调能耗的大幅度分散,则正是各户由"全时间、全空间"到"部分时间、部分空间"的不同分布的结果。

分体空调各户能耗间的巨大差异与家庭收入不相关,而且问卷调查也没有任何反映"为了节约而忍受高温,舍不得开空调"的现象,因此可以认为与中央空调相比,即使仅消耗了 1/8 的能源,但热舒适已得到基本满足,即使空调能耗很低的住户,也并不是生活在"在高温高湿下忍受"的状态。而分体空调能耗偏高的住户完全是因为一些生活习惯所致,如"在开空调期间长期开窗","夏季全天空调连续运行、很少关闭","只要在家就将家中所有的空调器全部打开、连续运行"等等。这很难理解为由于热舒适需求所致,至少不能完全是由于热舒适需求所致,而在很大程度上是出于一种"时尚"或生活习惯。

"部分空间、部分时间"使用空调,"能够开窗自然通风时优先自然通风",这两点是造成住宅分体空调能耗显著低于其他方式的主要原因。当采用户式中央空调时,由于各个房间统一调控,"部分空间"模式就不复存在,由此能耗平均增加到3倍。当采用对整个建筑的中央空调时,"部分时间"和"开窗通风"模式也不复存在,于是能耗平均就增加到8倍。那么,从降低能源消耗的要求出发,我们的住宅应该采用哪种空调方式呢?

(3) 服务类家电能耗

这主要指冰箱、洗衣机、洗碗机、吸尘器、咖啡机等服务于家务劳动的电器设备。对于一个家庭来说,此类家电的用电装机容量一般为信息类家电的 2~6 倍,实际用电量往往还高于这一比例。中外之间,我国不同家庭之间,家用电器能耗的差别也主要是由于这类家电能耗的差异所造成。例如,美国家庭普遍使用带有烘干功能的洗衣机,这样就可以直接得到干燥的衣服,免去晾晒。烘干功能使洗衣机电功率增加 2kW 以上,同样的洗衣量,耗电量是我国普遍使用的洗衣机的 5~10 倍。同样,带有烘干功能的洗碗机用电装机容量也在 1~2kW。一个正常家庭洗衣机和洗碗机每年用电量可达 1000kWh 以上,接近北京一般居民一户全年的用电总量。1000kWh 电力的回报就是免去了在阳台晾晒衣服,免去了人工洗碗。这种替代家庭劳动的方式应该是我们未来所提倡和追求的吗?目前一些新建高档住宅项目,已经取消了阳台,代之以每户送一台带有烘干功能的洗衣机。在"欧美式高尚生活"的招牌下,户均能耗也在悄然与欧美接轨!

2.1.3 办公建筑能耗差异

图 2-5 为北京和美国费城两座著名高校校园一些教学性办公建筑的全年电耗比较,图 2-6 是北京市三座高档办公楼的全年电耗比较,图 2-7 是位于北京市的某政府办公大楼 2003 年翻修改造前和改造后的全年用电量比较。下面分别分析这三个比较案例。

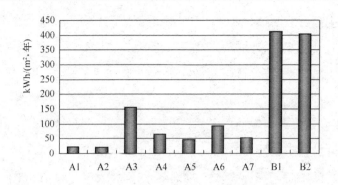

图 2-5　北京（A）与美国费城（B）两座著名高校中
一些教学性办公楼全年用电量比较

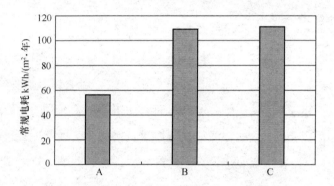

图 2-6　北京市三座高档办公楼的全年用电量比较

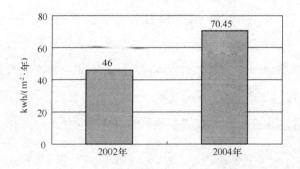

图 2-7　北京市的某政府办公大楼 2003 年翻
修改造前和改造后的全年用电量比较

案例一：北京与费城校园能耗比较。为了深入理解费城校园办公建筑能源消耗原因，取一座电耗总量接近该校园平均值的办公建筑进行剖析。此建筑建于 2002

年，围护结构采用了非常好的保温隔热，空调系统为变风量（VAV）方式。图2-8为此建筑分项用电量与北京某校园办公楼建筑分项用电量的比较。图中表明，用电量的主要差别来自照明、空调制冷和服务于空调制冷的风机水泵。这三类电耗造成两座建筑用电量的五倍之差。

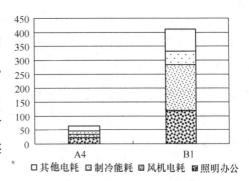

图 2-8　北京 A4 建筑与费城 B1 建筑分项全年用电比较[kWh/(m²·年)]

照明电耗：两座建筑照明装机容量差别不大，但费城建筑日夜通明，北京建筑后半夜照明关闭，白天也不是全开，由此造成两座楼逾5倍的差别。

风机电耗：费城建筑风机电耗高达163kWh/(m²·年)，是北京建筑的14.7倍。这些风机主要是用于建筑内外通风换气和全年空调的采暖与降温，以保证建筑物内的空气质量和热湿环境。根据现场调查，费城建筑全天24h连续运行，全年不停。尽管在周末和节假日建筑内几乎无人。北京建筑室内外通风主要靠开窗自然通风，而空调通风装机容量远小于费城建筑，且全年仅夏季日间运行，一年总运行时间不超过1100h，是费城建筑运行时间的1/8。

制冷能耗：费城建筑制冷电耗为北京建筑的3.7倍。费城建筑采用大型冷机，其综合效率比北京建筑高10%，但费城建筑实际消耗的冷量为北京建筑的4.1倍，由此造成制冷电耗远高于北京建筑。实际消耗冷量过高的原因为：1) 费城建筑全年连续运行，而北京建筑间歇运行，制冷运行的时间二者相差2.4倍；2) 为了满足所有房间的温度和湿度的要求，费城建筑采用末端再热方式，即使夏季，30%以上的末端也开启再热，春秋季节再热量则更大，全年制冷总量的50%以上实际上是被再热量所抵消。而北京建筑无再热，需要的冷量少。当然，北京建筑室内有时冷热不匀，夏季也有个别室内的相对湿度偏高，不满足舒适性要求的现象。然而，费城建筑的室内温湿度高满意度是以8.8倍的电耗为代价所得到的。

图2-5中还列出该案例中北京校园的其他各座教室楼与办公楼的用电差别。其中两座功能完全相同的公用教室楼，分别建造于20世纪90年代和本世纪，分

别标为图中的 A2 和 A4。两座建筑用电总量相差 3 倍之多。其主要差别：前者无空调，夏季依靠吊扇通风，后者为中央空调；前者自然采光较好，白天基本上无需人工照明，后者因为建筑形式的原因，部分室内空间自然采光效果不好，因此白天人工照明用量高。从建筑室内环境和建筑所提供的服务质量看，二者略有区别，然而，三倍之差的电耗代价与感觉并不明显的环境质量及服务上的差别是否相匹配呢？

案例二：北京三座高档写字楼建筑能耗比较。这三座建筑功能相近，图 2-6 所示的三座建筑用电总量中已去掉建筑中用能密度高、属特殊性功能的信息中心的能耗部分，剩下的只是空调、照明、办公和电梯等其他常规建筑设备。图 2-9 和图 2-10 为这三座建筑的建筑分项用电量比较和空调系统各分项用电的比较比较，可看出，主要的差异又是反映在空调系统能耗上。

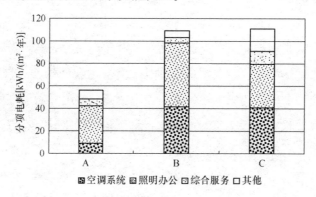

图 2-9　北京三座高档写字楼的建筑分项用电量比较

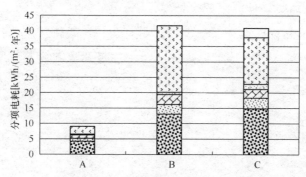

图 2-10　北京三座高档写字楼的建筑空调系统分项用电量比较

从这些数据的比较可得到，三座建筑空调能耗的巨大差别主要是由于：

1) 空调系统运行时间。三座建筑实际运行时间（小时数）之比为：1756：2838：2549。运行时间近似正比于空调能耗，三座建筑中的 A、C 同属政府机构办公用房，晚上个别房间时有加班。A 建筑即使有人加班也不开空调，C 建筑则为了保证服务质量，空调基本要连续运行。运行时间的差异导致运行能耗的显著差别。

2) 空调风机耗电。建筑 B 采用变风量方式，高风机电耗是它空调能耗高的又一主要原因。建筑 C 新风量过大，也导致新风风机能耗偏高。A 建筑风机能耗比 B、C 低得多，这是其空调平均耗电强度低的主要原因。由于无足够的有组织新风，建筑 A 实际上要通过使用者在需要的时候开窗通风换气自行改善室内环境。部分内区无外窗，导致室内空气质量较差。

3) 空调用制冷机耗电。建筑 A 亦在较大程度上低于建筑 B 和建筑 C。除运行时间长短之差外，这主要还由于空调期间室内温湿度状况的不同。建筑 A 室温基本维持在 27℃，建筑 B、C 则室温经常在 24～25℃。但这种服务差异付出的是高出 2 倍的用电量。

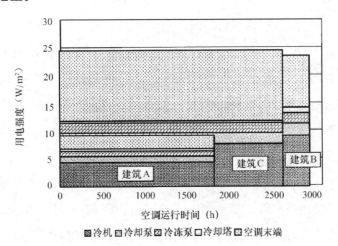

图 2-11　三座建筑空调系统能耗中的各个分项用电状况的比较

注：图中，横坐标表示空调系统的开启时间，纵坐标表示各个系统的平均功率，面积表示各个系统的用电量大小。

案例三：办公建筑大修改造前后的变化。某中央政府办公建筑 2003 年大修改造，包括这样几项改造：1) 更换外窗，单层玻璃换为保温性能好的双层玻璃，但可

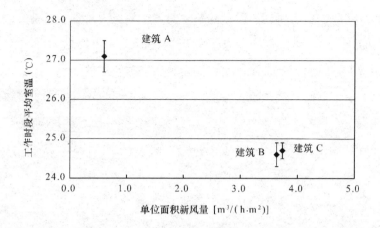

图 2-12　三座建筑夏季室温平均值和单位建筑面积机械通风的新风量

开启外窗面积大大缩小；2)改原来的每个房间一台分体空调为多联机方式的"准中央空调"。改造后人均占用面积增大，也就是说建筑内的总人数下降。然而单位建筑面积用电量由改造前的 46kWh/(m²·年)增加到改造后的 70.45kWh/(m²·年)。用电量增大的最主要原因是空调用电从改造前约 5kWh/m² 增加到改造后的 20.5kWh/m²。改造后的空调开启时间从每年 5 月初到 10 月中旬，而改造前大多数是从 6 月到 9 月初，5 月和 9、10 月依靠开窗通风就可以获得很好的室内环境。改造前即使在 6~9 月的空调使用期间，也由于气候原因和外出原因，空调经常不开；改造后由于是"准中央空调"，上班时间所有房间基本上持续运行。这些原因导致空调电耗的 3 倍之差，而这样大的能耗差别造成的室内环境质量又有多大的不同呢？

这一案例中该建筑改建后的空调电耗为改造前的 4 倍，但仍低于位于北京的许多同档次政府办公建筑。图 2-13 为位于北京的几座采用中央空调的政府办公大楼的空调电耗。这些建筑的单体规模与本案例建筑相近、功能相同，但空调电耗的差别达一倍以上。造成差别的原因依影响程度大小排序，分别是：总的运行时间、风机电耗、机械通风的新风量和室内温湿度水平。这些影响因素的差别在一定程度上导致室内热舒适状况有一定的差异，表现为对所有的空调房间的满意程度、对整个使用时间内的满意程度和所有使用者的满意程度。大多数差异不易察觉，也不容易定量刻画，然而这些差异造成的用电量的差别却是几倍之巨！

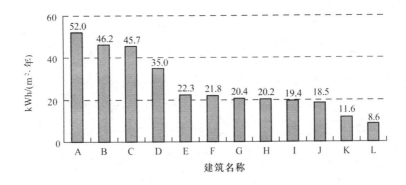

图 2-13 位于北京的一些政府机构办公大楼的空调电耗

2.2 从建筑能耗差异中得到的启示

2.2.1 建筑提供的服务和能源消耗

总结上述对建筑能耗差异的分析,可以看出,无论是住宅还是办公建筑,同一类型建筑中能耗出现的巨大差异并非源于是否采用了建筑节能的先进技术,而更多的源于建筑物所提供的不同的室内环境,及建筑物使用者的生活模式。这些造成建筑能耗巨大差异的因素可以归纳成如下诸点:

1) 建筑能否开窗通风:在外界气候环境适宜时,是通过开窗通风改善室内环境还是完全依靠机械系统换气;

2) 对室内采光、通风、温湿度环境的控制:是根据居住者的状况,只在"部分空间、部分时间"内实施,还是"全空间、全时间"地实施全面控制;

3) 对建筑居住者提供的服务的保证率:是任何时间、任何空间的100%保证率,还是允许一定的不保证率(如夜间的值班房间不提供空调服务,采用太阳能热水器时阴天不提供生活热水);

4) 对建筑居住者提供的服务程度:尽可能通过机械系统提供尽善尽美的服务,还是需要居住者自身的参与和活动(如开窗、晾晒衣服、人工洗碗)。

如果把上述诸点均看成是建筑系统向居住者提供的服务质量,那么,正是这种服务质量的差别导致巨大的能源消耗差别!

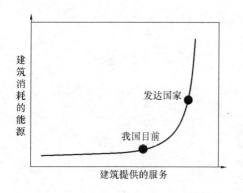

图 2-14 建筑物耗能水平与服务水平关系图

从某种意义上讲，建筑物的基本功能就是向居住者提供服务，评价建筑物的优劣当然应该考察其提供的服务质量，人类为什么不应该追求尽善尽美的服务质量，为人类提供最好的生活环境？然而，如图 2-14 所示，建筑物可提供的服务水平与提供这一服务所需要的能源消耗之间并非线性关系。当建筑物只提供基本的服务功能时（例如我国 20 世纪 80 年代城市建筑所处状态），所需要的能源消耗量很低。改进建筑物系统，使其提供基本舒适的服务功能时（例如我国目前大多数城市建筑所处状态），能源消耗就有所增加（除采暖外，与 20 世纪 80 年代比，目前我国的城市建筑单位面积能耗增加了 1～2 倍）。而当达到目前发达国家多数建筑和我国少数的高服务水平的建筑时，所需要的能源消耗又要大幅度增加。如果地球可以向人类提供充足的能源，我们当然可以追求这种尽善尽美的建筑环境。然而当人类面临严峻的能源资源匮乏和由于能源过度消耗所造成的环境压力时，我们应如何平衡和协调这种需求关系，适当地抑制这种对服务的无止境需求，更多地从节约能源、节约资源、保护环境去考虑呢？图 2-14 与目前全球人均生态足迹的分布图（见彩页图1-37）非常相似。从这张图上也可以解释目前发达国家的生活方式是以消耗 3～7 倍全球人均水平的资源来支撑，以消耗 5～10 倍的地球可提供的人均资源与环境自恢复能力来实现。因此这种尽善尽美的服务是我们的地球所不能向全人类持续提供的。要实现人类的可持续发展必须重新考虑：我们应该为未来营造什么样的生活方式，人类应该如何考虑善待自然，节制掠取，不是无限制的挖掘和消耗自然资源，而是与自然和谐共生？

图 2-14 中的横坐标，也就是建筑所提供的服务实际上很难定量刻划。不同人群对建筑物同一不良服务的容忍程度差异很大。同一生活条件（例如需要在阳台晾晒衣服）有些人群可完全接受，而有些人群却认为完全不可忍受。这样问题就成为文化和教育的问题。什么是我们要倡导的先进文化？是追求尽善尽美的享受而不顾忌资源和能源的过度消费的文化（美其名曰：与国际接轨），还是与自然和谐、平等相待，由此推演出的珍惜自然资源、适度消费，维持基本舒适的生活方式的文

化？文化是需要全社会的教育、培训所逐渐营造，因此实现我国的建筑节能，其关键之一是维持和营造这种与自然和谐、节约自然资源的文化。

资料表明，在20世纪50～60年代，美国住宅和办公楼也很少实施全面空调。空调被认为是一种时尚，在少数"高尚生活"环境中实施。那时的单位建筑面积能耗仅为目前的1/2。对这种稍微"不良服务"的"不可容忍"，是近四十年来逐渐在目前这一代人中培养和生成的新的文化。同样，据统计，上海市近年来一进入中小学暑假，居民电量立即大幅度上升，直接原因是住宅空调大量投入所致。为什么爷爷奶奶在家都不需要空调，而孙子回家后就必须开空调呢？当现在这一代少年长到成年或进入老年后，我国的建筑环境和对服务的需求是不是也就相应的与目前发达国家一样了呢？这能够成为我们的现代化目标吗？要实现我们与自然和谐发展的目标，必须维持和营造与环境和谐、节约自然资源的传统文化，必须对下一代进行教育，使这一中华民族的美德能够世代相传。

目前，一种追求极致的"高尚生活"模式在一定的社会群体中流行。提倡消费，认为高消费能够促进经济发展，社会进步，是所谓现代化生活观念。然而这里有两类消费：高自然资源消费、尤其是不可再生的自然资源消费；高劳动力密集型消费。前者以消耗大量不可再生资源为代价，即使在短期内可能对经济发展有促进，长期依赖不可再生资源的供应决不可能是可持续发展的。只有提倡高劳动力密集型服务型消费，才有可能对经济发展产生促进作用，才是从生态文明出发的现代化生活模式。

那么，各种建筑节能的技术创新和进步在这一过程中起什么作用呢？图2-15定性地给出不同的技术水平所营造的建筑服务与能源消耗的关系。不同的技术手段和水平，可以实现不同水平的"完满服务"，在提供同样水平的建筑服务的条件下，对能源的需求也有所不同。人类不断的努力，在技术上的创新和进步一方面是获取更完美的服务，另一方面则是追求在提供同样的服务水平下减少对能源的需求，降低能源的消费。然而，如图2-15所示，不同技术路线的能耗—服务关系曲线并非相互平行，有些在营造"完美服务"时相对能耗较低，有些则在营造"基本舒适"时相对能耗较低。这样，我们就面临如下三种选择：

1）按照发达国家目前的生活模式标准，或"完美服务"标准，去选择和发展我国的建筑节能技术；由图2-15，在B、C间选择技术路线B。

2）以目前的"基本舒适"的服务水平为基准，选择和发展在这一服务水平下

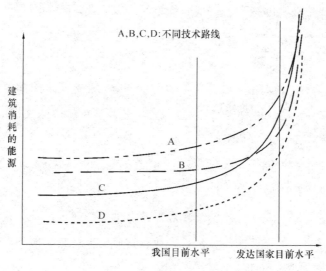

图 2-15 不同技术路线营在造建筑服务与能耗的关系图

进一步降低能源消耗的建筑节能技术；在图 2-15，就是选择技术路线 C 而不是 B。

3) 以目前实际的建筑能源消耗水平为基准，选择和发展适宜的建筑节能技术，在不增加目前建筑能源消耗的基础上，进一步提高服务水平，改善舒适水平。

按照第一种选择，会显著提高我国建筑物的服务质量，但将导致建筑能耗的大幅度上涨，这与我国目前面临的能源与环境的巨大压力及节能减排的迫切需求不符。因此我们的建筑节能工作只能在后两种选择中规划：在维持目前能耗水平的基础上通过发展适当的节能技术进一步改善我们的建筑服务质量；或维持目前的建筑服务水平，探寻在目前基础上进一步降低建筑能耗的技术途径。后两种选择所要求的技术手段和技术措施将与第一种选择显著不同，因此必须澄清如上基本原则。

这就是为什么我们不能沿用发达国家的建筑节能的思路去开展我们的建筑节能工作。这就是为什么许多在欧美很有效的建筑节能技术和措施并不适合在我国实施，而我们必须根据中国实际的建筑能源消耗状况去开辟一条实现节能的途径，包括与欧美有所不同的技术、政策和机制。

2.2.2 对建筑节能领域中一些观点的分析

(1) 提高用能效率还是控制能耗总量。

目前的一种提法是"建筑节能的目标是提高能源利用效率，而不一定降低建筑能源消耗总量"。目前建筑节能目标的提法之一是比20世纪80年代建筑节能50％或节能65％。然而无论和20世纪80年代我国城市建筑用能总量相比，还是和20世纪80年代时城市建筑的单位建筑面积用能量相比，当前我国城市建筑除了北方采暖外的其他类建筑能源消耗量（不论是20世纪80年代建造的建筑还是目前按照建筑节能标准建造的新建筑）都高于20世纪80年代。一种解释认为：节能50％或65％是指建筑的能源利用效率比20世纪80年代建筑提高50％或提高65％。那么，什么是用能效率呢？用能效率是指产出与投入的能源之比。对于工业生产过程，因为其产出明确，因此效率的定义也很明确，追求工业生产的用能效率就是追求生产同样数量和质量的产品投入的能源消费最少。然而，本书所涉及的民用建筑的产出是为居住者提供服务。如前面所讨论，这种服务大多难以刻画。而且某些服务的微小差别却能造成巨大的能源消耗的差别。在建筑节能领域以追求最高的用能效率为目标，就往往会追求最高的服务，也就是以图2-14的最右端为目标，去实践上述三种选择中的第一种。这时，即使获得了很高的效率，实际的建筑能源消耗不是降低了，反而有可能要高得多。如同发达国家的现状：建筑能耗远高于我国，建筑用能效率也普遍高于我国。因此，我国的建筑节能工作，不能像工业生产那样以追求用能效率为目标，而应该以在满足建筑所提供服务的基本要求的基础上控制建筑用能总量、维持或降低单位建筑面积用能量为目标。简言之，就是追求建筑能耗的实际数量，而不是建筑用能效率。这实际也就是前述三种选择中的第二和第三。

(2) 贴标签式还是用能耗数据说话。

评判一个建筑是否节能目前也有这样两种方式。所谓贴标签式就是检查采用了多少节能的技术措施。例如：是否采用外墙外保温，用了多少种太阳能利用技术，是否用了热泵技术等等。通过"检查技术清单"，即所谓"check list"来判断是否是节能建筑。这就导致建筑节能成为一堆所谓"节能技术"的简单堆垒，而这样的建筑的实际运行能耗很难真正降低，很多情况下实际运行能耗还大大增加，这难道是我们所追求的建筑节能？这里给出一些实际的案例。

案例一。北京某新建住宅项目采用了高效率的中央空调，实行"全时间、全空间"恒温恒湿控制，被誉为建筑节能典型案例，但实际的夏季单位建筑面积空调能耗为北京市住宅分体空调方式平均值的8倍。这样的空调能够认为是节能吗？

案例二。北京某办公建筑，采用大量太阳能热水器提供生活热水，但由于是强制循环系统，循环水泵长期连续运行，实际结果是水泵耗电费用几乎接近燃气热水器生产同样热水的费用，能够认为这样的太阳能系统属节能项目吗？

案例三。北京的某个采用水源热泵的项目，全年采暖和空调总耗电量（包括两侧的循环泵耗电）超过 60kWh/(m²·年)，如果空调电耗折合 12kWh/(m²·年)用电量，则按照发电煤耗计算，采暖折合 17kg 标煤/(m²·年)，高于北京市热电联产城市热网的 10kg/(m²·年)的水平。这能够因为使用了热泵就可以冠之以"节能项目"吗？

案例四。美国某校园建筑，于 2002 年新建。该建筑采用了优良保温的外墙、外窗，空调系统采用普遍认为节能的 VAV（变风量）方式，并配有完善的自控系统。该校园的能源费用是各座建筑按照建筑面积分摊，但由于这座建筑采用了多项节能技术，被评为节能建筑，所以按照其面积的 50%计费（认为节能 50%）。然而，2007 年安装了详细的能量监测仪表进行全年的能耗监测，其结果却表明：它的单位面积能耗不是其他建筑的 50%，而是其他建筑的 150%！其能耗高的主要原因就是空调通风的全年不间断运行和全年一直存在的大量"冷热抵消"现象。

2.2.3 建筑节能的真正目的和任务

由上面的分析看出，建筑节能不能简单地靠节能技术的堆砌实现，而必须从控制总的建筑能耗出发，通过确定适宜的建筑服务标准，全面规划各个用能途径，以降低总的能源消耗量为目标，选择适宜技术，配之以科学的运行管理，才能真正的使建筑能源消耗总量有所降低。

对于既有建筑，首先要建立完善的建筑用能计量与统计系统。我国大约是在 20 世纪 80 年代初完成了居民用电的分户计量与结算，这对控制居民用电量、减少居民用电的浪费起到重大作用。目前的首要任务是实现集中供热的分栋或分户计量，以及公共建筑用电的分项计量。在对实际能源消耗状况充分掌握的基础上，才有可能有选择地采用各种适宜的节能技术和有针对性地开展节能改造，对采用节能技术和实施节能改造的成果也才有可能作出科学的后评估。依托于实际的用能数据，才有可能提倡和鼓励先进的节能运行管理方式和先进的生活用能模式。从数据入手，用数据说话，依数据判断，从用能数据出发开展节能改造，这应该是我们实现既有建筑节能的思路。反之，如果在没有掌握实际用能数据时，就一味地追求"节能改造"，自然就会以"采用多少先进的节能技术"为指标，就很难避免贴标签式的节能改造，也很难真正降低能源消耗量。

对于新建建筑，则应该实施全过程的能源消耗总量控制。在项目立项时就确定各分项用能指标，在方案评比、施工图设计、设备选择、竣工验收的各个环节，也都应以实现这一用能指标为导向，而不是评判和检查"用了多少项先进节能技术"。把各种与节能相关的措施都落实在用能数据上，并最终在工程验收和系统试运行中兑现。这样才有可能促进从用能总量出发的全面的节能规划，选择适宜的节能技术与措施。在这样的体系下管理和建设的新建建筑，就有可能按照立项时确定的分项用能指标，实行分项用能定额管理，从而使节能效果得到长久的落实。

2.3 人类需要什么样的室内热环境

20世纪空调技术的发展，在很大程度上提高了人们的生活品质。随着空调在生产、办公、居住环境中的普遍应用，人类到底需要什么样的室内热环境成为空调应用中最基本的问题。如上节所述，小范围的热环境参数的变化有时就会造成巨大的空调能耗差别，而这样的热环境参数的不同到底对居住者的舒适和健康又什么影响呢？这成为建筑节能工作的重要基础问题。本节通过介绍目前理论界的研究成果试图说明这一问题，附录五则进一步详细介绍目前国内外相关的理论研究现状。

2.3.1 决定居住者热舒适的基本参数

研究表明，决定室内人体热舒适的要素主要有六个，即空气温度、湿度、风速、辐射（既太阳的直接照射和各面内墙表面的远红外辐射）、着装量和活动量。除了温度越高会越感觉热以外，潮湿会导致偏热的环境感觉更闷热，而偏冷的环境感觉更冷。此外，风速越高人会感到越冷，热辐射越强人就感到越热。人本身的状态也是重要的因素，比如着装厚重或者活动量大，人就会感到热。

学术界将不冷不热的状态叫做"热中性"，一般认为是最舒适的状态，此时人体用于体温调节所消耗的能量最少，感受到的压力最小。所谓的热不舒适，就是当人体处于过冷或过热状态下无意识地调节自己的身体时感受到的热疲劳。各国研究者是通过在人工气候室中的人体实验来确定热中性的参数范围的，即将受试者置于不同的温度、湿度、风速、辐射的参数组合环境中，试图找到人体最舒适的环境参数组合。受试者用热感觉投票 TSV 来表示自己是冷还是热，TSV 为 0 就是中性，+1 是微热，+2 是热，+3 是很热，-1 是微冷，-2 是冷，-3 是很冷，如图 2-16 所示。研究发现 TSV 在 -0.5～+0.5 之间时，90% 以上的人都会感到满意；TSV 在 -0.85～+0.85 之间时，80% 以上的人会感到满意，这就是美国采暖、制冷与空调工程师协会（ASHRAE）标准中认可的"可接受热环境"。

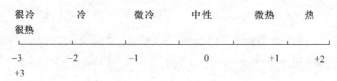

图 2-16　热感觉投票七点标尺

由于人的个体差异很大，同一个人也有可能由于身体或者精神的状态变化感觉有所变化，但这些差异服从正态分布，即特殊的人总是少数群体。所以需要通过大量对不同受试者的测试，得出绝大多数人的平均热感觉可作为人体对一个参数组合环境的冷热评价的结论。

风速、温度、湿度、辐射、着装量和活动量六个影响人体热舒适的参数都稳定不变的热环境叫做稳态热环境，一般需要用空调系统来维持。国际著名学者、丹麦技术大学的 P. O. Fanger 教授通过大量的人体实验提出了反映稳态热环境条件下上述六个参数与预测的人体热感觉的关系方程，叫做预测平均热感觉投票（PMV）模型。之前也有研究者提出了各种简化的评价指标，把湿度、风速、辐射的影响都折算到温度里面去，如针对一定服装和活动量的新有效温度 ET^* 等。图 2-17 给出的是利用 ET^* 指标针对办公室服装和工作状态给出的舒适环境范围。阴影区域是美国采暖、制冷与空调工程师协会（ASHRAE）提出的舒适区标准，适用于有短外衣的办公室着装，另一个菱形区域适合穿长袖衬衣和长裤的着装。可以看出有短外衣的办公室的舒适范围是温度 22～26℃，相对湿度 25%～65%。没有短外衣的舒适范围就要大一些，分别是 24～27℃，20%～70%。

根据这些人体热舒适研究的成果，ASHRAE 发布的标准规定了夏季室内最适宜的空调设定温度为 24.5℃，其范围可在 23～26℃ 之间变化。这一温度设定标准

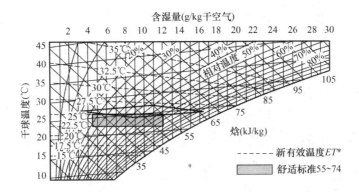

图 2-17 新有效温度和 ASHRAE 舒适区

也被世界各国广泛采用。

但在实际的办公楼中，运行管理人员往往将空调设定温度贴近标准规定的下限甚至更低。比如在美国、欧洲、新加坡、香港等经济发达地区的办公楼，室内温度通常被设定在 21~23℃。香港理工大学调查了 165 座办公楼，发现夏季办公室内的平均温度为 22℃，最低只有 20℃（数据来源：K. W. Mui. Energy policy for integrating the building environmental performance model of an air conditioned building in a subtropical climate. Energy Conversion and Management，47（2006），2059~2069）。这一方面是人们在夏季盲目地追求偏低的温度，另一方面是许多空调系统不能有效地控制湿度，导致居住者感觉潮热。为了降低湿度或抵消湿度的影响，把温度调得很低。这虽然不再感到热湿，但室内外过大的温度差很容易使人受到热冲击而影响健康。

2.3.2 稳态空调环境的设定温度与传统热舒适理论

前面所说的 ASHRAE 的 24.5℃ 标准、23~26℃ 范围是通过大量稳态热环境条件下的人体热舒适实验结果得出来的，但受试者基本都是青年白种人。所以不同国家研究者根据自己的人种也做了不同的实验。研究发现：在环境基本无风（风速低于 0.15 m/s），相对湿度为 50%，人员穿着棉质长袖衬衫和长裤，处于静坐工作状态时，丹麦人、美国人、日本人的中性温度分别为 25.7℃、25.6℃ 和 26.3℃（数据来源：Fanger P O. Thermal comfort-analysis and application in environment engineering. Danish Technology Press, Copenhagen, Denmark, 1970. Nevins, R. G

1966 Temperature-humidity chart for thermal comfort of seated persons. Ashrae Transactions, Vol. 72, pp. 283-291. Tanabe, S., Kimura, K., Hara, T. (1987), Thermal comfort requirements during the summer season in Japan. ASHRAE Transactions, 93 (1), pp 564-577.）；清华大学进行的人体热舒适实验发现中国人的中性温度在26℃附近。可见不同人种之间的中性温度数据并没有显著性差异，也就是说，在26℃附近，室内人员穿着夏季常见的长袖衬衫和长裤的服装组合条件下，可以达到不冷不热的状态。而根据P.O. Fanger教授提出的PMV模型预测，如果人体身着西装，在低风速（0.15 m/s）条件下，空调温度需降至23.5℃才能感觉舒适；穿长袖衬衣长裤时，空调温度需控制在25.5℃；改穿短袖衬衣长裤时，人体舒适温度为25.7℃；而改穿短袖短裤，则中性温度可以提高到26.9℃。这与上述实验研究结论相差不大。

因为TSV在±0.5之间时，90%以上的人都会感觉到满意，所以可以断定选取26℃作为空调设定温度的下限，只要环境温度不超过27℃（TSV＜+0.5），绝大多数的人都能够感觉舒适。因此，要求空调温度设置不得低于26℃并不会降低环境品质和室内人员的舒适度。

既然26℃是典型夏季着装的人感觉不冷不热的温度，完全没有必要把室内温度降得更低，那么，当空调温度被调节至发达国家和地区常用的21～23℃时，如果室内人员还是穿着衬衫和长裤组合的服装，非但不会觉得舒适，反而会觉得偏冷。这些建筑物习惯于将空调温度设定得过低，究其原因，一是为了维持大家在酷暑中也能穿着西装革履的惯例；二是运行管理人员为免被人投诉冷气不够冷，就把空调温度刻意调低，导致原本穿轻薄夏季服装的人被迫添加衣服来适应室内温度；三是这些建筑物里的空调系统除湿能力有问题，室内湿度偏高导致人们觉得闷热，所以不得不靠降低送风温度和室内温度来达到除湿的目的，或者靠降温来改善热感觉。

其实，在空调房间内维持相对稳定低温的环境，会使得人生活的微环境缺乏周期性刺激，同时相对低温使人的皮肤汗腺和皮脂腺收缩，腺口闭塞，而导致血流不畅，产生"空调适应不全症"。当室外温度很高而室内设定温度过低的情况下，人们在进出空调房间时会经历过度的热冲击而导致不适，甚至会影响居住者的健康，除受冷热刺激而容易感冒以外，还会产生中暑、头疼、嗜睡、疲劳、关节疼痛的症状。

由此可见，设定空调温度不低于26℃，完全能够满足人体的热舒适要求，又有利于人体健康，同时达到节约建筑能源的目的。因此，有充分的理由提倡人们在夏季穿着轻薄服装，保证空调温度设定不低于26℃。那么，有没有可能进一步提高空调温度以达到更好的节能效果，同时又能够满足人们的热舒适要求呢？

由于短袖短裤的服装组合通常在办公环境中是不被接受的，因此在保证舒适度的前提下，通过调整服装仅能将办公环境的空调温度从欧美标准的24.5℃提高到接近26℃。如果效仿日本的做法，要进一步将空调温度从26℃升高至28℃，则需要通过另一个环境调节手段即提高风速来实现。在低温空调的环境下，人们怕吹风，希望风速低而稳定，所以风速标准定在0.25 m/s以下。而在室内温度偏高的情况下，人们对于吹风的感觉就会不一样了。通过采用吊扇、个体可调节的小风扇等送风设备，将人体附近的风速增大至1 m/s，则根据Fanger教授的PMV模型预测，在28℃的环境下人体也能够维持热中性，而这些送风装置无论从生产安装还是运行上造成的能耗，都比低温空调要节省得多，同时还能够避免室内外温差太大导致对人体的热冲击。

所以，为了降低建筑能耗，我国政府要求公共建筑夏季室内温度不得低于26℃，日本政府则要求政府建筑夏季室内温度不得低于28℃，这都不是降低了室内人员的健康舒适标准，而是既符合热舒适和人体健康要求，又满足建筑节能需要的一种科学决策。

2.3.3 非空调环境下的热舒适

实际上人类开始采用空调手段改善居住环境尚不到百年，而在人类社会几千年的发展过程中，绝大部分时间都是通过其居住的建筑墙体蓄存、隔离外界热量，通过自然通风、服装、风扇等调节手段来达到改善和适应夏季热环境，这实际是一种依靠自然条件和人体自身的调节机能的方式。这种模式，可以认为是一种能源节约、环境友好的生活方式，至今依然是大多数居住者的优先选择。在我国各地开展的大量现场调研结果表明，当环境参数相似时，非空调的自然通风环境较机械手段形成的稳态热环境受到更多居住者的偏爱。居住者对于家中的空调往往采用"能不使用就尽量不使用"的态度，只要室内温度不处于不能忍受的范围，更乐于使用开窗通风或电风扇来进行降温。2000年清华大学贾庆贤调查发现，在"自然通风，有点热，总体可接受的环境"和"空调凉爽环境"中进行选择时，80%以上的人选择前者，这并非是出于经济原因而作出的选择（贾庆贤、赵荣义、许为全等．吹风对热舒适影响的主观调查与客观评价．暖通空调，2000年第3期）。在发达国家日本、新加坡、希腊（雅典）的调研也都得到人们更倾向非空调环境的结论。

各国研究者已经发现，人们在非空调环境下的热舒适反应与空调环境下有较大差异，在非空调环境中居住者表现出更强的热适应性和更大的热舒适范围，具体体现在以下三个方面：

1) 在偏热环境中，非空调环境下受试者的热感觉要比同样温度的空调环境下的热感觉凉快；

2) 在非空调环境下受试者感觉舒适的温度上限要大大高于稳态空调下舒适温度的上限；

3) 在非空调环境下人员的健康和热耐受能力要高于空调环境。

2001年，P. O. Fanger教授汇总了国外研究者在曼谷、新加坡、雅典和布里斯班非空调建筑中的现场调查结果，发现环境越热，人们的实际热感觉与PMV模型预测值的偏离就越大，出现图2-18所示的"剪刀差"现象。在室内温度接近32℃时，人们实际热感觉投票为"微热"（+1），属于勉强可接受的热环境；而按照PMV预测模型计算得到的热感觉是"热"（+2），是属于明显不舒适的热环境了。

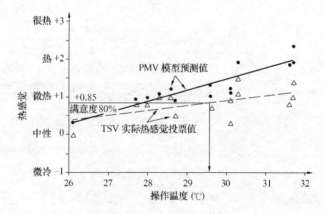

图2-18 曼谷、新加坡、雅典和布里斯班非空调
建筑中的现场调查结果与预测值的比较

由于 PMV 模型是基于稳态空调热环境下人体投票实验结果得到的，可见在非空调环境中人们的感觉要比相同温度条件下的空调环境来得凉快，且温度越高差别越大。

由于热感觉投票 TSV 在±0.85 之间为可接受热环境，那么根据图 2-3 的结果，在非空调环境中，人们可接受的环境温度上限约为 29.5℃，而不是 28℃。当然跟有空调的办公室环境相比，上述现场调查时的着装要更轻薄。2000～2005 年，在我国多个研究者的现场调查中，也报道了相似的热感觉偏离现象，提出的可接受热环境的有效温度上限是在 30℃附近，均远高于 ASHRAE 标准中夏季室内空调设定温度范围（中性温度为 24.5℃，范围为 23～26℃）。2003 年，清华大学在上海地区的住宅热环境调查结果表明，人们并非室温高于 26℃就开启空调，而是继续使用自然通风手段，直到环境温度高于 29℃时才开启空调，与上述非空调环境中可接受环境温度的研究结果基本一致。

上述各非空调热环境的室内相对湿度调查值绝大部分在 80%以下，少数为 80%以上。

2000 年及 2001 年夏季，中国疾病预防控制中心分别对江苏省及上海市进行了使用空调对健康影响的流行病学调查。结果发现：所调查人群不适症状（包括神经和精神类不适感、消化系统类不适感、呼吸系统类不适感和皮肤黏膜类不适感等）的发生与使用空调有关；使用空调人群各种不适症状的发生率均高于不使用空调人群；使用空调的人群暑期"伤风/咳嗽/流鼻涕"的发病率明显高于不使用空调人群；使用空调的人群对热的耐受力比不使用空调人群要差。

非空调环境对居住者的健康和舒适性带来的积极作用引起国内外研究者的广泛兴趣，空调的使用往往是建筑环境改善的象征，但却造成人们对环境耐受能力的降低并导致健康水平下降。是什么原因导致了非空调环境与空调环境下人体热舒适反应的差异？汇总近年来热舒适领域的研究成果，可以从以下几个方面进行解释。

(1) 环境物理参数方面

在非空调环境下，居住者通常穿着更少的服装，并且使用开窗通风、风扇、手摇扇来增加空气流速，因此比空调环境下的人更能适应较热的环境。目前非空调环境往往属于环境设计等级不高的环境，像普通办公楼、教学楼、宿舍，对室内人员的着装没有特别严格的要求，不会要求人们在夏季西装革履地办公、学习，因此室内人员穿着的服装都比较轻薄,甚至允许穿着短裤和凉鞋。而在住宅中,由于环境的私密程度更高,人们可以根据当时的室内温度更为自由地调整服装。

(2) 心理因素的影响

有国外研究者认为由于在非空调环境下人们对环境的期望值低,导致其具备更强的热耐受性。比如 P. O. Fanger 教授就认为在非空调环境中的人觉得自己注定要生活在较热的环境中,所以对环境比较容易满足,不容易觉得热得受不了。因此,在经济发达地区经常使用空调的人热耐受性有可能比经济欠发达地区基本不使用空调的人要差(Fanger P. O., Toftum J. Extension of the PMV model to non-air-conditioned buildings in warm climates. Energy and Buildings, 2002, 34 (6): 533~536)。同时,在多数非空调建筑中,人们往往可以通过换衣服、打开窗户、开风扇、改变活动量等来改变热感觉,多少会觉得自己有一定的环境调控能力,因此对热环境的心理承受能力要更强,温度高一点也不觉得很热。而很多有空调的公共建筑如大型商业写字楼、大商场等窗户既打不开,室内人员也没有调控温度、风速高低的权力,导致室内人员的心理承受能力变弱,温度高一点点就会有明显反应。

(3) 生理因素的影响

人类生理对冷热刺激的应激与调节功能是人类在大自然中经历数千万年的进化获得的适应自然的能力。这一能力保证了人体在受到冷热冲击的时候能够调节自己的身体以保证其具有正常的功能。如果人体保持了良好的热调节能力,那么当人体处于一定热舒适偏离的条件下也能够轻松应对,并不会感到显著的不舒适并能维持较高的劳动效率。

在非空调环境下,环境温度会随着室外气象参数的变化而波动,人员具备较高温度环境下的"热暴露"的经历,一定程度上提高了人体的热调节能力。如果长期生活在恒温恒湿环境中,则会由于缺乏"热暴露"的刺激,从而导致热调节功能退化。缺乏热调节能力的人体在偏离热舒适的环境下,易出现过敏、感冒、疲倦、综合体质下降,偶遇热冲击还容易导致疾病。因此,长时间停留于空调维持的相对低温环境,虽然免除了夏日高温给人们带来的不适,但却改变了人体在自然环境中长期形成的热适应能力,由此而引发空调不适应症。

2002 年春季和夏季,中国疾病预防控制中心的研究者让受试者体验从舒适温度(24~26℃)到较热温度(32~34℃)环境的热暴露,以春季和经历酷暑后的初秋受试者分别作为未热适应组和热适应组,进行神经行为功能测试。结果发现,未热适应组和热适应组相比,在接受相同条件的温度突变的热冲击时,在注意力、反应速度、视觉记忆和抽象思维方面会受到一定的影响(夏一哉. 气流脉动强度与频率对人体热感觉的影响研究. 清华大学博士学位论文,2000)。因此,在夏季适当延长在非空调环境下的"热暴露"时间,保持人体对热环境的适应能力,对于人体健康是大有裨益的。

2.3.4 冬季采暖环境下的热舒适

江燕涛等于2004年1月至2005年1月期间在湖南省长沙市对无空调、无采暖室内环境的人体热感觉进行了现场调查,受试者为某高校的615名大学生。把所测的室内温、湿度和风速值转化为新有效温度 ET^* ,将调查得到的全部热感觉 TSV 值和计算得到的 PMV 值以算术平均的形式统计,如图 2-19 所示。从图中可以发现,平均热感觉 TSV 的斜率比平均 PMV 小得多,人们对热感觉的主观判断比 PMV 预测的敏感程度要小。实验结果显示,与之前的研究者得到的实验结果一致,在冬季非空调偏热环境中,人体的热感觉 TSV 较 PMV 模型的预测值要低;同时又发现,在冬

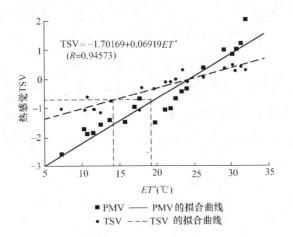

图 2-19 ET^* 与平均热感觉 TSV 和 PMV 的关系

(数据来源:江燕涛,杨昌智,李文菁,王海. 非空调环境下性别与热舒适的关系. 暖通空调,2006.5)

季非空调的偏冷环境下，人们的热感觉 TSV 较 PMV 模型的预测值要高。或者说，无论是偏冷还是偏热环境，在非空调条件下的 TSV 实际值均比 PMV 模型的预测值接近热中性（江燕涛，杨昌智，李文菁，王海. 非空调环境下性别与热舒适的关系. 暖通空调，2006（5））。

由于热感觉投票 TSV 在±0.85 之间为可接受热环境，从图 2-19 可以看到，如果按照 PMV 的理论模型，冬季室内温度需要达到 19℃以上人们才会感到满意，但按照现场调查的结果看，室内温度只要高于 14℃人们就感到满意了。这个数值比我国的北方住宅采暖标准 18℃要低很多。为什么会出现这种现象呢？

除了上述分析的非空调环境与空调环境的区别以外，还有一个重要的原因就是衣着习惯。在我国的北方采暖地区（严寒与寒冷地区），由于冬季室外寒冷，人们不得不穿很厚重的衣服，但穿同样厚重的衣服在室内起居活动很不方便，因此人们进入到室内必然要除去厚重的外衣。这样，冬季采暖时保持较高的室内温度、维持较大的室内外温差是适宜的。但是在长江流域地区，由于冬季室外温度并不很低（0~10℃），且有太阳辐射的作用，因此人们在室外的衣着并不厚重，进入室内也没有更衣的需求。如果室内温度过高，室内外温差达到 15℃以上，则反而为居住者带来不必要的麻烦，甚至易引起伤风感冒。所以在这样的环境下，人们反而认为偏高的室内温度是不舒适的。因此，在冬季室外温度偏高的地区，室内采暖温度需要考虑居住者的衣着习惯，而不应该盲目复制寒冷地区的采暖温度标准。

同样，我国北方寒冷地区的农村住宅建筑，由于生产与生活习惯的原因，人们需要频繁进出居室。如果室内温度过高，就使得居住者进出居室时不得不频繁更换衣着以避免引起伤风感冒，因此导致更多的不便。所以北方寒冷地区的农村住宅建筑采暖标准也不宜向城市单元式住宅楼看齐，不宜维持较大的室内外温差。这样做，不仅是出于建筑节能的考虑，更重要的是考虑到居住者的方便、舒适与健康。

2.3.5 小结

由上述热舒适的研究成果，我们可以看到，"恒温恒湿"环境不仅不利于建筑节能，而且不利于满足居住者健康、舒适、便利的生活要求。主要结论总结如下：

1) 26℃不是夏季空调舒适范围的上限，而是下限。规定公共建筑空调温度不得低于26℃，并没有降低舒适标准，反而有利于保证室内人员的健康，有利于减少"空调病"，同时又避免了无谓的能耗。

2）人体与生俱来的特质决定了自然通风能为人员提供了更宽广的热舒适范围，舒适温度可达到29℃以上，同时变化的热环境更有利于人体的健康和舒适。因此自然通风并非"穷人"无可奈何的降温手段，而是更健康、绿色的室内环境控制措施，应予以充分保障。

3）长期处于缺乏刺激的稳态空调环境下，将导致人体热调节功能退化，健康水平下降，因此应避免长期使用空调。在不得不使用空调来满足舒适要求的时候，同时采用变动风速的电风扇可以在保证热舒适条件下提高室内的舒适温度，更有效地减少空调能耗。

4）南方地区建筑以及农村住宅冬季的室内环境控制标准不应盲目向严寒/寒冷地区的城市建筑采暖室内标准看齐，而应充分考虑当地冬季室外温度以及起居方式决定的居住者的衣着水平以及起居的便利程度来制定标准。室内控制温度应低于严寒/寒冷地区的城市建筑采暖室内温度。

5）目前我国所有住宅的夏季室内设计温度标准均采用26℃作为上限，超过26℃就要开空调，这样导致很多被动式措施如遮阳、自然通风等发挥的作用都无法得到合理的评价。因此应该修订现行的节能住宅的室内环境标准，不应把超过26℃就开空调作为一种常态来考虑。

2.4 营造与自然和谐的建筑室内环境的途径

建筑运行能源的70%以上都用于建筑物室内环境控制，即温度、湿度、室内外通风换气和室内的照度。不同的室内环境水平在很大程度上决定建筑物的服务水平，也就是建筑物所提供的室内舒适度。降低建筑物能源消耗，其最主要的途径就是降低建筑室内环境控制所消耗的能源。

室内环境的营造目标，即温度、湿度、照度，以及室内外通风换气要求，都应在人体可接受的范围内，尽量与自然界环境所处状态相近。这与工业过程需要的远离自然环境状态的高温高压等参数完全不同。尽可能优先利用各类自然环境条件，而不是直接考虑利用机械方式和人工制取的方法，所需要的能源就会有巨大差别；

适当的调整营造目标,使其更接近当时的自然环境条件,就可以最大可能地利用自然环境条件而减少对机械方式和人工制取方式的依赖。这是营造低能耗建筑、实现建筑节能的关键。尽可能利用自然采光而不是过分依赖人工照明,即可获得最适宜的光环境,又可最大程度的降低能源消耗,同时还可减少由于人工照明增加的室内产热量,降低空调排热的负荷,这点已被普遍接受。以下分别从通风换气、温度湿度控制两方面进一步讨论自然方式与机械方式,追求与自然和谐的模式还是驾驭于自然之上这两种思路的差别。

2.4.1　室内外通风换气

依靠室内外通风换气,是改善室内空气质量(IAQ)的最有效措施。20 世纪 90 年代发达国家普遍关注室内空气质量问题。围绕这一问题出现各类空气净化器、消毒器产品,但最终的解决方案还是要保证足够的室内外通风换气。怎样实现室内外有效的通风换气呢?人类自古以来就发明了窗户,开窗通风换气是窗户的主要功能之一。对于一个有效开口面积为一平方米的外窗,断面风速为 0.3m/s 时的通风量为 1000m³/h。在大多数气候条件下,这一开口面积可以实现 50~100m² 房间的有效通风换气,保证其室内空气质量。与此相比,采用直接安装在外窗外墙上的通风换气扇,达到这一风量需要的电机功率为 100W;采用新风系统通过风机和风道输送这样的风量,则需要的电机功率为 500W 以上。当这些通风机全年连续运行时,100W 的风机耗电 876kWh/年,500W 的风机耗电 4380kWh/年。当这一风机所服务的建筑面积为 200m² 时,仅此风机的电耗就折合 4.38kWh/(m²·年)到 22kWh/(m²·年)。前者已超过目前北京市住宅夏季空调电耗的平均值,后者已接近目前我国使用中央空调的办公建筑的全年空调用电量。

本世纪以来,发达国家为了保证室内空气质量,各国的建筑标准中都强调了通风换气。一方面要求建筑物的高气密性,另一方面又要求通过机械通风方式保证室内的通风换气量。这就发生了上面风机耗电量高达 4~22kWh/(m²·年)的现象。为了节能,各国又多要求在通风系统上增加热回收装置,回收排风中的能量。但这就增加了风系统的阻力,进一步使风机电耗增加到 10~30kWh/(m²·年)。而除了在全年长期处于高寒期的北欧外,所回收的热能按照等效电方法计算(计算方法参见附录四),只能折合 5~8kWh/m² 的电力,因此多为得不偿失。

反之，打开外窗通风换气，如果每天开窗 4～8h，开窗期间实现 1000m³/h 换气量，也可以完全满足 100m² 房间的通风换气要求。因为是人工开窗，因此一定会选择室外温度适宜的时候开窗换气，而不会在冬季出现低温的夜间或夏季室外出现"桑拿天"的高温高湿期。与不采用热回收的机械通风连续换气方式比较，由于选择了通风换气时间，室内外通风换气造成的冷热量损失还降低了 30%～50%。而且通风换气并不需要消耗任何能源。

除了严寒的冬季和炎热的夏季外，我国各地随地理位置的不同，每年大约有 1/3～2/3 的时间室外温度在 15～26℃ 之间，此时如果有足够的可通风有效外窗开口面积，则依靠通风可以获取良好的室内环境，尤其是对于室内发热量较大的房间，可有效排热，避免使用空调。当室内外温差为 5℃，通过机械通风排除室内热量时，如果 1000m³/h 风量，仅可以排除热量 1.67kWh，而此时需要风机电耗 500W，与 COP 为 3.3 的空调机耗电量相同，无任何好处可言。因此当把能源消耗作为重要因素所考虑时，自然通风的功能是各种机械通风很难替代的。

由于外界空气流动和温度变化是一种自然资源，由此使建筑内产生自然通风是这种资源的有效利用。人类历史上就一直把自然通风这一措施作为维护和营造室内适宜环境的重要途径。随着建筑物的体量越来越大，密闭性能越来越高，自然通风不复存在。而利用机械通风方式貌似可以替代自然通风的功能，但其结果就是高能耗，同时还伴随噪声、吹风感等系列问题。在这种情况下，我们是应该坚持试图用"机械的"方法解决问题，还是回到"依靠自然"上，改变我们的建筑形式，使其能更好地与自然环境融合，产生更好的自然通风效果？

更有甚之，许多"现代化"建筑出于种种原因，外窗完全不能打开，或者只有很小的可开启面积。这就完全失去了其通风换气的基本功能，不仅造成能源消耗的增加，还给居住者带来诸如空气质量恶化、室内环境不可调节等种种烦恼。使外窗可开启，且可由居住者自由开关，这是营造与自然和谐的建筑环境的最重要措施。

2.4.2 室内的温度湿度控制

室内舒适温度的维持目标是 18～28℃，相对湿度 30%～70%。我国大多数地区外界温度全年在 −10～35℃ 之间，其中相当多的时间外界环境温湿度处于舒适区范围。图 2-20 为北京、上海、哈尔滨、广州、武汉、兰州、重庆、西安、昆明九个城市全年外温的统计分布。从这些数据出发，可以得到我国不同地区建筑室内环境的节能控制策略。

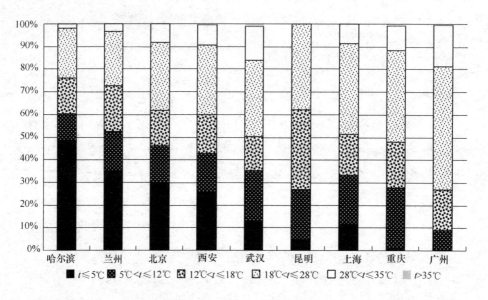

图 2-20 中国主要城市的气候状况

(1) 北方地区

对于我国北方地区，冬季较长时间内室外温度大幅度低于要求的舒适区，建筑需要采暖。这是为什么我国目前北方城镇采暖能耗约为中国城镇建筑能耗总量的 39％。建筑物内不能温度太低，这是对人居环境基本的健康和舒适的要求。为了在室内暖和的基础上实现节能，可能的途径就是：最大程度的加强保温，以减少热损失；最多可能地吸收太阳热，以补偿采暖的热量需求；最高程度的提高采暖系统效率，以用最少的能源消耗获得最多的热量。这些地区夏季外温高于 28℃ 的时间很少，出现高湿天气需要干燥除湿的时间也不多。采用分散的空调方式，解决部分空间热湿的局部问题，可能是一般建筑夏季降温除湿的最有效方式。

目前华北地区在大力推广水源热泵、地源热泵，当冬季需热量与夏季需冷量接近时，这种方式可以获得好的节能效果。然而对于这一地区的一般建筑，冬季需热量远高于夏季需冷量，这就会导致地下温度逐年降低，从而使热泵性能逐渐恶化。此外，以这类热泵方式作为夏季的空调冷源，往往只能采用各种中央空调方式。而如同前面所述，住宅和一般公共建筑的空调采用集中方式的能源消耗往往是分散方式的 3～8 倍。这不是由于冷源的问题，而完全是由于"部分时间，部分空间"还是"全时间，全空间"的不同，是由于输配系统能耗的不同。这样，采用集中方式，即使冬季采暖能耗在一定程度上有所降低，但夏季空调能耗有可能大幅度上升，综合的结果就不再节能而有可能费能。

(2) 长江流域地区

冬季外温低于 12℃ 的时间不超过 25%，而且即使低于 12℃，多数时间也都处于 5～10℃ 间，出现零度以下的时间很少。当能够接收到太阳照射和室内存在发热量较大的热源时，室温可以处于 14℃ 以上，而见不到太阳、室内发热量又不大时，室内温度较低。采用一些局部采暖，分散采暖的方式，在房间温度偏低时补充部分热量，就可以基本满足要求。而如果采用集中供热方式全面供热，则由于不同房间不同时间冷热不匀的现象严重，因此部分房间过度供热的现象会高于北方。这就导致供热能耗也会比局部、分散式高出几倍。并且，在北方室外温度为 -10℃ 时，室温在 18℃ 还是在 20℃ 只导致采暖耗热量变化不到 7%。而长江流域外温在 5℃ 时，室温是 14℃ 还是 16℃ 将造成采暖耗热量 50% 以上的变化（因为还有太阳辐射及室内发热量的影响）。这样，如何维持这些地区居民的生活方式，增加居住者在室内时的衣着量，适当降低采暖时的室温，就会有很大的节能效果。

这一地区夏季外温高于 26℃ 的时间也不超过 20%，夏季感觉炎热潮湿的主要原因是在此时室外湿度也普遍高于舒适要求范围，同时，太阳辐射和室内发热量又导致室内温度进一步升高。在这一地区如果能够通过各种外遮阳方式尽可能减少太阳辐射的影响，就可以有效地减轻夏季对空调的要求，缩短空调运行时间。由于在夏季空调期间室内外温差并不大，因此提高或降低室内空调设定温度，都会引起空调系统耗电量的大幅度变化。而许多情况下使用者之所以把空调设定温度调的很低（例如 22℃），并非喜欢低温，而是由于湿度过高，而这些空调又没有合适的除湿功能，居住者不得已作出的选择。这既造成过高的能耗，而实际提供的空调环境也并不舒适。一些先进的空调利用低温冷源对空气冷却除湿后再进行加热，这可同时实现很好的温湿度控制，但会付出很高的耗能代价。这种通过再热来调节温湿度也是发达国家夏季空调能耗普遍高于我国的重要原因。怎样解决室内的高湿问题，寻找新的不通过制冷而直接控制湿度的途径，将是这一地区建筑节能和室内环境控制的关键。目前国内外都已陆续开发出一些采用固体吸湿材料、液体吸湿材料和各种热回收装置实现高效空气除湿的新技术与装置,如果能够用这些技术全面解决除湿问题,则可以实现"温度湿度独立控制",空调设定温度就可以提高到 26~28℃,此时甚至可用一些低于 26℃的自然冷源(如地下水)来实现不耗能的降温排热,当然也可以使用工作于小温差下的高效制冷装置作为冷源,从而获得远高于目前制冷机的工作效率。

在这一地区,由于采暖时室外空气温度一般高于零度,地表水、地下水温度则更高,而如果要求的采暖温度较低,则只要有 20~25℃的热源就可以满足采暖要求。而这一地区夏季又普遍要求空调制冷,因此最适宜的冷热源一定是各类以空气、土壤、地表或地下水为热源的热泵。对于这一地区的住宅和普通公共建筑,其冬夏负荷基本平衡,因此以地下土壤、地下水作为热泵热源不会出现冷热不平衡问题。重要的是,怎样的系统才可以避免由热泵系统构成的集中供热与供冷的末端不易调节问题,避免由此造成的输配能耗过高,从而在冬夏季都能高效地实现"部分时间、部分空间"的采暖和空调。

(3) 夏热冬暖地区

这一地区冬季外温低于 12℃的时间已经很少,当地居民在一般情况下都不需要采暖。这样,这一地区环境控制的主要问题就是降温和除湿。然而从图 2-20 的数据可看出,尽管夏季长,但外温超过 30℃的小时数不到全年的 10%,外温超过 35℃的小时数更是不到 0.5%。因此这一地区夏季空调的主要负荷来源还是太阳辐射、室内发热量和空气的除湿要求。这样,尽可能通过各种途径实现外遮阳,不使太阳辐射热量直接或间接地进入室内,对改善夏季室内热状况有重大作用。除非不能有效地遮挡外墙和屋顶的太阳辐射,才需要保温措施阻挡太阳得热,否则由于室内外温差小,围护结构保温对降低空调能耗的作用不大。与长江流域地区夏季空调的问题一样,由于室外空气湿度高而有些空调系统又不能有效地独立除湿(即只除湿、不降温),为了改善室内环境,往往把空调设定温度调低到 20~22℃。这样导致室内外出现大的温差,使居住者容易收到热冲击,影响健康,围护结构传热和新风带来的空调负荷也比 26~28℃时增加约 50%。而如果找到有效的独立除湿方式,就可以把室内空调设定值提高到 26~28℃,既提高室内的舒适性和健康性,还可以大幅度降低空调能耗。

由于这一地区基本为夏季空调冷负荷，因此那些通过在地下土壤岩石和水中蓄存热量的土壤源、水源热泵方式就不再适宜，空调冷源应该以室外空气或地表水冷却为主。

2.5 营造自然和谐的室内环境，实现中国特色的建筑节能

综合前面的讨论，可以看到，目前实际上有两条不同的营造室内环境的途径：机械优先模式，依靠人工手段，消耗大量能源来营造；自然优先模式，优先选择自然方式，而将机械系统仅作为一种补充手段。

(1) 机械优先模式

通过人工的机械通风、空调、照明方式，营造适宜的室内环境，使室内物理状态严格地控制在所谓使人"最舒适"的状态。这是工业革命以来，随着科学技术的不断发展，人类营造建筑室内环境能力的不断提高，"人定胜天"成为主导地位后逐渐形成的一种理念。同时也是工业产品生产的理念延伸到建筑室内环境营造的结果。严格的追求温度、湿度、通风换气量、室内照度等各个物理参数，通过空调、通风、照明等全面的机械手段来实现和维持这些参数，从而为居住者提供最佳服务。然而却忽视了居住者自身的适应与调节能力以及居住者本人主动对环境状况的调节。其结果，一方面造成巨大的能源消耗，如果全人类都按照这一模式营造自己的生活环境，仅此就需要消耗目前全球总的能源生产量的130%；另一方面，居住者并不十分满意这种室内环境。失去变化，无自行调节手段，并非是经过上万年在自然界进化发展的人类所真正喜好的，也不一定符合人类健康的需求。通过各种技术创新，可以在一定程度上降低能源消耗，但面对把前面的130%降低到30%～40%的任务，这几乎是不可实现的梦想。通过技术创新去营造各种居住者喜好的变化，赋予居住者各种对环境的调节权力，可能会从心理和生理上更适合居住者的要求，但完全依靠机械的途径来实现这样的环境可能会进一步增加对能源的需求。因此，"机械优先模式"应该成为人类营造自己的居住环境的主要途径吗？

(2) 自然优先模式

从自然环境出发，通过各种被动式手段和居住者自身的调整（如开窗通风、遮

阳等）营造适宜的居住环境，同时通过人体自身的调整和适应能力与自然环境协调、适应。在最终仍不能满足环境状态要求时，通过机械的（或人工的）手段进行补充（例如采暖）。机械优先模式追求的往往是一种恒定的所谓"最佳状态"，而自然优先模式则营造的是随着自然环境变化而变化的所谓"和谐状态"。实际上人类进入现代社会以前的几千年来一直是采用这种方式营造自身的居住环境，它支撑了几千年人类的繁衍和文明的发展。由这一模式营造的人类居住环境并不需要消耗过多的能源，也没有对地球环境造成颠覆性破坏。这应该是一种可持续发展的模式。现在，人类掌握的现代化技术已经可以完全营造和维持任何要求的室内环境了。那么，是延续传统的目标，在不增加能源消耗总量的前提下利用各种现代化技术，进一步改善居住环境，还是完全放弃传统模式，通过任意消耗（宰割）自然资源以人类可以完全掌控自然的思路（人定胜天）来营造"舒适环境"？

从自然优先模式出发，通过技术进步与创新来进一步改善居住环境，与从机械优先模式出发营造尽善尽美的居住环境相比，目标不同，方法与手段也不尽相同。前者的"改善"一是进一步消除极端状态（过冷，过热，黑暗），二是给居住者更大的主动调控能力。所需求的技术创新包括：

1）如何更好地充分利用自然环境条件来改善室内环境，包括实现更有效的自然通风，冬季使更多的阳光进入室内，更有效的遮阳，更有效的自然采光。

2）如何用先进技术高效率地消除极端状态，包括通过各种围护结构保温、蓄热技术提高冬季室温，通过各类热泵、除湿和蒸发冷却技术消除极端状态，提供高效的热源、冷源和加湿、除湿手段。

3）如何给居住者更大和更自由的对室内环境的独立调控手段？包括开窗与关窗，遮阳与采光，升温与降温。

这与目前建立起来的建筑室内环境营造模式的体系有很大差异，但可能又是最终实现在有限的资源能源与巨大的环境压力下为社会提供足够和适宜的室内环境的唯一途径，更是中国解决建筑的巨大能源与资源消耗和社会对建筑空间不断增长的需求，真正实现建筑节能这一重大战略目标的唯一途径。

第3章 建筑节能措施评价

3.1 围护结构

3.1.1 什么情况下需要保温

建筑室内热状态受室外气候状态和建筑围护结构所影响。因此建筑采暖空调能耗在很大程度上与建筑围护结构形式和室外气候状态有关，改进建筑围护结构形式以改善建筑热性能，是建筑节能的重要途径。

建筑采暖空调都要消耗能源。之所以要采暖是因为室外温度低于要求的室内温度，在室内外温度差的作用下，热量通过外墙、外窗以及屋顶从室内散失到室外。为了维持室内的温度，就需要通过采暖系统向室内提供等量的热量。同时，为了保证室内空气的新鲜，还需要室内外之间的通风换气。通风换气通过门窗缝隙的渗透、开窗通风或靠换气设备实现。综合围护结构的影响和通风换气的作用，可以得到，单位室内空间需要的采暖热量 Q 为：

$Q =$ 室内外平均温差 $\times$ （平均传热系数 $\times$ 体形系数 $+$ 换气次数 $\times 0.335$） （W/m^3）

上式中，体形系数指建筑外表面与建筑体积之比。对于大型公寓式住宅，体形系数在 0.2~0.3 左右；对于巨型公共建筑（如会场、体育馆、大超市等），体形系数小于 0.1；对于单体别墅，体形系数为 0.7~0.9。

换气次数指每小时室内外通风换气量为几倍于室内空间的体积。为了保证健康要求，一般要求换气次数不低于 $0.5h^{-1}$。冬季开窗通风时，换气次数有可能高达 $5\sim10h^{-1}$。

平均传热系数指外窗、外墙和屋顶的平均传热系数。所谓保温，实际就是采用保温性能好的墙体材料、外窗材料，使这一平均传热系数降低。

从上述公式可以看到，要降低采暖能耗，需要降低（平均传热系数×体形系数＋换气次数×0.335）。因为在一般情况下换气次数不能小于 0.5，换气次数×0.335＝0.165，所以当平均传热系数与体形系数之积大于 0.165 时，降低采暖能耗的关键为改善围护结构的保温，以降低平均传热系数×体形系数。否则，当上式第一项远小于第二项时，则应设法减少换气次数，减少通风换气造成的热损失。例如，大型公寓式住宅，当其体形系数为 0.3，平均传热系数为 $0.6W/(K \cdot m^2)$ 时，上式前一项为 0.18，与 0.165 同一数量级，因此进一步改善保温，还可以进一步产生节能效果。而当体形系数为 0.1，外墙外窗的平均传热系数为 $0.6W/(K \cdot m^2)$ 时，前一项为 0.06，已远小于 0.165，再进一步改善保温已无太大意义了。对于长江流域及以南的住宅，由于生活习惯的原因，门窗密闭性都差得多，换气次数很少低于 $1h^{-1}$，这样，外窗、外墙的平均传热系数起作用的下界也应从 0.16 提高到 0.3。

与采暖不同，空调需要从室内排除的热量绝大多数不是来源于通过外墙的传热。室内的各种电器设备、照明等发出的热量及室内人员发出的热量占空调排热任务的重要比例。再就是太阳透过外窗进入室内的热量。这些热量都需要从室内排除，否则就会使室温升高。当室外温度低于室内允许的舒适温度时，依靠室内外的温差，通过外墙、外窗的传热以及室内外的通风换气，可以把这些热量排出到室外。此时，围护结构平均传热系数越大（也就是保温越不好），通过围护结构向外传出的热量就越多，室内散热导致室内温度的升高就越小。此时，如果能够开窗通风，并且建筑造型与开窗位置具有较好的自然通风能力，则可以通过室内外通风换气向室外排热。例如这时如果换气次数达到 5 次/h，5×0.335＝1.65；而围护结构平均传热系数在 1~2 之间时，平均传热系数×体形系数仅为 0.3~0.6，已经对散热能力影响不大。但是，如果由于某些原因建筑不能开窗通风，热量主要依靠围护结构排除，则围护结构保温越好，散热能力越差，由此导致室温升高，从而需要开启空调。这种情况经常在大型公共建筑中出现。此类建筑内部发热量大，而建筑体量大，又不能开窗通风，通风换气次数就很小。而体型大就必然导致体形系数小（例如只有 0.1），即使围护结构平均传热系数为 $1W/(K \cdot m^2)$，（平均传热系数×体形系数＋换气次数×0.335）仅为 0.2~0.3，这样，室内大量的热量不能通过围护结构排出，就只好开启空调，依靠机械制冷排除热量。这就是为什么很多大型公共建筑在室外温度已经低于 20℃ 了,还要开空调降温,消耗大量电能的原因。这时,围护结构保温就不再起节能的作用了,而会导致了空调运行时间的加长,运行能耗的增加。

当室外空气日平均温度高于室内要求的舒适温度后,通过围护结构不能向外传热,反之,会是室外向室内传热,造成室内热量的增加,从而使空调需要排除的热量增大。这时和采暖一样,围护结构保温越好,通过围护结构进入室内的热量就越少。当外墙外侧有较好的遮阳条件,外墙不是直接暴露在太阳照射下时,通过外墙进入室内的热量主要由室内外温差决定。表 3-1 与表 3-2 列出我国几个城市夏(冬)季最热(冷)日日平均室内外温度差和夏(冬)季空调(采暖)季节室外空气日平均温度高(低)于室内时的累计温度小时数。前者决定要求的空调设备容量,后者决定这个夏季的空调能耗。然而,从表中可以看出,各地夏季围护结构两侧的温差远小于北方采暖时的温差。因此,对外墙采取了有效的遮阳措施后,围护结构保温对夏季空调负荷的影响远不如对北方地区冬季采暖的影响大。由于累计温差与通过围护结构造成的冷负荷或热负荷成正比,因此南方地区围护结构造成的夏季冷负荷一般不到北方地区造成的冬季热负荷的 1/5。如果把夏季冷负荷分为室内发热量和太阳透过外窗进入室内的热量,通过围护结构的传热以及由于通风室外热湿空气带入室内的热量,这三部分在炎热季大体各占 1/3,其中围护结构的传热所占比例最小;而冬季采暖时围护结构的传热作用却占到 60%~80%。所以南方改善建筑热性能,降低空调能耗的关键不在围护结构的保温。

我国部分城市夏季最热日室内外温差及空调季温差度小时数表 表 3-1

地 区	夏季最热日室内外温差	夏季累计温差度小时数
哈尔滨	6.8	875.7
北京	11.2	3702.8
上海	10.8	3810.3
重庆	11.7	5722.8
福州	12.0	7471.2
长沙	12.2	5640.4
广州	10.6	8542.0

注:夏季空气调节室内设计温度为 26℃。

我国部分城市冬季最冷日室内外温差及采暖季温差度小时数表　　　表 3-2

地　区	冬季最冷日室内外温差	冬季累计温差度小时数
哈尔滨	46.7	131927.7
北京	32.2	69156.4
上海	22.5	38679.2
重庆	15.2	27245.3
福州	14.2	18357.4
长沙	21.2	38085.1
广州	13.3	10734.4

注：冬季采暖室内设计温度为 18℃。

气象数据来源：中国气象局气象信息中心气象资料室，清华大学建筑技术科学系著.中国建筑热环境分析专用气象数据集（光盘版）.中国建筑工业出版社.

南方夏季西向外墙和水平屋顶在太阳照射下，外表面温度可达 50～60℃，良好的保温可有效降低通过这些围护结构的传热，减少空调能耗。但这是由于外界太阳辐射的原因。如果采用有效的外遮阳措施，防止太阳直接照射在这些表面，同时设法在这些表面形成良好的通风，把太阳照射到这些表面的热量尽可能排除，也可以降低外表面温度，从而降低空调负荷。北方冬季影响采暖能耗的是外界低温空气，所以关键是围护结构保温，南方夏季影响空调能耗的是太阳辐射，这时节能的关键途径就成为外遮阳和外表面的通风。不同的影响因素需要不同的应对手段。

这样，考虑建筑围护结构对建筑能耗的影响时，要从冬季采暖，春秋过渡季的散热，夏季空调三个阶段的不同要求综合考虑。这三个阶段对围护结构的需要并不相同，有时甚至彼此矛盾。这样就要看哪个阶段对建筑能耗起主导作用。不同地区，不同气候特性和建筑特点，对建筑能耗起主导作用的阶段不同。例如北方住宅，冬季采暖是决定能耗高低的主要因素；而长江流域一些地区的住宅，过渡季节相对较长，就要更多的考虑这一阶段对围护结构的需求。表 3-3 列出冬、夏、过渡季这三个不同阶段对围护结构性能的不同要求；表 3-4 给出从建筑能耗出发，三个不同阶段对不同地区、不同类型建筑的影响程度。综合这两个表，可以大致定性地得到不同地区不同性质的建筑对围护结构的不同要求。

不同季节对围护结构的不同要求　　　　　　　　　　　表 3-3

阶段	特点	围护结构保温的作用	通风换气的作用	外遮阳的作用
冬季采暖	补充通过围护结构和室内外通风换气所失去热量	决定60%～70%的负荷,温差越大保温要求越高	维持最低要求的通风换气量	去除外遮阳,尽可能多地得到太阳热量
过渡季	通过围护结构和室内外通风换气排除室内热量	保温起反面作用,通风越大保温的影响越小	通风量越大越有利于排热	需要遮阳,减少太阳得热
夏季空调	排除通过围护结构、通风换气和室内发热所产生的热量	决定20%～30%的负荷,室内外空气温差越大保温要求越高	维持最低要求的通风换气量	外遮阳是减少空调负荷的最主要措施

不同地区、不同类型的建筑对三个室内热环境控制阶段的侧重程度　　　　表 3-4

地区	冬季累计温差度日数	夏季累计温差度日数	建筑类别	冬季采暖权重	过渡季权重	夏季空调权重
哈尔滨	5418.5	7.7	住宅	100%	—	—
			大型公建	80%	20%	—
北京	2794.8	70.9	住宅	70%	—	30%
			大型公建	40%	20%	40%
济南	2252.4	135.6	住宅	50%	10%	40%
			大型公建	40%	20%	40%
西安	2348.7	111.0	住宅	50%	10%	40%
			大型公建	35%	30%	35%
上海	1585.5	136.0	住宅	40%	25%	35%
			大型公建	20%	35%	45%
武汉	1631.8	272.8	住宅	40%	20%	40%
			大型公建	25%	30%	45%
重庆	1103.6	184.0	住宅	35%	30%	35%
			大型公建	20%	40%	40%
广州	394.1	282.6	住宅	10%	40%	50%
			大型公建	—	50%	50%

注:采暖季室内温度18℃,空调季室内温度26℃。

根据不同地区全年室外空气温度、太阳辐射热量以及建筑室内发热量大小，不同地区不同类型建筑围护结构的性能要求重要性排序如表3-5所示。

不同地区、不同类型建筑围护结构的性能要求重要性排序　　　表3-5

气候类型	代表城市	建筑类型	室内发热量（W/m²）	围护结构性能要求（重要性由大到小）
严寒地区	哈尔滨	住宅建筑	4.8	保温＞遮阳可调＞通风可调＞遮阳
		普通公建	10	保温＞遮阳可调≈通风可调＞遮阳
		大型公建	25	通风可调＞保温＞遮阳≈遮阳可调
		大型公建	＞35	通风可调＞遮阳＞保温≈遮阳可调
寒冷地区	北京	住宅建筑	4.8	保温＞遮阳可调＞通风可调＞遮阳
		普通公建	10	通风可调≈保温＞遮阳可调≈遮阳
		大型公建	＞20	通风可调＞遮阳＞保温＞遮阳可调
夏热冬冷地区	上海	住宅建筑	4.8	保温≈遮阳可调＞通风可调＞遮阳
		普通公建	10	通风可调≈保温＞遮阳≈遮阳可调
		普通公建/大型公建	＞15	通风可调＞遮阳＞保温≈遮阳可调
夏热冬暖地区	广州	住宅建筑	4.8	遮阳＞通风可调＞保温＞遮阳可调
		普通公建	＜10	通风可调≈遮阳＞保温≈遮阳可调
		普通公建/大型公建	＞10	通风可调＞遮阳＞保温≈遮阳可调

注：1. 表中的重要性是相对的，重要性小并不代表无关紧要，而是要以满足基本的要求为限（如冬季防结露，夏季外墙、屋顶室内表面温度的控制等等）。特别是大型公共建筑，其保温性能的重要性与其他三类性能相比最小，但是不表示围护结构无需保温，只不过是说明增加围护结构保温对降低空调、采暖负荷的作用是非常小的，有时还可能有反作用（当建筑无法有效进行通风时），而改善其他性能时的收益要远大于保温。

2. 表中的通风可调、遮阳可调并非指换气次数无限调节，而是指市场上可见的性能可调节的围护结构产品，如双层皮幕墙、干挂陶板通风外墙（这二者通风性能、遮阳性能均可变化），点幕，固定或可调遮阳等。

关于严寒、寒冷地区采暖住宅的保温厚度也不宜过分追求，原因是如果分析当前主要采用的保温材料（如聚苯板、挤塑板和发泡聚氨酯等）全生命周期对资源、能耗和对环境的影响，会发现保温材料过厚时不一定"节能减排"。例如，传统聚氨酯保温生产中的发泡过程采用CFC-11作发泡剂，CFC物质存在对臭氧层的破坏作用。采用 CFC-11 作发泡剂时，保温增厚后会带来环境负荷的减少，但在有些条件下这种减少在其使用寿命期内仍不能抵消该保温材料本身生产、使用、报废过程中带来的负面环境影响。也就是说，如果单纯为了节能而增加保温厚度，却忽视了发泡剂生产、泄漏过程的环境影响有可能适得其反。同样，许多保温材料的生产原料是石油或其他能源类原料，如果保温材料使用的几十年中减少的能源消费不能大于这些保温材料的生产原料所相当的能源时，保温材料的节能目的也就不再存在。节能设计需要在两方面环境影响均严格控制下才能产生真正的节能效果。

对于夏热冬暖地区，综合考虑增加保温不能减少空调能耗。再考虑到保温材料在全生命周期内对资源、环境的不利影响，更不建议采用过分的外墙保温方式。

3.1.2　保温技术

外墙、屋顶是围护结构中面积最大的部分，其保温性能的好坏是降低采暖能耗的重要措施。目前在建筑中，应用的保温工艺主要有三种：外墙外保温、外墙内保温、外墙夹芯保温。过去外墙内保温技术盛行，外墙外保温处于试验阶段，外墙夹芯保温形式基本就没有。近几年，外墙外保温逐渐占据主导地位，外墙内保温明显减少。一些别墅、北方地区低层建筑还使用诸如外墙夹芯保温、复合墙体保温等新型保温体系。

外保温墙体可以有效避免热桥问题和墙体内部的结露问题，最适合在气候寒冷的地区使用。但施工复杂，造价比较高，必须作为一个成套的系统技术来对待。外保温墙体的保温性能与所使用的保温材料的热阻成正比，但其造价却在很大程度上取决于粘结材料和外饰面。因此，外保温墙体应用在北方地区，性价比高，而应用在热阻要求不高的长江流域等夏热冬冷地区，则性价比很低。特别应注意的是，外保温墙体在沿海多台风、多雨地区要慎用。

内保温墙体施工简便，费用相对低廉。由于热桥和结露问题难以解决，在我国北方冬季寒冷地区实际工程中的应用会越来越少。但是对于夏热冬冷地区，由于节能要求不高，内保温即便存在热桥部位，也不至于产生结露现象，因此还可以考虑使用。另外，内保温墙体对间歇性的采暖和空调降温反应比较快，也适用于"部分时间、部分空间"方式的采暖和空调。此外，对于既有建筑或文物建筑节能改造，由于内保温不破坏原有立面，也可以考虑采用。

适合我国住宅建筑结构体系的外墙外保温方式主要有以下几种形式：粘贴聚苯板外保温方式（EPS）、挤塑板外保温体系（XPS）、发泡聚氨酯（PU）和现抹聚苯颗粒外保温方式。一些针对 EPS、XPS 和 PU 的性能比较如表 3-6 所示。其中保温性能（导热系数大小）、阻燃性、透水性是这几种保温体系性能上有差别的几项主要参数。

EPS、XPS 和 PU 的比较　　　　　　　　　　　　　　　表 3-6

保温性能	PU 最佳，导热系数 0.026W/（m·K），XPS 其次，导热系数 0.03W/（m·K），EPS 最差，导热系数 0.042W/（m·K）
抗压强度	三者的抗压强度均可达到外保温系统的要求，XPS、PU 强于 EPS
抗拉强度	XPS 和 PU 的内部抗拉能力比 EPS 要好，如果在粘结剂的粘结力大于 100kPa 的时候，在高层处使用 XPS 或 PU 更加安全
抗弯强度	EPS 可吸收结构热胀冷缩所产生的应力，EPS 要比 XPS、PU 好
水蒸气渗透率	EPS 水蒸气渗透率比 XPS、PU 好，XPS、PU 的水蒸气处理原则见后
吸水率	无很大区别，均可达到憎水性要求。EPS 为半开孔结构，吸水率大，潮湿气候对 EPS 保温性能的不利影响要明显
氧指数（阻燃性）	EPS 比 XPS 更安全，PU 居中
构造和造型	EPS 可切削成建筑造型，其他二者相对较难。但是聚氨酯现场发泡容易处理异形结构

对于 EPS 板现浇外保温，还分为有网系统、无网系统和插接式系统。EPS 外保温体系在我国应用的时间相对较长，影响其质量的因素包括：1）保温层的要求：聚苯板的表观密度（20kg/m³ 左右），尺寸平整度；2）网格布质量和埋设位置；3）抹面砂浆的粘结强度和柔韧性；4）腻子柔性和涂料弹性；5）粘结剂。鉴于目前市场上聚苯板的价格比较透明，EPS 体系质量控制的关键在于粘结剂和网格布。

对于 XPS 外保温体系，由于挤塑板的导热系数更低，因此在达到同样的传热系数要求下，保温层的厚度相当于 EPS 体系厚度的 70% 左右。但是考虑到 XPS 施工质量差异性较大的问题，部分北方采暖地区对于节能设计中采用 XPS 后的保温性能修正系数比采用 EPS 体系要更严格。XPS 外保温体系质量控制很重要，施工中应该采用专用的挤塑板，严格控制原材料的表观密度，表面处理质量和抗老化；需要配套专用胶结料和抹面砂浆。值得注意的是，由于挤塑板不透水，因此在施工中需要考虑排水问题。尽管目前专家对于 XPS 的透气问题还有一些不同的观点，但是整体认为对待 XPS 的水蒸气问题应该采取"水蒸气别进入或进得去就出得来"的原则。另外，XPS 比较 EPS 而言，阻燃性能差一个等级，因此对于防火要求高的建筑要慎用。

发泡聚氨酯（PU）是最近在国内开始采用的一套保温系统，在欧洲尤其是德国应用得比较广泛，被视为新一代保温体系。目前建设部会同有关部门正在研究其技术标准。PU 的保温性能比挤塑板更好，因此理论上达到相同的保温性能材料厚度更小。但是通过有关科研单位的测试研究，国内生产的发泡聚氨酯的材料性能耐久性不够稳定，施工方法的规范化还有待提高，大面积推广应用有待继续关注。

夹芯保温是由两层保温能力差的墙体夹一层绝热能力好的保温材料构成的复合保温方式，可用于外墙或屋顶。这类墙体的特点是结构外部防护能力好，保温性能主要依靠夹芯层保温材料实现，可用岩棉、矿棉、玻璃棉、聚苯乙烯泡沫板材，一般厚度为 6~9cm，整体厚度有所降低。因为结构问题，目前多用于低层建筑，设计时需仔细考虑夹芯层防结露、墙体抗风和结构承重问题。

3.1.3 遮阳技术

遮阳的主要目的是为了夏季减少太阳辐射直接或间接进入室内，降低空调能耗，改善室内的舒适环境。外窗、外墙和屋顶等部位均可设计遮阳。根据遮阳设置在建筑的外部或内部，区分为外遮阳和内遮阳。

外遮阳按使用方式可以分成活动式和固定式两类。固定式遮阳结合房屋立面处理和窗过梁设置铝板、混凝土、玻璃等永久性遮阳板，成为建筑物的组成部分。这种遮阳美观耐久，遮阳板还可兼起挡雨板（雨篷）的作用。但一经设定就难以变更，无法随气象条件变化和用户需求进行调节。活动式遮阳具有最好的遮阳效果，遮阳的程度也可以根据居住者的意愿进行调节。但由于易受风雨损坏，加之安装与维修较为困难，目前在国内运用的并不普遍。但它是今后遮阳技术发展的主要方向之一。

按构造的形式，还可以将遮阳分为水平遮阳、垂直遮阳、挡板式遮阳、外置卷帘以及遮阳篷等。此外，绿化遮阳也是一种有效的方式。

用户往往担心外遮阳的维修、清洗和初投资等问题而使用内遮阳，但是由于太阳辐射热量已经进入室内，或者被遮阳构件吸收，因此隔热效果十分有限；此时更需要对内遮阳区域进行有效的通风散热。

近来出现一种遮阳与外窗（幕墙）一体化的方式，基本上是外遮阳和内遮阳的折衷。该遮阳方式是将遮阳百叶与外窗结合在一起的一种新型遮阳方式，一般是在两层玻璃之间装一层遮阳百叶，作为一个整体来构成外窗或幕墙，其构造方式如图 3-1 所示。相对于外遮阳形式而言，它的尺寸小，不用占据太多空间，而且由于没有暴露在外面，所以不易损坏，且无需清洗；相对于内遮阳形式而言，它能有效地将太阳辐射反射到室外，减少进入室内的太阳辐射热量，因此遮阳效果略好。但是现在如何依靠通风降低夹层百叶温度的问题尚未解决。

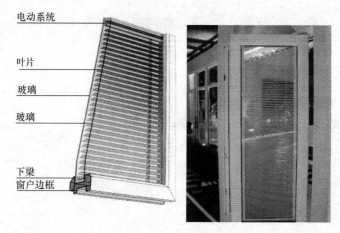

图 3-1　遮阳与外窗一体化

3.1.4　双层皮幕墙技术

双层皮玻璃幕墙（Double-Skin Façade，简称 DSF）的构造形式最早出现在 20 世纪 70 年代的欧洲，其目的是为了解决大面积玻璃幕墙建筑在夏季出现过热、高层通风可控的需求，以及单纯外遮阳维修、清洗困难等问题。主要做法是，在原有的玻璃幕墙上再增设一层玻璃幕墙，在夏季利用夹层百叶的遮挡与夹层通风将过多的太阳辐射热排走，从而减少建筑物的空调能耗；冬季时打开百叶，关闭通风，形成温室效应。

双层皮幕墙作为一种较新的幕墙形式，近 20 年来在欧洲办公建筑中应用较多。据统计，已建成的各种类型的 DSF 建筑在欧洲就有 100 座以上，分布于德国、英国、瑞士、比利时、芬兰、瑞典等国家。近几年来，国内一些高档建筑也开始了使用各类 DSF 的尝试，国内最近 5 年间陆续出现的双层皮幕墙建筑如表 3-7 所示。

国内双层皮幕墙工程一览　　　　　　　　表 3-7

编号	项目名称	地点	用途	建成时间	DSF 类型	朝向
1	清华大学节能示范楼	北京	办公	2005	内循环式 交互式 走廊式	南 南 东
2	清华大学环境节能楼	北京	办公	2006	外循环走廊式	南、东、西
3	昆仑公寓	北京	公寓	2007	内循环式	
4	锦秋国际大厦	北京	办公	2005		
5	凯晨广场	北京	办公	建设中	箱式	四周
6	中青旅总部	北京	办公	2005	内循环式	
7	国家会计学院	北京	办公	1998	走廊式	南
8	国贸旺座	北京	办公	2003	箱式	
9	北京公馆	北京	公寓	2005	箱式	四周
10	中石油大厦	北京	办公	建设中	内循环式	南向
11	奥运射击馆	北京	体育	2007	外循环式	南向
12	南京人寿	南京	办公	建设中	外循环式	
13	久事大厦	上海	办公	2003	内循环式	
14	游船码头	上海		设计中		
15	东昌金融办公区	上海		设计中	外循环式	
16	亚洲铝厂	广州	办公		走廊式	
17	广州珠江城	广州	办公	建设中	内循环式	南北朝向

　　双层皮幕墙种类繁多，最为常见的是根据通风方式的不同，分为外循环式和内循环式两种。其中外循环式还可分为外循环自然通风式和外循环机械通风。如图 3-2 所示。此外还可以根据夹层空腔的大小、通风口的位置、玻璃组合及遮阳材料等不同分为其他类型，如"外挂式"、"箱式"、"井—箱式"和"廊道式"。但其实质是在两层皮之间留有一定宽度的空气间层，通过不同的空气间层方式形成温度缓冲空间。由于空气间层的存在，因而可在其中安置遮阳设施（如活动式百叶、固定式百叶或者其他阳光控制构件）；通过调整间层设置的遮阳百叶和利用外层幕墙上下部分的开口的辅助自然通风，可以获得比普通建筑使用的内置百叶较好的遮阳效果，同时可以实现良好的隔声性能和室内通风效果。

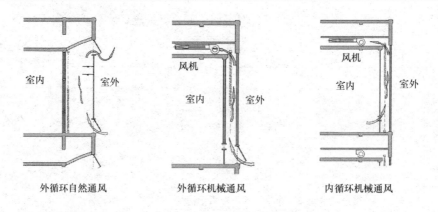

图 3-2　不同双层皮幕墙形式

对于外循环自然通风幕墙,其内层幕墙一般由保温性能良好的玻璃幕墙组成,主要起到冬季保温,夏季隔热的作用。而外层幕墙通常为单层玻璃幕墙,主要起到防护的作用,保护夹层内的遮阳装置不受室外恶劣气候的损坏,同时,设置在外层立面的开口可以调节夹层的通风。这种幕墙的主要特点就是利用夹层百叶吸收太阳辐射热后形成的烟囱效应,驱动夹层空间与室外进行换气,从而达到减少太阳辐射得热的目的。为了获得较好的自然通风效果,其夹层的宽度一般不小于 400mm。与自然通风的外循环双层皮幕墙相比,外循环的机械通风幕墙为了减少幕墙结构对建筑面积的占用而缩小了两层幕墙之间的间距,夹层间距一般小于 200mm,由于夹层较窄,加上夹层百叶的设置,使得夹层通道的流动阻力增大,为了减少太阳辐射得热,通常采用机械的方式对夹层进行辅助通风。当夹层有效通风宽度小于 100mm 时,单纯依靠烟囱效应进行通风已经不可行,这时需要采用辅助机械通风的方式来强化夹层的通风,一般通风量不宜小于 100m^3/h。考虑到增加通风量直接影响风机能耗,因此存在一个最佳的机械通风量范围。

对于内循环机械通风 DSF 幕墙,在构造上与前面两种幕墙有较大的区别。它把保温性能好的幕墙设置在外层,而内层幕墙为普通单层玻璃。它主要是依靠机械的方式将室内的空气抽进夹层,利用温度相对较低的室内空气来冷却吸收太阳辐射后升温的夹层,减少太阳辐射得热。对于内循环式 DSF,适当减少机械通风量和提高通风启动温度可以节省电耗,不会增加房间负荷和装机容量。

双层皮幕墙进出风口的大小尺寸以及所处立面的位置也会不同程度地影响空气流通通道的阻力,从而影响通风量。一般而言,在不影响立面美观的前提下,开口面积越大越好。对于孔板开口，开孔率不宜小于 0.3；对于悬窗开口，其开启角度不宜小于 30°。遮阳百叶位置对于双层皮幕墙的夹层通风量也有一定影响。实验和理论计算表明，百叶位置在夹层中间偏外 10%～20% 的宽度位置，有可能获得最佳的隔热和通风效果。

尽管双层皮幕墙有一定的节能效果，但是由于其使用会增加 1500～2000 元/m² （立面面积计算）的成本，同时会浪费一定的使用面积，因此是否有必要采用需要慎重。目前我国存在盲目推广双层皮幕墙的问题，认为双层皮幕墙就是节能法宝，忽略了其气候适应性特点以及设计构造的高要求，应用中出现比较多的问题，包括：

1) 不考虑气候特征和建筑类型，盲目采用单一类型"不节能"的双层皮幕墙形式。

例如，南方炎热地区办公建筑往往是采用了大面积玻璃幕墙之后，再考虑双层皮幕墙方式，而多数盲目采用了内呼吸双层皮幕墙（见表 3-5），无法与外界通风，只能机械通风，利用室内低温空气带走空腔热量，结果消耗大量的风机能耗节能效果有限，甚至不节能。南方建筑利用外遮阳是最有效的节能措施，如果考虑双层皮幕墙就应该用外呼吸双层皮幕墙方式。如果因为怕脏而采用内呼吸双层皮幕墙方式，不如不用。此时采用遮阳系数在 0.3 以下的 Low-e 遮阳型玻璃或浅色玻璃节能效果差别不大，因为继续降低外窗的遮阳性能后对总能耗的影响很有限，或者直接就减少建筑的窗墙比、避免采用全玻璃幕墙建筑。

又如，现在比较多的高档住宅为了"节能"的噱头和销售的目的也采取双层皮幕墙形式，这事实上完全没有必要。因为对于住宅而言，完全可以直接采用固定外遮阳加通风的方式，节能效果和技术经济性更好。

2) 设计中构造错误，甚至违背双层皮幕墙设计基本原理。

问题 1：分不清外呼吸、内呼吸幕墙系统对内、外层玻璃的不同性能要求。比较常见的问题就是无论内呼吸、外呼吸方式，外层玻璃均为采用单玻、内层玻璃为中空玻璃。事实上，对于内呼吸幕墙而言，高性能的玻璃置于外层节能效果更好。

问题 2：无法通风，或者无法有效通风。主要原因包括夹层空间面积不够，或者上下多层联通通风，实际通风效果有限。通风效果不佳，无法带走夹层的太阳辐射热量，有时候空调能耗还会增加（特别对于公共建筑而言，这种双层皮幕墙方式会增强保温性能,反而不利于过渡季或夏季夜间散热)。

问题3:夹层不设置遮阳百叶,或采用简单的丝网印刷或彩釉百叶,或者遮阳百叶设置在室外(如北京某建筑)。夹层不设遮阳百叶,整体遮阳系数的降低只有10%左右,完全没有必要采取双层皮幕墙构造方式。如果采用双层皮幕墙,而仅仅是在外层或内层多镀上一层彩釉层或增加丝网印刷,围护结构的可调节性能十分有限(只能依赖通风)。

3.1.5 自然通风器和呼吸窗技术

对于连续采暖(或空调)的建筑,当室内外温差很大时,即便是微微开窗,也会造成大量的冷风(热风)渗透,导致室内热量(冷量)大量散失。然而,不进行新风补给,或者完全依赖新风系统,存在室内热环境品质差、新风风机能耗高等问题。设计与建筑一体化的"呼吸窗"或自然通风器(即通风可调控的被动式和主动式通风装置,可安装在外墙、屋顶、外窗上)来进行新风补给,可以有效解决上述问题,实现节能与改善室内空气品质的统一。

自然通风器就是根据自然环境造成的局部气压差和气体的扩散原理而产生空气交换的一种换气方式,由于不需要机械动力驱动,可以实现能源的节省。在室外无风时,依靠室内外稳定的温差,则能形成稳定的热压自然通风换气。当室外自然风风速较大时,依靠风压就能保证有效换气。呼吸窗可以与建筑一体化,或者与外窗完美结合,不影响建筑外观,如图3-3所示,性能参数如表3-8所示。

自然通风器性能参数表　　　　　　表3-8

标准高度	125mm	通风量(10Pa)	221.5m³/h
标准宽度	87mm	防风性能	900Pa以上
开启面积	23000mm²/m	防水性能	900Pa以上
通风量(2Pa)	77.6 m³/h	强度	2500Pa以上

通风换气窗是利用玻璃空腔夹层进行换气的另外一种方式。与传统普通窗子的根本区别在于它由两层玻璃组成,玻璃之间空隙为可以进行自然或强迫对流换热的气流通道,两层玻璃的传热性能通常是不同的。现有的通风换气窗主要有四种类型:送风窗、排风窗、室内空气幕窗、室外空气幕窗,如图3-4所示,每个窗的左侧为室外,右侧为室内。冬季,送风窗从室外向室内送风;供冷季节,排风窗从室

图 3-3 安装了自然通风器的建筑立面图

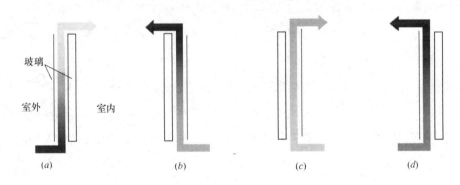

图 3-4 现有通风窗类型

(a) 送风窗；(b) 排风窗；(c) 室内空气幕窗；(d) 室外空气幕窗

内向室外排风。室内空气幕窗和室外空气幕窗的通风路径分别为室内向室内和室外向室外。所有窗子都是利用热浮升力的作用带动气流由下而上流动。供暖季节，排风窗也可以由上而下进行排风。

一般通风换气窗的原理是利用吸收的太阳能，并根据窗户的不同形式将这部分能量回收或排除。在供暖季节，太阳能被回收，用于预热送风窗的新风，再热室内空气幕窗的回风，这样可以减少对流热损失；在供冷季节，通过排风窗和室外空气幕窗的气流的对流换热，太阳能被排走。送风窗还可以用于夜间通风制冷。这些通风窗都与机械空调系统结合使用。

送风窗适用于通风房间为负压的建筑，同时与通风房间相连的房间密封性能应该比较好，以保证通风窗的通风效率。送风窗的主要驱动力为热浮升力（热压）。窗户吸收太阳能后会加热通风腔内的气体，使腔体内热空气向上流动形成温度分层。热浮力的强度受与窗户高度相关的垂直温度梯度的影响，一般地，窗户越高，垂直温度梯度越大，热浮力越强。当热浮力较小时，负压房间可以便于气流流入。

排风窗适用于通风房间多为正压的建筑。与普通窗相比，排风窗能够提高热舒适性。这是因为室内的空气首先排入排风腔，在供暖季高于室外空气温度，在供冷季低于室外空气温度，使室内玻璃表面与室内空间温差减小，从而减小辐射换热，提高热舒适度。同时，还可以减小窗体的导热。排风窗的驱动力可以是热浮力，也可以是向室内加压的机械力。

空气幕窗适用于密闭空间或有专门新风系统的建筑。空气幕窗虽然不能提高室内空气品质或满足通风要求，但可以节约能耗并且提高室内舒适度。室外空气幕窗在供冷季节的晴天应用效果最好。室外的暖空气在热浮力的作用下在气流腔内自下而上流动，当室外空气进入腔体内吸收太阳能，被加热后又排出腔体，从而带走了窗子吸收的部分太阳能，同时减少了通过辐射和导热向室内的传热。相反地，室内空气幕窗在供暖季节的晴天应用效果最好，当室内空气进入腔体内吸收太阳能，被加热后重新送入室内空间，这部分空气吸收了太阳辐射热，而且在墙体内加热了玻璃表面温度，减少了辐射换热，提高了热舒适性。在近年来，也有人对空气幕窗进行进一步优化设计，开发出了一种"可逆转的玻璃模块"，叫做改良空气幕窗，这种窗子在供暖季节可以采用室内空气幕窗控制模式，在供冷季节翻转使用，可以采用室外空气幕窗控制模式，使窗子全年都在最佳控制模式下工作，从而进一步提高了窗子的性能。

呼吸窗的发展趋势是，除了满足室内通风换气基本要求外，还能隔绝室外噪声，过滤室外空气及实现排风热回收。

3.2 采暖节能技术

3.2.1 采暖末端计量与调节

实现"热改"，变按照面积收费为按照热量收费，主要的目的是：1）使得保温好、耗热量少的建筑热费减少，而保温差、耗热量大的建筑热费多，这才能促进新建建筑保温措施的落实和既有建筑的保温改造；2）避免由于末端失调造成的部分采暖房间过热和由此导致居住者开窗换气降温造成的大量热损失；3）对较长时间内不使用的建筑（如寒假期间的学校、春节期间的办公室等）停止供热或降低供热参数，只保证防冻的需要。

要实现上述要求，必须同时实现对热量的计量和改善末端的调控能力。

除了直接按照面积收费外，目前计量与调节的方案可分为两类：在每户安装热量计的分户计量与调节和在每栋安装热量计的分栋计量分户分摊。

（1）分户计量与调节

在每户的采暖进出口管道上安装热量计，在每个散热器处安装根据室温调节水量的恒温调节阀，从而实现对每一户的供热计量和对每一个散热器根据室温的热量调节。这种方式的困难与问题是：1）需要户内暖气管网为分户水平连接，而我国北方大部分既有建筑户内采用的是单管串联方式，由此造成户内管网改动非常大；2）我国城市居住模式与欧美不同，不是一户一楼而是多户共居一楼，建筑内不同位置的房间由于外墙数量不同，需要的采暖热量也相差很大，端部顶部房间的采暖需热量可以达到中间部位房间的 2~3 倍。这样同样按照热量收费就很难被住户接受；3）户间传热在有些情况下也产生很大影响。邻户暖气的长期关闭可以使正常运行的采暖户需热量增加 30%~50%，为此需要增加室内散热器安装数量或在户间隔墙增加保温。而这些消耗大量资源的措施在各户都正常使用时不起任何作用，反而造成资源的浪费；4）目前的流量计、温控阀孔径小，流动阻力大，长期运行出现大量堵塞、损坏现象，影响了正常供热。此外，热量计需要定期标定，大规模的使用在实际上也有很多具体操作的困难。

不包括户内管网改造，这一方式需要的投资是1500～2000元/户。它可以实现根据室温对热量的有效控制与调节。实际的示范工程表明，通过改善调节可以有效避免个别房间的过度供热现象，降低采暖热量20%～30%。阻碍这一方式全面实施的主要原因是：1) 貌似公平的计量与收费方式实际存在很多不公平；2) 高额的改造费用与装置的故障与损坏；3) 增加了过量的管理、维护与维修工作量。目前我国全面实施这种方式的住宅项目还很少。

(2) 分栋计量分户分摊方式

在每栋建筑的热入口安装热量表，计量整栋建筑或部分建筑的总供热量，再通过某种分摊方式，由各户分摊总的热费。由于建筑保温一定是对整座建筑进行的，因此这种方式也可以实现保温好的建筑少缴热费，从而促进建筑节能改造和建筑节能措施的应用。与分户计量分户调节的差别就是如何通过费用分摊方式和适当的分户调节手段促进用户的行为节能，避免开窗散热和过高设置房间温度造成的热量浪费。目前有很多分户调节与分摊方式，择其主要者介绍如下：

1) 蒸发式热分配表。在每组室内散热器上安装能够反映散热器表面温度的蒸发式热分配表，从而可以得到整个采暖季散热器表面温度的累计值或平均值，由此作为各户分摊采暖费用的依据。为了实现室温调节，每个散热器还需要安装根据室温调节热量的恒温阀。这种方式可以促进使用者通过温控阀调低房间温度以减少分摊热费，还避免了分户计量热费分配中的许多公平性问题，因此应该是一种比较适宜的方法。此外，因为是对每组散热器单独计量和控制，因此不受户内散热器连接形式的限制，可以在我国最常见的单管串联方式中采用。这种方式存在的问题是：当住户开窗造成室温降低时，散热器的热量增加，但蒸发分配表反而由于散热器表面温度降低而减少计量值，这就与通过计量减少用户的开窗行为相违。此外，由于每个散热器都要安装温控阀和蒸发表，再加上全栋的总热量表，以及每年对蒸发表的核算，其投资成本和管理费都较高。

2) 按照房间温度分摊的方式。就是直接测量室内温度，根据采暖期室内温度的平均状况分摊热费。这种方式的适用场合、投资和管理成本都与蒸发分配表相同，主要区别就是用室温替代散热器表面温度作为分摊热量的依据。然而当用户开窗时，房间温度会大幅度降低，而散热量增加。此时按照房间温度分摊热费，就会导致开窗耗热量大，热费反而低。因此，这种方式不利于抑制用户开窗，不利于鼓励行为节能。

3) 分户"通断调节"方式。如果室内实行分户水平管连接，每户有单独的热入口，则可以在每户的热入口安装通断式调节阀，根据室温对这一户的散热器实行"通断式"控制。同时记录累计通断比，用各户的累计通断比和实际采暖面积的乘积作为楼内各户热量分摊的依据。这种方式由于不需要在每个散热器安装温控阀，因此除分栋热量计以外，每户仅需要投资 700 元左右，并且在房间温度调控效果、热分摊公平性、装置可靠性等方面都显示出较大的优越性。3.2.2 节将详细介绍这种方式，目前东北已有 100 万 m² 以上的住宅采用这种方式，取得了很好的室温控制效果和节能效果。

4) 楼内大流量小温差方式。在每栋建筑的热入口安装混水泵，如图 3-5 所示，加大楼内的循环流量，使楼内按照大流量小温差方式运行。通过改变混水比调节供水温度来调节室温。由于温差小，就使得各房间的散热器散热量接近于均匀，从而也就减少了部分房间室内过热的现象，减少了过度供热。由于实现了均匀供热，因此就可以按照楼内实际供热面积均摊热费。某个用户擅自开窗将导致其房间过冷，这也就在某种程度上减少了开窗现象。这种方式投资少，不用对楼内系统做任何改动，可操作性强。但由于不能对各户进行个体调节，不能在某个房间中无人时降低温度减少供热量，因此节能效果也较小。

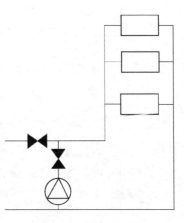

图 3-5 混水泵连接方式图

3.2.2 基于分栋热计量的末端通断调节与热分摊技术

(1) 原理与特点

如图 3-6 所示，在每座建筑物热入口安装热量表，计量整座建筑物的采暖耗热量，对于分户水平连接的室内采暖系统，在各户的分支支路上安装室温通断控制阀，对进入该用户散热器的循环水进行通断控制，以实现该户的室温控制，同时在每户的代表房间放置室温控制器，用于测量室内温度同时供用户自行设定要求的室温。室温控制器将这两个温度值无线发送给室温通断控制阀,室温通断控制阀根据实测室温与设定值之差,确定在一个控制周期内通断阀的开停比,并按照这一开停比"指挥"通断调节阀的通断,以此调节送入室内热量。通断阀控制器同时还记录和统计各户通断控制阀的接通时间,按照各户的累计接通时间分摊各户热费。即:

$$q_j = \frac{\alpha_j \cdot F_j}{\sum_{i=1}^{n} \alpha_i \cdot F_i} Q \qquad (1)$$

$$\alpha_j = \frac{T_{\text{open},j}}{T_\text{o}} \qquad (2)$$

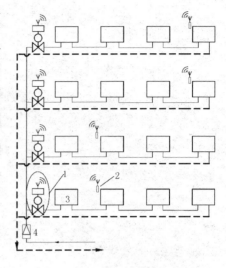

图 3-6 通断控制装置及热分摊技术原理图

1—室温通断控制阀;2—室温控制器;3—供热末端设备;4—楼热入口热量表

式中 q_j——分摊给用户 j 的采暖耗热量;

α_j——用户 j 入口阀门的累计开启时间比;

F_j——用户 j 的供暖面积;

Q——楼栋入口处热量表计量的热量;

$T_{\text{open},j}$——用户 j 入口阀门的累计开启时间;

T_o——楼栋入口热计量的累积时间。

这样既实现了对各户室内温度的分别调节,又给出相对合理的热量分摊方法。

这一方式集调节与计量为一体,以调节为主,同时解决了计量分摊问题。其特点为:

1) 改善调节。当散热器串联连接时,采用连续调节很难均匀地改变所串联的各个散热器热量,从而无法做到均匀调节。而采用通断调节方式,所串联的各个散热器冷热同步变化,通过接通时间改变散热量,因此可使一个住户单元中的各个散热器的散热量均匀变化,有效避免由于流量过小导致前端热、末端凉的现象。只要各组散热器面积选择合理,就可以在各种负荷下实现均匀供热。

2) 避免用户开窗和室温设定偏高。采用这种方式,开窗、调高室温设定值都会导致接通时间增加,从而增加用户热费分摊量。因此这种方式能有效抑制开窗现象,同时鼓励用户合理地设定室内温度,促进用户行为节能。

3) 减少邻室传热带来的问题。为了防止无人时室内冻结,控制器可限定最低设定温度,如12℃,使得用户入口阀门无法一直关闭,当用户长期外出时,既削弱了邻室传热的影响,也避免了室内冻结,使得用户公平用热,合理分摊。

4) 解决建筑物不利位置住户热费缴纳问题。由于是按照供热面积与累计接通时间的乘积分摊热量,顶层和端部单元按照设计会多装散热器,所以也不会出现多分摊热费的问题。

5) 安装方便、经济可靠。只需要通断式控制阀,不像热量表、温控阀等对水质要求较高,也不像热分配表那样对散热器类型和安装条件有要求,并适合于各种末端形式的供热系统,其结构简单,安装使用方便,可靠性高。然而从公平性出发,要求采用这种方式的每个用户的散热器型号和面积统一设计安装,不得擅自更换。

6) 集调节和计量于一体,设备较少,成本低,避免了传统热计量方法需要对采暖系统进行复杂改造以及增加大量温控阀、热分配表,成本高昂的弊端,方便地实现了对用户的热分摊。

(2) 实际应用效果

在2006~2007年采暖季期间,该方式在长春进行了实际工程应用。结果表明:

1) 可实现对室温的有效控制。可将室温控制在设定温度±0.5℃,远优于散热器恒温阀的控制精度;图3-7是几个位于不同位置用户的室温实际控制效果。

2) 对各用户根据阀门累计开启时间结合供热面积的分摊方式合理。

图3-8为4个用户在室温控制器放置位置相同、设定温度相同的条件下测得的用户阀门开启时间比。从结果可以看出,具有同样位置的用户阀门累计开启时间比相差不大。

3) 节能效果明显。测试期间各个用户的通断比基本位于50%以下,节能效果明显,如图3-9所示。

上述应用结果表明,基于分栋热计量的末端通断调节与热分摊技术为我国供热计量改革提供了一种新的可行途径。2007~2008年采暖季,已分别在北京市、长春市进行了中大规模的示范应用,目前正在对应用效果进行跟踪测试。

第3章 建筑节能措施评价

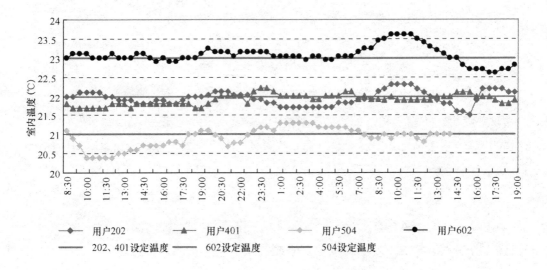

图 3-7　典型用户的室温控制效果

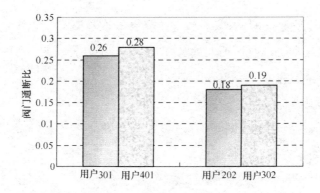

图 3-8　同一户型结构的用户分摊比统计

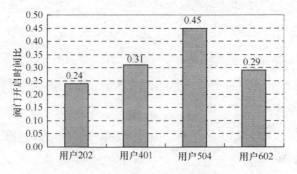

图 3-9　部分用户的阀门通断比

3.2.3 电厂循环水供热

我国大多数热电联产电厂属抽凝式热电联产，在发电过程中通过对汽轮机中间抽汽获取热量。然而为了维持汽轮机尾部有足够的蒸汽流量从而保证汽轮机正常运行，这类机组在按照供热工况运行时，仍需要由凝汽器冷却末端乏汽，冷凝产生的大量低温余热通过冷却塔排放掉。在供热工况下，此部分排出的热量约占锅炉总产热量的 20%，约占热电厂供热量的 40%。如果这部分热量能够得以利用，将大幅度提高热电厂产热能力和能源转换效率。目前，我国相当多的热电联产系统热源不足，合理地利用这部分热量可以使这一问题得到缓解。

正常情况下此工况进出凝汽器的循环水温度为 20~30℃，不能直接供热，因此必须设法适当提高其温度。目前成熟的技术方法有两个：一个方法是适当降低凝汽器真空度，提高乏汽温度，从而使循环水可直接通过热网供热，这就是通常所说的汽轮机组低真空运行；另一个是采用热泵技术从循环水中提取低位热量用于供热。

(1) 凝气器低真空运行的电厂循环水供热方式

传统的低真空运行循环水供热方式，为了适应采用传统散热器形式作为末端散热设备的热用户，循环水在凝汽器中通常被加热到 50~60℃，此时汽轮机排汽压力由 0.04~0.06bar 提高到 0.3bar 左右。这种供热方式多年来已经在各地不少小型机组和少数中型机组上成功运行。

如果对于现代大型机组进行低真空运行改造，在变工况运行的同时，还涉及排汽缸结构、轴向推力的改变、轴封漏汽、末级叶轮的改造等多方面问题的限制。尽可能降低供热系统的水温，而不是恶化真空，提高凝汽器温度，对大型机组的安全、可靠、高效运行有重要意义。大型机组循环水在凝汽器进口允许的最高温度一般在 33℃左右，对应的出口温度不超过 45℃。此温度水平恰好能够满足某些高效散热器（如地板辐射采暖）的要求。因此，可以采用适合于现代大型机组的低真空运行方式，即在用户侧采用低温供热末端，如地板辐射采暖等，同时保持机组排汽压力不超过厂家规定值，以 40℃左右的循环水直接供给采用低温辐射采暖系统的热用户采暖，同时部分循环水仍然通过冷却系统排放，调节供热热量与冷却系统排放热量之比，实现热电负荷的独立调节。

由于采用 40℃左右的低温水供热，必须单独敷设低温供热管网，与汽轮机中间抽气制备的高温热水系统分开独立地运行。低温供热供回水温差远小于高温热水系统，循环流量大，管道粗，循环泵能耗高。为此，低温供热系统的供热半径应远小于常规的高温供热系统，否则会由于初投资和循环水泵运行费高而失去经济性。

采用上述适合现代大型机组的低真空运行循环水供热方式的主要优点是对机组改造的投资相对较小，经济性好，工程周期短，见效快。

除需要独立的低温热网进行低温供热外，低真空运行循环水供热方式的致命缺点为：在周边用户负荷偏低时，如果供热热量远小于机组的凝气排热量，此时大部分热量从冷却塔排走。而为了保证供热温度，凝汽器压力又不能降低，这就影响了发电效率。当低温供热热量占总的凝气热量之比低到一定的程度时，这种方式从能源利用效率上看实际上是得不偿失的。

(2) 利用热泵技术的电厂循环水供热方式

由于低真空运行循环水供热方式固有的局限性，在更多的应用场合，可以采用热泵技术直接提取循环水中的低位热量用于供热。利用电厂循环冷却水作为热泵低位热源进行供热的基本形式如图 3-10 所示，汽轮机排汽经过凝汽器后冷凝的凝结水被重新送到锅炉中。根据用户侧热负荷需求的情况，直接将来自凝汽器的一部分循环水送入冷却塔，完成正常的冷却循环，另一部分通过循环水管网送入设置在用户处的热泵装置的蒸发器作为热泵的低位热源，驱动热泵的高位能量加上从低位热源提取的热量作为热泵产热用于加热用户侧的二次网回水。循环冷却水在热泵蒸发器放热降温后返回到凝汽器入口与流经冷却塔的冷却水汇合，再被送入凝汽器吸热升温。如此实现将电厂循环水低位余热用于供热的目的。

利用热泵技术的循环水利用方式与上述凝汽器低真空运行方式相比，机组的发电量和安全运行不受影响，同时供热系统还可根据热负荷的大小和分布来确定热泵的配置和运行方式。通过灵活的分布式热泵形式，选择不同的热泵供热温度，可以满足地板采暖、风机盘管、暖气片等不同形式末端散热设备的要求，从而有利于整个循环水余热利用系统的高效运行。当电厂循环水余热的利用份额较小时，这种热泵回收循环水余热的形式更加适合。由于需要增加热泵设备，这种供热形式的投资较大。当电厂循环水余热利用比例大、供热温度低时，其能效不如凝汽器低真空运行方式高。

与图 3-10 中所示系统将热泵置于用户处的供热方式略有不同，还可以采取将

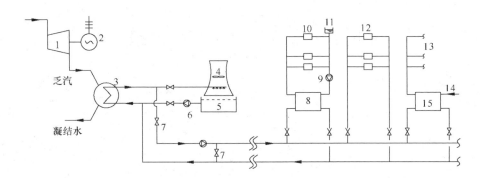

图 3-10 电厂循环水源热泵系统示意图

1—汽轮机；2—发电机；3—凝汽器；4—冷却塔；5—循环水池；6—循环水泵；7—旁通阀；8—中央热泵（吸收式或压缩式）；9—用户侧循环水泵；10—室内末端（暖气片、风机盘管、低温辐射采暖等）；11—膨胀水箱；12—户式热泵；13—热水供应系统；14—冷自来水管；15—热泵型热水器

热泵直接放置在电厂内的供热方式，直接在电厂内将循环水余热提取出来用于加热热网回水。这种方式便于利用电厂内丰富的高温高压蒸汽资源，同时避免了敷设独立的循环水管网，而可以直接并入高温热网中。在常规热电厂系统中，相对于热网供回水温度而言，汽轮机抽汽参数较高。例如，一般热网供回水温度在120/60℃，而汽轮机，尤其是大容量的汽轮机，用于供热的抽汽压力往往在4~10bar，远高于加热热网所需要的参数要求。为此，利用该参数下的抽汽驱动吸收式热泵，可以回收电厂循环水的余热，产生 60~90℃热量。用于这种工况下的吸收式热泵COP为1.3~1.4，即一份抽汽热量可以回收0.3~0.4份循环水余热。由于汽轮机抽汽本来就用于加热热网，因而所回收的余热从运行成本上看是无代价的。图3-11给出了这种利用吸收式热泵回收电厂循环水余热的示意图，热泵将热网回水由60℃加热到90℃，然后再用抽汽加热至要求的供水温度，即120℃。

由于热泵制热温度相对较低，机组抽汽往往不能全部用于驱动热泵回收循环水余热，而需要一部分抽汽进一步加热热网供水以满足要求的供水温度。因此，受热泵效率和制热温度的制约，为了保证热网供水温度的要求，系统可回收的余热量与驱动热泵的抽汽量之间存在一定的匹配关系。表3-9给出了两个典型容量的汽轮机组循环水余热回收系统各热量之间的匹配关系。其中热网供水温度为120/60℃。热泵制热系数为1.33。两种机组抽汽压力不同，其制热温度分别为90℃和80℃。

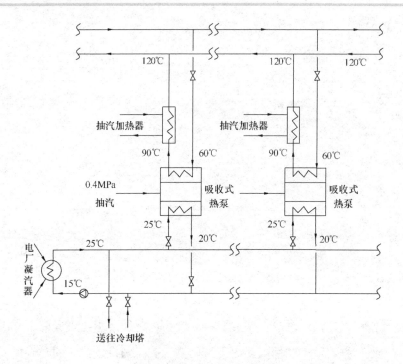

图 3-11 利用吸收式热泵回收电厂循环水余热的示意图

可以看出，这两种大机组的循环水余热不能全部被吸收式热泵回收利用，可回收的比例只有 50%～60%。当然，有些机组循环水余热量相对较少，例如小型供热机组等，循环水余热可能全部通过吸收式热泵得以回收。循环水余热可回收的比例取决于机组形式和容量等因素。

典型供热机组的循环水余热回收系统的热量匹配关系　　　表 3-9

汽轮机容量(MW)	抽汽压力(bar)	抽汽热量(MW)	循环水余热热量(MW)	热泵耗热量(MW)	热泵制热温度(℃)	余热回收热量(MW)	循环水余热回收比例
300	5	360	100	150	90	50	50%
200	2.45	290	50	78	80	26	56%

3.3 建筑能源转换和能源供应技术

3.3.1 吸收式制冷机

吸收式制冷是一种把热能直接转换为空调用冷量的能量转换方式。吸收机有单效、双效和三效之分，单效吸收机可以利用较低温度的热源（例如约100℃的热源），但制冷效率较低，COP 在 0.7～0.8 之间，也就是一份热量仅可产生 0.7～0.8 份冷量；双效机可以利用较高温度的热源（例如约150℃），从而产生较高的制冷效率，其 COP 可达到 1.2～1.3，即一份热量可产生 1.2～1.3 份冷量；为了充分利用更高温度的热源，产生更高的制冷效率，目前国内外都在积极开发三效吸收制冷机，它需要利用约200℃以上的热源，其 COP 可达 1.6～1.7。但目前尚无成熟的三效制冷机产品。

如果有工厂余热或热电联产电厂发电的余热，采用吸收式制冷可以在夏季充分利用这些余热，替代常规的电压缩制冷，实现能量的充分利用。因此在这种条件下，利用余热的吸收式制冷是一个值得提倡的节约能源的措施，应从各方面大力支持和推广。

如果是燃煤或燃气锅炉产生蒸汽，再利用蒸汽进行吸收式制冷；或者直接通过直燃式吸收机，燃气或燃油制冷，则并不是节约能源的措施。因为与目前吸收机规模相同的大型离心式制冷机组的电力—冷量转换效率 COP 一般都在 5.5～6。通过直接燃烧一次能源来制冷的吸收机比常规的电压缩制冷机要消耗更多的一次能源。

先看燃煤蒸汽锅炉的案例。锅炉的效率为 80%，蒸汽吸收式制冷机的 COP 为 1.3，这样从燃煤的热量转换为冷量的综合效率为 1.3×80%＝1.04。同样规模的电动压缩制冷机的 COP＝5.5，我国燃煤发电效率为 30%，考虑 10% 的传输损失，从燃煤到末端用电的转换效率为 25% 以上。这样，燃煤发电再电力制冷的综合转换效率为：5.5×25%＝1.375，远高于吸收机的 1.04。

再来看燃气直燃式吸收机，其能量转换效率为 1.3，而大型燃气发电厂的发电效率为 55%，考虑 10% 的传输损失，从燃气发电厂到末端用电的转换效率为 50% 以上。这样，燃气发电再电力制冷的综合转换效率为：50%×5.5＝2.75，远高于吸收机 1.3 的能量转换率。

根据上述分析，无论锅炉制取蒸汽，再通过蒸汽吸收式制冷，还是直接燃气或燃油的吸收制冷，其能源利用率都不如先在大电厂发电，再由电制冷。因此在一般情况下不应提倡通过燃煤、燃气、燃油的吸收式制冷方式，只有大量工业余热可以利用时，才应该考虑利用这部分余热进行吸收式制冷。

在一些缺少电力供应的地区，吸收式制冷被作为一种降低电力峰值负载的办法，这确实如此。然而，如果同样使用天然气，需要选择的是采用吸收制冷还是兴建中型的天然气调峰发电厂（5万～10万kW）。目前天然气电厂的设备投资，不考虑电网输配成本为6000元/kW，天然气吸收制冷机的设备投资比电压缩式离心制冷机贵300～600元/kW冷量，或1500～3000元/kW电力。与建调峰电厂比，天然气吸收机可节约初投资3000～4500元/kW电力。如果天然气的终端价格为2元/m^3，则吸收机每千瓦时等效发电多消耗的燃料费为0.4元。这样，如果用中规模燃气调峰发电厂替代吸收机，增加的3000～4500元的初投资仅需要不到9000h运行时间就可回收。这一般为5～8年的时间。

3.3.2 区域供冷

区域供冷就是在一个建筑群设置集中的制冷站制备空调冷冻水，再通过循环水管道系统，向各座建筑提供空调冷量。这样各座建筑内不必单独设置空调冷源，从而避免到处设置冷却塔。由于各座建筑的空调负荷不可能同时出现峰值，因此制冷机的装机容量会小于分散设置冷机时总的装机容量，从而有可能减少冷机设备的初投资。自20世纪80年代开始，日本一些大城市的商业建筑群，美国许多大学校园，都采用这种区域供冷的方式。典型的案例是日本东京新宿新都心、日本名古屋新机场、美国许多大学校园等。区域供冷的建筑面积都在50万m^2以上。我国广州大学城、北京中关村科技园也采用了区域供冷方式，并已投入运行。

目前采用区域制冷的原因之一是认为可以提高冷源效率。制冷机的能源利用效率会随着单机装机容量的增加而增加，但是当单机容量达到1000Rt（3.5MW）以后，效率就很难再随着容量增加而增加。而两台1000Rt的冷机只能向7万m^2左右的公共建筑提供空调冷量，因此进一步扩大规模，并不能继续提高冷源效率，所以除特殊情况，冷源能源效率高不能成为采用区域供冷的理由。并且由于系统安装的单机容量都很大，在系统负荷很低时（例如仅为最大负荷的1%时）冷机工作效率反而会很低，从而导致此时的冷源效率低下。而大规模集中供冷系统由于各个末端性质各不相同，出现1%冷负荷或更低比例的冷负荷的时间非常多，这就导致与单座建筑的集中供冷方式比，冷源效率非但不能提高，反而变低。

集中冷源方式的区域供冷需要通过冷冻水循环输送冷量，由于供水温度不能过低（否则就出现冻结），回水温度也不能过高（否则不能起到供冷的作用），因此供回水温差一般都不高于10℃。与我国北方集中供热系统60～70℃的供回水温差相比，输送同样的热量，循环水流量就要大6～7倍，这就导致循环管道的直径要大2.5倍，循环水泵容量要大6～7倍，水泵电耗要高6～10倍，输送系统的初投资和运行费都远高于集中供热的输送系统。同时，循环水泵消耗的电能将全部转换为热能，加热管道中的冷冻水，从而又消耗了大量的冷量。以日本某个区域供冷系统为例，其循环水泵的电耗相当于所供冷量的8.5%。也就是8.5%的冷量被水泵电耗所抵消，而该系统的管道冷损失仅为1.5%。如果这个系统冷源采用电制冷，制冷效率（COP）为6，则制冷机产生每千瓦冷量耗电0.167kW，循环水泵输送每千瓦冷量耗电0.085kW，总耗电0.252kW，末端得到冷量仅0.9kW。制冷机和循环泵的综合效率（COP）还不到3.5，低于一般的螺杆制冷机[1]。

区域供冷的另一问题就是如何处理部分负荷下的工况。集中供热的热负荷主要由室外气候变化造成，在供热期间一般只在40%～100%的范围内变化。而空调冷负荷则主要由室内发热量及透过外窗的太阳辐射构成，对于一个具有多种不同功能的建筑组成的小区，空调负荷将在1%～100%间变动，并且，大多数建筑的空调都停止运行时，很有可能某座建筑的空调负荷达到100%。这样，要应对在1%～100%范围内变化的空调总负荷，系统循环流量很难在1%～100%间变化，其结果就是在低负荷期间小温差运行，导致冷冻水循环流量偏大，循环水泵电耗过高，系统综合用能效率过低。为了满足个别用户的需要，系统必须24h连续运行。这不仅使得循环水泵长时间工作于低效状态，还往往会造成不需要连续空调的一些建筑也按照连续空调运行。美国、日本一些区域供冷的案例，单位建筑面积年累计耗冷量一般都高于同样气候条件下采用自有冷源的同类型建筑的20%～40%。尤其对于住宅性用户，间歇运行的空调变为连续供冷的空调在调节不当时冷量消耗有可能高出2～3倍。因此部分负荷时效率低下，是区域供冷的一个致命问题。

图3-12给出了日本一些区域供冷实际一次能耗的运行数据。可以看出，区域供冷系统一次能源利用效率一般在1.2以下。而对于分散的楼宇式供冷系统，由于没有区域供冷的管网损失和输送能耗，以及冷机严重偏离设计工况所带来的能效下

---

[1] 算例：当扬程为60m时，如果水泵的效率是80%，每小时1000t水，水泵功率为204kW；当送回水温差为5℃时，冷量为5800kW，这样循环水泵的电耗为冷量的3.5%，而实际的区域供冷系统水泵扬程可能更大，水泵效率也很难达到80%，则水泵电耗占冷量的比例会更大。

降,其一次能耗一般在1.3以上(冷源的综合COP在4以上,电力由33%发电效率获得,因此一次能源利用效率为4×0.33=1.3)。

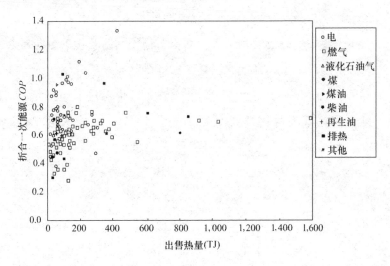

图3-12 日本区域供冷一次能耗COP调研结果

采用区域供冷又一可能出现的问题是计量收费方式。北方集中供热系统经过多年努力,仍不能处理好计量收费问题。热量表成本高,精度和可靠性不足,都曾是影响供热计量收费改革的一些问题。供冷的供回水温差远小于供热,因此对温差计量精度的要求就更高,技术问题就会更多,计量成本也必然会高于供热计量。不全面解决计量收费问题,区域供冷就很容易成为全日连续供冷,造成很大的能源浪费。目前国内已经运行的区域供冷系统在收费问题上都出现了一些困难,目前冷费收缴率低,运行单位效益差。

总之,与一般分布式制冷系统相比,区域供冷具有运行效率低、随负荷调节性能差、运行能耗高和计量收费困难等问题。因此,在没有对冷源效率、输送系统能耗、部分负荷下维持高效的方法、计量收费方式等问题进行充分论证,找到科学可行的解决方案之前,不应提倡和推广区域供冷方式。

3.3.3 各种热电联产发电装置介绍

对热电联产、热电冷联产系统而言,其设备形式主要可分为两部分:发电装置及余热回收设备。其中,发电装置根据发电原理的不同又可分为两种形式:一种是将燃料燃烧的热能转变为机械功的热力发动机（机械功再通过同步交流发电机转变为电能），这类发动机主要包括：燃煤发电用汽轮机、燃气轮机、燃气联合循环、微燃机、内燃机、斯特林机等；另一种是直接将燃料化学能转变为电能的燃料电池。

燃煤发电：燃煤发电是我国电力工业中最主要的发电形式，目前我国燃煤电厂存在供电煤耗高、污染排放严重等问题。2004年我国燃煤发电机组的供电效率约为33%，标准发电煤耗为354gce/kWh，与世界先进水平相差50g/kWh至60g/kWh。燃煤电厂规模直接影响着电厂的效率。据统计，我国地县属的小火电平均供电效率约为24%，乡村属的小火电平均供电效率仅为18%（江哲生．优化火电结构，促进电力可持续发展．中国电力，1999，10：16～20），而大中型火电的供电效率一般可达到37%以上，新近投产成功的超超临界机组供电效率达到42%（数据来源：http：//www.csee.net.cn/data/2006/0609/article_885.htm），丹麦投运的超超临界机组供电效率甚至可达到47%。一般来说，单机容量越大的发电机组，发电效率越高。当发电机组按照热电联产方式运行时，为了提高其产热量并保证热量的温度水平，发电效率要在较大程度上降低。燃煤发电机组在用于热电联产的情况下，有两种形式，即背压和抽凝，这在下面一节中有较为详细的介绍。出于安全运行和调节灵活度方面的考虑，背压机组多应用于单机容量5万kW以下的机组。对抽凝机组而言，随着机组容量的增大，抽汽量占汽轮机新汽的比例明显下降，热电比降低明显，热电厂发电比例越大。

燃气轮机：燃气轮机是一种利用天然气或燃料燃烧产生的高温高压气体，驱动透平高速旋转做功的发电装置，其性能受环境空气温度、部分负荷率等因素的影响很大。燃气轮机的特点为坚固耐用，可连续运行时间长，余热回收方式相对简单。燃气轮机单机容量从一兆瓦至几百兆瓦不等，根据容量大小其可分为轻型和重型两种类型。轻型燃气轮机主要为航空发动机的转型，结构紧凑而轻，具有装机快、体积小、起停灵活等特点；重型燃气轮机零部件较厚重、设计寿命与大修寿命长、运行可靠、排烟温度高，主要用于联合循环发电、热电联产等。

燃气轮机用于发电的主要形式有两种：

1）简单循环发电：由燃气轮机和发电机独立组成的循环系统，多用于电网调峰和交通、工业动力系统等，其发电效率一般在21%～40%之间，近年来发展的大型燃气轮机发电效率可达到40%以上，如GE公司LM6000PC燃气轮机发电效率可达到43%。

2）燃气联合循环发电：由燃气轮机和蒸汽轮机（朗肯循环）联合构成的循环系统。它将燃气轮机排出的高温烟气通过余热锅炉回收转换为蒸汽，再将蒸汽注入蒸汽轮机发电，其发电效率一般在47%～55%之间。近年来，燃气联合循环发电技术得到了较大的发展，电厂发电效率可提高到60%（http：//www.istis.sh.cn/list/list_n.asp?id=3671&st=N）。

燃气轮机发电后的余热只有排烟一种形式，排烟温度在250～550℃之间，氧的体积分数为14%～18%。因而其余热利用系统较内燃机简单，可通过余热锅炉生产热水、蒸汽，也可直接通过吸收式冷温水机生产冷水（夏季）或热水（冬季），即燃气轮机排烟余热通常有三种利用方式，分别为蒸汽系统、热水系统和烟气型吸收式冷温水机系统。

微燃机（翁一武等．先进微型燃气轮机的特点与应用前景．热能动力工程，2003，18（2）：111-116）：微燃机是一类新近发展起来的小型热力发动机，其基本技术特征是采用径流式叶轮机械设计，与同容量往复式内燃机相比，微燃机具有运动部件少、振动小、易于维护、结构紧凑、排放低等特点。微燃机单机功率范围从数十千瓦至数百千瓦，无回热时发电效率一般小于20%，采取回热等措施后，发电效率可提高到25%～30%左右。目前微燃机技术仍在不断改进中，研制目标为发电效率达到40%。

内燃机：内燃机按其主要运动机构的不同，可分为往复活塞式和旋转活塞式两大类。往复活塞式内燃机具有技术成熟、工艺稳定、启动快、发电效率高、单位投资较低、燃料适用性广等特点而被广泛应用；但内燃机也存在着运行维护成本较高、余热回收方式复杂、污染排放较高且不易处理等问题。内燃机单机功率范围可从数百瓦至十兆瓦，发电效率一般在25%～45%左右。内燃机的余热以排烟和冷却水（冷却气缸套、润滑油、中冷器等）两种形式输出，两部分热量大致相同。排烟温度一般在300～400℃，冷却水温度则根据机组结构不同，在50～90℃之间。一般来说，如果通过热回收系统尽可能将余热能源回收，燃气内燃机热电冷联供系统的综合效率可达85%以上。

斯特林发动机（邹隆清等．斯特林发动机．长沙：湖南大学出版社，1985）：斯特林发动机是一种能以多种燃料为能源的闭循环回热式发动机，其工作过程类似内燃机，但由于其燃烧过程是在缸外接近于大气压力的状态下连续进行的，所以对燃料品质的要求不高，凡是燃烧温度可达450℃以上的任何种类的燃料都可作为斯特林发动机能源。另外，其燃烧过程也不会产生燃烧爆炸和排气波，气缸压力变化平稳，机组运转平衡，因而机组振动小、噪声很低。斯特林发动机的理论循环效率等于卡诺效率，现有样机实验表明，斯特林发动机做功有效效率可达32%~40%，随着技术的进展有望进一步提高。目前影响斯特林发动机推广应用的主要原因有两个：一是机组造价较高，经济竞争能力差；其二是密封装置问题。斯特林发动机增大功率的最好办法是提高工质压力，而闭循环系统中工质压力愈高，对密封的要求也愈高，因而斯特林机的工作性能和使用寿命在很大程度上取决于密封装置的可靠性和耐久性。斯特林发动机可用于回收的余热包括两部分：斯特林发动机冷端热量和烟气热量。由于工作原理的限制，热电联供斯特林发电机组的冷却水出水温度不能太高，一般不超过65℃，由于余热的品位较低，因而这一余热一般只能用于制取生活热水、采暖用热水等。斯特林发动机排烟温度较低，且在总输出能量中所占比例较小，也不利于制冷，最好的利用方式也是用于供热。

燃料电池（刘凤君．燃料电池与21世纪供电系统的革命．电源世界，2005，5：1~7；林维明．燃料电池系统．北京：化学工业出版社，1996）：燃料电池是按电化学原理，等温地把储存在燃料和氧化剂中的化学能直接转化为电能的能量转换装置。根据电解质类型不同，可分成5大类：磷酸型燃料电池、固体聚合物燃料电池、熔融碳酸盐燃料电池、固体氧化物燃料电池和碱性燃料电池等；其中，磷酸型燃料电池已商用，单机发电容量多为200kW左右，发电效率在40%左右，而其他类型燃料电池仍处于研发实验阶段。由于燃料电池没有中间环节的转换损失，因而一般发电效率较高，目前不同燃料电池的发电效率在37%~60%之间。由于燃料电池按电化学反应原理工作，没有高速运转构件，也没有高温的燃烧过程，因而燃料电池噪声小，污染排放低，但机组价格昂贵，维护要求比较专业。燃料电池所产生的余热非常清洁，一般而言，中低温燃料电池大都在回热系统将废热直接回收生产热水或蒸汽，而高温燃料电池则可以与其他发电装置如蒸汽涡轮机发电系统组成复合发电循环，以提高电效率和燃料利用率。

3.3.4 燃煤热电联产供热

燃煤热电联产就是通过燃煤锅炉制备蒸汽，再通过汽轮机由蒸汽发电，抽取发电后的乏汽作为热源供热的方式。与单纯的蒸汽轮机发电方式比，实现了热能的梯级利用，减少了冷却塔排出的热量，因此一直作为能源综合利用的好方式而倡导。

表 3-10 为我国目前常用的各种燃煤发电机组单纯发电时单位发电量的煤耗。从表中可以看出，燃煤电厂发电效率随机组规模变化很大，每千瓦时发电量的煤耗在 300~500g 标煤。热电联产有两种方式：背压式机组和抽凝式机组。图 3-13 为背压机组的流程图，汽轮机的低压乏汽全部用来提供热量。这样的机组热能利用效率高，但其发电量由末端蒸汽利用量决定，由于汽轮机和锅炉等电厂主设备的变工况调节范围限制，只有存在相对稳定的蒸汽利用末端时，才可以采用这种系统。图 3-14 为抽凝机组流程图。不同压力的蒸汽从汽轮机各级中取出，用于热应用。最后一部分乏汽要通过冷凝器冷凝，其冷凝热量通过冷却塔排出，从而维持较低的末端压力，使汽轮机高效运行。抽凝机组虽然热利用率稍差，但由于可以通过冷凝器获得稳定的尾部真空，因此抽汽量可在较大范围内调节，从而适应热负荷有较大变动的情况。

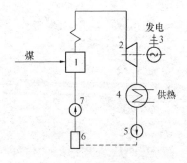

图 3-13 背压式热电联产机组流程图
1—锅炉；2—凝汽式汽轮机；3—发电机；
4—凝汽器；5—凝结水泵；6—除氧器水箱；
7—锅炉给水泵

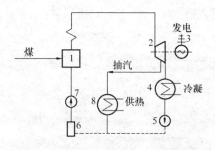

图 3-14 抽凝式热电联产机组流程图
1—锅炉；2—凝汽式汽轮机；3—发电机；
4—凝汽器；5—凝结水泵；6—除氧器水箱；
7—锅炉给水泵；8—换热器

各种燃煤发电机组单纯发电时单位发电量煤耗表　　　　表 3-10

机　组	功　率	单位发电量煤耗
超超临界机组	>60 万 kW	270～280gce/kWh
超临界机组	>60 万 kW	280～300gce/kWh
大型燃煤机组	>20 万 kW	320～350gce/kWh
中型燃煤机组	5 万～20 万 kW	350～400gce/kWh
小型燃煤机组	3 万～5 万 kW	>400gce/kWh
小型低参数机组	<3 万 kW	>500gce/kWh

如果存在稳定的工业负荷，采用背压机可以获得很好的能源利用率。如果热利用的主要目的是建筑采暖，则由于需热量在采暖期的大幅度变化，背压机很难适应，因此只能采用抽凝机组。根据采暖负荷要求，调整抽汽量，改变发电与产热的比例，满足变化的建筑采暖需求。在非采暖季节，没有热负荷时，背压机排出的蒸汽无法利用，因此就无法运行。而抽凝机可以减少直至停止抽汽，按照纯发电模式运行。这时的运行工况与热电联产时完全不同，相当一部分热量要经过冷凝器冷凝，使热量从冷却塔排走。

如表 3-10 所示，纯发电电厂的发电煤耗与机组容量很有关系。大型机组（如 20 万 kW 以上的机组）发电煤耗几乎为小型机组（如 6000kW 机组）的一半。所以长期以来，为了节约能源，国家各有关部门三令五申，关停小容量电厂，禁止再兴建小电厂，重点投产大型高效、高参数机组。然而热电联产的规模需要与集中供热网和城市的建设规模相匹配，当集中供热网规模不大时，热电联产机组也就只能采用小容量机组。例如，当供热面积为 100 万 m² 时，合适的热电联产机组应为 1～2 万 kW 发电量。这样，在冬季采暖运行时，只要热量能充分利用，总的热能利用效率总是比单独的燃煤锅炉房高。然而，采暖结束后，如果采用纯发电模式继续运行，小机组的发电煤耗就非常高，造成严重的能源浪费。

考虑这样一台机组以热电联产方式运行 2000h，发电 4000 万 kWh，供热 10000 万 kWh，耗煤折合热量 20000 万 kWh。此时的热量如果采用 83% 效率的大型燃煤锅炉房生产，则需耗燃煤 12000 万 kWh❶。这样，去掉供热需要的燃煤，4000 万 kW 电力仅消耗燃煤 20000－12000＝8000 万 kWh，折合等效发电效率

---

❶ 以下耗煤量均用折合热量表示，以便比较、计算。

50%。这是任何单独的大型发电厂也不能达到的指标,也是为什么热电联产能够通过对能源的梯级利用,获得很高的用能效率。

然而在非采暖季为了追求经济效益,采用纯发电方式运行 3000h,发电 6500 万 kWh,耗煤 30000 万 kWh。这样,全年共发电 10500 万 kWh,供热 10000kWh,耗煤 50000 万 kWh。同样,10000 万 kWh 的热量折合 11000 万 kWh 燃煤,于是全年发电 10500 万 kWh,耗煤 39000 万 kWh,折合等效发电效率不到 27%,远低于目前一般的大型发电厂 33%的效率。低效率的原因就是非采暖季采用小容量机组单纯发电的效率太低。然而,由于目前煤价大大低于电价,电厂的初投资已经发生,因此即使发电效率低,能源利用率低,但经济效益却不差。这就是所谓"赚钱不节能"。由于经济利益的诱惑,尽管国家反复限制小容量电厂的纯发电运行,限制全年的热电比,但实际上却很难对这些小电厂产生真正的约束作用,导致很大一部分热电联产小电厂都在夏季缺电时纯发电运行。

当采用大容量机组进行热电联产时,由于其单独发电时效率也接近大型电厂,所以即使夏季纯发电运行,还可以获得很高的用能效率。例如采用 20 万 kW 的发电机组,热电联产时发电 18 万 kW,产热 27 万 kW,耗煤 56 万 kW,总的热效率为 80%,除掉供热折合的煤耗 30 万 kW,发电效率高达 68%。夏季纯发电时发电 20 万 kW,耗煤 60 万 kW,同样冬季运行 2000h,夏季纯发电运行 3000h,可以得到的全年等效发电效率为:

$$(18\times2000+20\times3000)/((56-30)\times2000+60\times3000)=41.4\%$$

仍然大大高于常规大型发电厂的发电效率。因此热电联产应积极推广这种发电效率高的大型机组,尽可能避免采用低效率的小容量机组。然而,这样的机组在冬季单独运行,已可承担 500 万 m^2 以上的建筑采暖,再考虑调峰后,这样规模的电厂应该对应于 1000 万 m^2 规模的集中供热网,才能充分发挥效益。只有大型城市才有可能发展这样大规模的集中供热网。

从前面的算例还可以看出,夏季纯发电时间与冬季热电联产时间之比也影响这种方式的能源利用率。这一比例越大,能源利用率越低。因此在每年供热期高达 5~6 个月的东北地区,小容量供热机组也不会造成太大的能源浪费;但在每年供热期仅为 2~3 个月的华东、华中地区,小容量机组非供热期的长期运行,就会造成极大的能源浪费。

需要指出的是，目前全国各地在电力节能方面，普遍推广"上大压小"，即关闭小电厂，取而代之以大型发电厂。这对于纯凝气发电厂是合理的。但目前有很多供热机组也被强行关闭，这种做法欠妥当。对于热电厂中的小型供热机组，可以将抽凝机组改造为背压机组，与锅炉相比，仍然具有明显节能效果，并避免了新上机组的投资浪费，兼顾了经济性和能效。

3.3.5 燃气式区域性热电联产和热电冷联产

区域热电冷三联供就是利用热电联产电厂作为动力源，冬季利用发电的余热为建筑采暖提供热源；夏季则把发电的余热转换为冷量，作为建筑物空调的冷源。

夏季发电余热转换为冷量，并且输送到建筑末端有如下三种方式：

1) 在热电厂采用蒸汽吸收式制冷机利用从发电后的低压蒸汽制冷，产生 5～7℃的冷水，此时制冷的性能系数（COP）为 1.2～1.3，即每份蒸汽的热量可以产生 1.2～1.3 份冷量。冷水需要通过管网输送到各座用冷末端的建筑。3.3.2 节专门讨论了采用管网通过冷水循环长距离输送冷量的困难和问题。

2) 直接把发电后的低压蒸汽通过管道送到各座末端建筑，在末端建筑用户内分别安装蒸汽吸收式制冷机，利用蒸汽制取空调用冷水。此时制冷的性能系数（COP）也可以达到 1.2，同时避免了利用冷水循环长途输送冷量的问题。但是，长途输送蒸汽也存在很多技术和管理上的困难。尤其是怎样使蒸汽凝结水有效地返回电厂，目前世界各国做得都不太好。不能有效地回收冷凝水，导致水资源的大量浪费，同时冷凝水中的热量也不能很好地被利用。

3) 在电厂采用和冬季同样的方式，把热量转换为热水，利用供热管网通过热水循环把热量送到末端建筑。在各末端建筑内安装热水式吸收制冷机，利用热水的热量产生空调冷量。由于热水温度较低，又不能实现等温放热，因此热水制冷的性能系数只能是 0.6～0.7，能源利用效率较低。

当输送距离不长时（3km 以内），直接输送蒸汽的方式能源利用率较高。只要解决蒸汽输送问题和冷凝水回收问题，就可以较好运行。

采用在电厂制冷，依靠冷水循环输送冷量的方式，属于真正的"区域供冷"，如 3.3.2 节所介绍和讨论，除距离短、末端负荷密度高等特殊条件，一般来说，输送和调节造成的能耗和损失导致这种系统整体能源利用率低，不易推广。当采用燃煤热电联产时，利用热电厂余热制冷效率较高，但由于燃煤电厂规模大，供冷管网的规模大、距离远，输送能耗和损失一般将抵消由于回收余热带来的收益。采用燃气热电联产规模小，距离近，但由于产生热量一般都要减少发电量，而由余热制冷产生的冷量与为了产热所减少的发电量可通过电制冷产生的冷量基本相同。也就是说，采用燃气发电，余热制冷，总的能源利用率与大型燃气发电组联合循环发电，再用部分电制冷的能源利用效率相差不大，再考虑区域供冷带来的损失，一般也没有大的节能效益。

采用热水循环，到末端建筑内依靠热水型吸收机制冷，由于制冷效率低，因此总的能源利用率不高。同时，建筑物的夏季冷负荷峰值一般高于冬季热负荷峰值，制冷系数仅为 0.6~0.7，就使得夏季热量需要量为冬季的两倍多，这就又导致热水系统调节上的一些问题。

实际上还可以利用热水的热量驱动溶液调湿型新风机组（见 3.5.2 节），实现建筑的新风处理和除湿。这种系统的热量转换为有效冷量的性能系数，整个夏季平均为 1.2~1.5，这就可以实现较高的能源利用率。同时由于仅处理新风，所用的热水量基本与冬季相同，从而不影响热水的流量分配。这种方式存在的问题是只能高效的实现新风处理和除湿，建筑物内还需要其他的冷源以消除显热。

总之，在目前的技术水平和国内建筑空调的运行特点看，热电冷三联供方式在多数场合都存在各类问题，能源利用率难以提高，因此还有待于新的技术突破，使这种方式真正产生节约能源，改善环境的效果。

3.3.6 建筑热电冷联供系统

建筑热电冷三联供（BCHP）系统，也称为分布式供电系统的一种，是在建筑物内安装燃气或燃油发电机组发电，满足建筑物的用电基础负荷；同时，用其余热产生热水，用于采暖和生活热水需要；在夏季用发电的余热产生冷量，用于空调的降温和除湿。这样通过燃气或燃油同时解决建筑物内供电、供热和供冷的需要，所以称建筑热电冷三联供系统。

采用燃气或燃油发电，有几种不同形式，其发电效率、产热效率和所产生热量的承载形式也不同，从而决定能耗性能的差异。表 3-11 列出采用燃气为燃料的主要发电机形式和相关性能。

可能用于建筑热电冷三联供的燃气发电机形式和相关性能　　　表 3-11

发电机形式	单机发电容量（kW）	发电效率	烟气温度和热量	烟气过量空气系数	热水温度及热量
内燃机	70～3000	30%～40%	约400℃，25%	约1	约90℃，约25%
微燃机	25～500	20%～30%	约300℃，约60%	约2.5	—
斯特林机	25～300	20%～30%	约350℃，约30%	约1	约55℃，30%
SOFC燃料电池	10～50	40%～45%	700℃，约50%	约1	—

由于原动机形式的不同，热电冷三联供系统排热也具有不同的形式和温度。各种原动机排热温度的大致范围如图 3-15 所示。根据能量的梯级利用原则，在余热的利用方面一般采用如下方式：温度在 150℃ 以上的余热可用于驱动双效吸收式制冷机制冷，或者通过余热锅炉生产蒸汽，蒸汽驱动汽轮机组发电（燃气－蒸汽联合循环），然后再利用汽轮机的抽汽供热；温度在 80℃ 以上的余热可作为单效吸收式制冷机的驱动能源；温度在 60℃ 以上的余热可直接用于供热（采暖或生活热水），或作为除湿机的驱动能源；60℃ 以下的余热可利用热泵技术回收后用于供热，如采

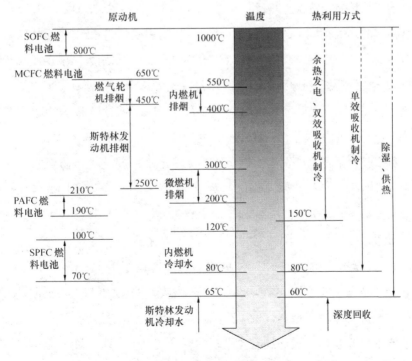

图 3-15　各种原动机排热温度范围及其利用方式

用热泵技术将烟气冷凝热回收。

BCHP 系统通过在烟气—水换热器，从排出的烟气中回收热量，水—水换热器从发动机的冷却水中回收热量。由于排出的烟气温度高，可以满足高温度热利用（例如制备 90℃的热水）的要求。烟气中热量的回收效率与利用热量的温度和烟气的过量空气系数有关。过量空气系数越大，排出的烟气量越大，热回收效率就越低。而发动机冷却水的温度不能太高，所以从内燃机的缸套冷却水中只能得到不超过 70~80℃的热量；从斯特林发动机的冷却水中，只能得到 40~50℃的热水。这样，当需要较高温的热量时，以热水形式产生的热量不易利用。

通常采用 BCHP 的余热制冷的方式是利用吸收式制冷机。可以把发动机的烟气直接通到专门的吸收式制冷机中，制取空调用冷冻水。此时，烟气中的热量转换为冷量的转换效率可达 1.2~1.3。然而发动机冷却水中的热量温度低，因此不易用来制冷。有些吸收机可以同时利用内燃机的烟气和缸套冷却水制冷，但此时的热转换系数只能达到 1.0 左右。斯特林发动机的缸套水就很难用来制冷。

采用 BCHP 系统同时提供电力和热量时，首先从燃气中提取高品位的电能，然后将其剩余的低品位能源转换为热量。与直接锅炉燃烧产热相比，能源利用率高。因此当全年有稳定的热负荷时，采用 BCHP 供电供热，是一种能源高效利用的方式。而采用发电后的余热制冷时，制冷效率 COP 仅为 1~1.3，采用大型电动压缩式制冷机，$COP=6$，也就是说一份电力可以制取六份冷量。这样，对于一个采用内燃机的热电冷联供系统而言，发电效率为 40%，产热量为 40%，产生冷量为 40%（$COP=1$），这部分冷量折合电力不到 7%（$COP=6$），总的等效发电效率不到 47%。目前，大型燃气—蒸汽联合循环电厂发电效率可以达到 55%，考虑电力的输配损失，到达用户末端后也可达到约 50%。因此，与大型燃气—蒸汽联合循环电厂及电动压缩制冷相比，采用大功率内燃机的"电冷联产"，其能源转换率并不高。

采用微燃机，即使发电效率为 30%，产热效率为 60%，制冷效率为 78%（$COP=1.3$），冷量折合电力为 13%，总的等效发电效率不到 43%，低于大型燃气—蒸汽联合循环电厂 50%的效率。因此，不能认为采用微燃机发电的"电冷联产"方式能源利用率高，大型燃气发电厂可以得到更高的能量转换效率。

采用建筑热电冷联产方式，还有发电机的容量问题。这时需要考虑是按照"以电定热"还是"以热定电"的方式运行。按照"以电定热"，就是根据电力的需求运行 BCHP 设备，如果产生的热量不能全部利用，就排放。由于这种设备单独发电时能源利用率很低，所以会造成大的能源浪费。"以热定电"是根据热量或冷量的需求运行 BCHP 设备，不造成热量的无效排放。除了某些生活热水负荷全年稳定（如医院、游泳池、旅馆）外，采暖负荷在冬季变化很大，夏季的冷负荷则变化更大，这样就导致"以热定电"的模式运行时，全年的设备有效运行小时数低，设备初投资回收慢。在一些电力供应不足，电价高的地区，经济利益就会促使运行者按照"以电定热"方式运行，当电价高时，尽管发电效率不高，但仍有经济利益，于是就形成"省钱不省能"的运行模式。从节约能源的大局看，这不是一种合理的运行方式，应该限制和避免。

综上所述，BCHP 的可应用性如下：

1) 当全年存在稳定的热负荷时，例如对于医院，旅馆，游泳池等建筑，采用 BCHP 发电和提供热量，可以获得很高的能源利用率，是应该提倡的节能技术。这时，当热负荷较大，而电负荷不高，按照热量的需要选择设备就可能造成发电量高于电负荷。应该通过适当的政策，允许发电上网，这是应该提倡和支持的有利于能源综合利用，节约能源的有效措施。

2) 当全年采暖时间超过 4 个月，夏季还有稳定的空调负荷时（例如大型超市，机场和车站），可以采用 BCHP 提供采暖空调的基础负荷，也就是仅提供最大热负荷的 1/3~1/2，最大冷负荷的 1/4~1/3。这样可使 BCHP 设备全年运行时间超过 50%。尽管与大型燃气发电厂比，夏季并不节能，但由于在冬季可获得较高的节能收益，总的来看，还可认为是一种节能措施。

3) 在其他情况下，尤其是以"电冷联产"为主，"热电联产"为辅时，BCHP 将比大型燃气发电厂消耗更多的燃气，不应该支持和推广，而应该限制。

3.4 热泵技术

热泵是通过动力驱动作功，从低温环境（热源）中取热，将其温度提升，再送到高温环境（热汇）中放热的装置，它可在夏季为空调提供冷源或在冬季为采暖提供热源。与直接燃烧燃料获取热量相比，热泵冬季运行时，在一定条件下可降低能源消耗。

热泵技术的核心问题是尽可能降低冬、夏季运行时热源与热汇之间的温差，然而采用同一热泵系统为建筑物提供空调冷源和采暖热源时，冬天取热的热源和夏季放热的热汇往往是同一环境（统称为热源）。因此，热泵的关键技术问题是：1）如何提高热泵装置的能源转换与对各种运行条件的适应性，以及冷热介质的输配效率；2）热泵在冬季从何种热源中能够有效地提取热量，并在夏季能向其有效地排放热量。可见，前者是热泵装置及其系统的优化设计问题，后者是热源的取热、放热特性问题。

热泵是利用自然界各种低品位热源的有效途径之一。根据热源类型可将热泵分为三大类：土壤源热泵、水源热泵和空气源热泵。其中，水源热泵又可根据水质不同分为地下水源、地表水（江、河、湖、海）源和城市原生污水源热泵。

近年来，我国经济飞速发展、城市化进程不断加快，节能减排压力随之增大。由于在一定条件下采用土壤源和水源热泵，只要设计、使用得当，将具有明显的节能效果，故得到了政府的高度关注。鉴于这些热泵系统方案的初投资往往高于传统解决方案，为弥补其经济性差的问题，也为鼓励该方式更多的被采用，一些地方政府相应出台了一些具体的鼓励和优惠政策来促进地源和水源热泵技术的应用和推广。

例如：由北京市发展和改革委员会等九部门联合颁发并于 2006 年 7 月 1 日开始执行的《关于发展热泵系统的指导意见》中明确表示要推动在建筑中优先采用热泵系统，并由市政府安排固定资产投资给予支持，或给予一次性补助，其补助标准为：地下（表）水源热泵 35 元/m^2，地源热泵和再生水源热泵 50 元/m^2；又如，《沈阳市地源热泵系统建设应用管理办法》已经于 2007 年 6 月 25 日在沈阳市人民政府第 7 次常务会议讨论通过，自 2007 年 8 月 1 日起施行，其中规定采用地源热泵系统的项目，享受市政府各项有关优惠政策；再如，重庆市被列为地表水热泵技术示范城市，"十一五"期间，每年拨 1000 万元专项资金支持利用长江、嘉陵江为水源的地表水源热泵系统，5 年内将建设 30 万 m^2 示范工程，采用江河水源热泵系统所增加的成本由国家财政、地方财政和项目业主按 7：2：1 的比例分担。还有很多地区和城市也制定了相应政策，鼓励推广土壤源、地下水源、地表水（江、河、湖、海）源和城市原生污水源热泵技术。在实际操作中，有些城市还甚至要求所有新建项目都必须采用某种指定类型的热泵系统，否则将不批准项目建设。

空气源热泵是目前应用最广的系统，鉴于其使用量巨大，提高其能效水平将是建筑节能的重要措施，故自2004年起，我国已颁布实施了房间空调器（GB 12021.3—2004）、单元式空调机（GB 19576—2004）、冷水机组（GB 19577—2004）的能效标准；数量日益增长的变频空调器和多联机等空气源热泵产品的能效标准也已形成报批稿，并即将颁布实施。国家发改委等部委正在加紧制定节能产品（性能超过节能评价值的产品）的鼓励政策，以退税等方式鼓励节能产品的生产和消费，这些政策的出台将有力推进空气源热泵产品的技术进步和节能减排工作进展。

然而，任何一类热泵系统都有其最佳的适用场合和条件，故我们必须以客观、科学、严谨的态度来选择热泵系统方案，否则将可能出现大量的高耗能系统，或无法保障制冷与制热效果导致二次改造，甚至造成环境破坏等严重问题。因此，我们倡导因地制宜地使用热泵，以推进热泵技术的科学发展，实现真正意义的节能减排。本节将根据各类热泵系统所关注的主要技术问题，分5小节分别探讨土壤源热泵、地下水水源热泵、地表水水源热泵和空气源热泵的应用进展和适用性问题，以及与热泵系统性能密切相关的末端装置和输配系统的设置问题。

3.4.1 土壤源热泵

(1) 土壤源热泵的原理

土壤源（地源）热泵，又称为地下耦合热泵系统（Ground-coupled heat pump systems）或者地下热交换器热泵系统（Ground heat exchanger），它通过中间介质（通常为水或者是加入防冻剂的水溶液）作为热载体，使中间介质在埋于土壤内部的封闭环路（土壤换热器）中循环流动，从而实现与土壤进行热交换的目的。

土壤换热器主要分为水平埋管和垂直埋管两种，埋管方式的选择主要取决于场地大小、当地岩土类型及挖掘成本。水平埋管如图3-16所示，通常设置在1~2m的地沟内。其特点是安装费用低、换热器的寿命较长，但占地面积大、水系统耗电大。垂直埋管如图3-17所示，垂直孔的深度大约在30~150m的范围。其特点是占地面积小，水系统耗电小，但钻井费用高。在竖直埋管换热器中，目前应用最为广泛的是单U型管。此外还有双U型管，即把两根U型管放到同一个垂直井孔中。同样条件下双U型管的换热能力比单U型管要高15%左右，可以减少总打井数。在人工费明显高于材料费的条件下应用较多。

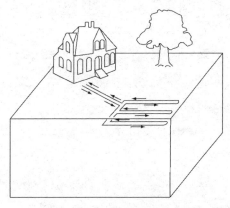

图 3-16　水平埋管土壤源热泵系统

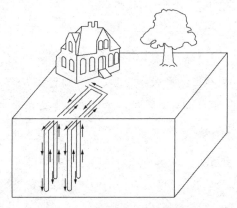

图 3-17　垂直埋管土壤源热泵系统

(2) 土壤源热泵的发展

土壤源热泵在欧洲发展已经有近 30 年的历史。土壤源热泵在瑞典、瑞士、奥地利和德国等国家主要是以解决采暖问题为目标发展起来的。这些国家的居住建筑以独栋别墅为主要建筑形式，气候条件决定了其夏季很少需要供冷，但冬季必须采暖。由于这些国家以水电与核电为主要能源，因此传统上普遍采用直接电采暖。之所以发展出以垂直地埋管为主的土壤源热泵技术，是因为土壤源热泵的 COP 必然大于或等于 1，因此同直接电采暖方案相比，土壤源热泵采暖更加节能、省钱。垂直埋管土壤源比空气源（包括机械排风热源）热泵和水平埋管土壤源方案可以实现更高的系统 COP 和 EER。而中欧地区的别墅建筑以热负荷为主兼有少量冷负荷，采用垂直埋管技术可以在保证高效（COP）采暖的条件下在夏季可以实现供冷。然而对于我国大量出现的高密度负荷的建筑采用垂直埋管技术时，应考虑井群效应的影响，为了平衡地下土壤的冷热量并减少打孔埋管的初投资，保证埋管换热器接近满负荷的连续运行，常采用混合系统，即让热泵的埋管换热器承担基载，由冷却塔和燃气锅炉调峰。

尽管与直接电采暖以及其他热泵方式相比，土壤源热泵技术更加节能，而且低密度建筑的特点使得每栋建筑有足够的可利用的土壤面积，但毕竟有限体积土壤的供热能力有限。因此，在欧洲此类项目的总供热量一般不超过 350kW。

近 3 年来地源热泵技术中的垂直埋管土壤源热泵系统作为空调冷热源的解决方案在我国许多的项目中得到了应用，主要应用领域是住宅类的高档公寓、酒店和轻型商用建筑，装机容量普遍在 1MW 以上，个别项目甚至达到了 9MW，有些项目采用了垂直埋管结合水平埋管、垂直埋管结合冰蓄冷等多种冷热源组合的形式。

(3) 目前在我国工程应用中遇到的问题与原因

目前在我国地源热泵工程中出现的问题，一是系统不能正常运行，二是实际应用并没有达到预期的节能效果。例如，中国地源热泵网 2007 年 12 月 27 日的一篇正面宣传全国最大的土壤源热泵供暖城市的报道称，市内一家医院以地源热泵供暖替代电锅炉供暖后，每年电费支出从 120 万元降至 80 万元以下。众所周知，电锅炉是能耗最高的一种采暖形式，也就是说，该项目采用土壤源热泵供暖比电锅炉只节能 1/3，折算 COP 不高于 1.5，能耗远远高于燃煤、燃油或者燃气采暖。另外还有大量的项目出现热泵机组频繁停机保护、系统不能正常运行的问题，而且此类问题多发生在较大规模的土壤源热泵系统（2 MW 以上）中。

这些问题主要出自于设计和施工问题。设计方面主要是对地下换热器的设计不正确关键。绝大部分的工程设计均不是采用动态模拟软件来计算设计埋管长度，而是采用施工前打实验井测试单位长度埋管的冷却/加热能力，测试时间最多维持数日，然后用峰值冷负荷/热负荷导出的峰值排热/吸热量除以测得的单位长度埋管的冷却/加热能力，取二者较大值加上 10% 的安全裕量就作为设计埋管长度。此外，在设计的时候不注意考虑全年冷热平衡问题，因此在大面积埋管的大型工程中往往导致地下换热器系统的实际换热能力与装机容量、建筑物排入土壤的瞬时冷/热负荷（kW）和积累量（kWh）不匹配，使得地温逐年升高或者下降，系统的供热供冷能力逐年下降。这类问题在潜层地下水流速偏低的地区、埋管数量大的、冷热负荷差别大的项目中尤其突出。另外，施工前期测试方法不正确，测得的原始地温与土壤层导热系数不准确，也是导致设计埋管长度不合理的重要原因之一。

目前普遍存在的施工问题是专业的垂直埋管地下换热器系统施工队伍数量不足，不正当施工导致地下埋管漏水成为废管，不恰当的回填料、无法实现反浆回填、不设置间隔卡子或卡子不能正常工作等导致单位长度埋管的换热能力远低于预期值，导致系统无法正常运行。

(4) 土壤源热泵应用中的一些争议性问题

目前在我国，土壤源热泵往往被看作是从发达国家引进的一种无可争议的节能技术，甚至被看作是一种高效获取可再生能源的方法而被应用到各种重要工程项目中作为"亮点",但事实并非如此。

首先,任何一种技术节能与否都不可能脱离具体的应用条件,只能在一定的条件下才可能是节能的。在我国,电主要来自于燃煤发电厂,任何一种消耗电能来获取热量的技术只要 COP 不超过 3,它就不是节能的,而是高能耗的。如果实际应用中,不能保证土壤源热泵系统的 COP 超过 3,如前面提到的医院的例子,就不应该采用,更不应该推广。

其次,在西方国家,由于埋管需要土地面积,因此土壤源热泵系统很少用于 350 kW 以上的项目。尤其是冷热不平衡的项目,单个系统的规模更加受到限制。因此在欧美国家,土壤源热泵系统多用于低容积率、低负荷密度的建筑,单个系统垂直埋管数量多数不超过 120 根。即便是较大规模的建筑群,也一定要分成多个系统,每个系统的埋管位置尽可能分散。而目前在我国,土壤源热泵被大量用于高容积率的住宅小区以及高负荷密度的公共建筑,单个系统规模基本都超过 1MW。由于可利用土地面积有限,井孔不得不密集布置,严重制约了地层的热恢复能力,使得系统的实际供热供冷能力低于期望值。

第三,由于采用土壤源热泵系统往往需要促成集中供热供冷系统,因此不适用于我国的集合住宅建筑。由于住宅建筑的冷热负荷明显属于间歇性的负荷,特别是冷负荷的间歇特征尤为显著,但只要有少数居民在家,系统就必须供冷或供热,而连续供热供冷必然导致大量额外的水泵和风机电耗,并增加了建筑的实际耗冷量或耗热量。一些新建的高档住宅采用了很好的保温把尖峰冷热负荷(W/m^2)给降下来了,但由于连续供冷供热又延长了工作时间,导致实际的耗冷量和耗热量增加,单位建筑面积年耗电量[$kWh/(m^2 \cdot 年)$]甚至比保温性能差的低档住宅更高。很多设备制造商以地源热泵机组的 COP 为 3~5 的概念来强调其节能,却回避了考虑风机、水泵等输配系统能耗在内的系统 COP 偏低的事实,是值得警惕的。

可以确认的是,土壤源热泵系统既不适用于高负荷密度的、大型的公共建筑,也不适用于集合住宅小区,只适用于低密度的独栋住宅,以及有足够场地的小型公共建筑。另外还需要注意的是,由于埋管内的平均水温与管壁周围地温之间的温差往往达到 8℃ 以上,与地下水温相差甚远。如果周围存在温度比埋管水温更适合的冷热源,就不应该勉强使用地源热泵,比如夏季用地源热泵制造生活热水,在冬季用地源热泵为建筑内区供冷都是不好的方案。某些工程中由于埋管数量受限,导致夏季相当长的时间管内水温达到30℃以上，跟冷却塔没有区别，这样的项目是没有意义的，只是白白增加了初投资。

(5) 我国目前在土壤源热泵工程应用中应该注意哪些问题

1) 必须采用成熟的模拟软件进行埋管换热器设计计算

目前多数设计者采用打试验井进行排热和吸热实验的方法来获得单位长度埋管的换热能力，以此确定总埋管长度的方法是错误的。由于做实验的时候地层处于原始温度，此时测得的无论是排热还是吸热的能力都是偏大的。一般建筑项目的供冷或供热峰值都发生在供冷或供热进行了几个月后。供冷期管壁周围的地温会比原始地温高，而在供暖期管壁周围的地温会比原始地温低，所以在供冷和供热高峰期换热管的单位长度排热/吸热能力都大大降低了。采用这种设计方法，最后会导致机组出力不足且电耗增加。

由于埋管的换热能力与前期吸排热的积累量密切相关，国内外已开发了一些成熟的埋管换热器设计计算软件，可以避免盲目粗略估算带来的失误。这些软件可以根据当地的埋管形式、地下岩土的热物性、地下原始温度和建筑的动态冷热负荷的情况作详细的计算，从而来确定适合的埋管长度。工程前期打试验井孔的目的应是获取地层的导热系数、原始地温以及地下水流动的情况，为模拟计算提供正确的输入参数。而传统采用的只计算建筑物峰值冷热负荷的方法也不适用于地源热泵系统设计，必须通过建筑全年动态热模拟来获得全年冷热负荷。

2) 冷热平衡问题的解决方案

土壤源热泵应尽量应用于冷热负荷积累量平衡的项目，如在夏热冬冷地区应用的平衡性比较好，在严寒地区或者夏热冬暖地区应用的效果就比较差。但在实际应用中经常会出现不平衡的问题，因此需要采取一定的措施避免系统出现问题。除了在选型时应保证具有正确可靠的技术数据和成熟的设计计算方法以外，还可以采用混合系统，保证地下换热器部分能够达到冷热平衡，不平衡部分由增设的冷却塔排除多余的热量，或采用辅助锅炉、太阳能热水系统等方法补充。在运行过程中，实时计量进入地下的热量和取出的热量，及时利用上述补充手段进行调控，以保证排入地下的冷热量尽量平衡。

对于我国严寒和寒冷地区不得不采用不平衡系统的情况，应该保证换热器彼此平均间距在25m以上，故适用于超低容积率的、独栋小负荷建筑群（如别墅、边远山区加油站）或独立建筑。

3）回填方法

回填是施工过程中影响最终质量的关键。目前，我国绝大多数土壤源热泵工程在下管之后采用的是从上往下灌入回填料的方式。这种方式很可能导致回填料中存在气隙而降低了回填料的实际导热系数，使得换热管的传热能力下降。最好的施工方法是采用反浆回填（backfilling）方法。这是一种用高压泵把回填料压入伸到井底的管子中，使回填料从井底向上溢上来的方法，避免回填料中存在气隙。最后，引导管留在井中。但这种方法的成本要高于普通的从上往下的回填方法。

4）供冷期回填料导热系数下降

值得注意的是在采暖期间，用于埋管内媒介的温度低，管壁周围回填料的湿度比较高，导热系数与实验值基本一致甚至大一些。但在夏季供冷期，如果埋管内媒介的温度过高，就会导致管壁周围回填料中的水分蒸发干裂，导热系数显著下降，换热管的换热能力下降10%～20%，甚至更多。因此在冷负荷比较大的情况下，首先要避免夏季埋管内媒介的温度过高，最好不要超过30℃。其次，在设计计算时，要充分预估供冷期回填料导热系数下降的量，在换热管长的确定上留有足够的裕量。

5）适当的项目规模

表3-12给出了不同类型热泵技术的推荐适用规模，其中垂直埋管土壤源热泵最适合的规模是350kW以下。

各种形式的热泵技术在我国应用的推荐适用规模　　　　表3-12

装机容量（kW）	1～10	10～100	100～1000	>1000
水平埋管	▨	▨		
桩基埋管	▨	▨		
垂直埋管		▨	▨	
沉浸管（湖水）		▨	▨	
地下水水源			▨	▨
地表水水源			▨	▨

6）必须进行跟踪总结

由于土壤源热泵的全年运行能耗和效率与建筑的负荷情况、地埋换热器的情况关系密切,从欧洲大量的土壤源热泵系统长期运行数据来看,系统供热的季节能效比在2.3~2.7,远低于机组自身的额定能效比。因此,对于土壤源热泵的节能效果,应该以我国目前运行的土壤源热泵的长期系统能效测试结果为准,而不应该仅以热泵机组额定工况的性能进行估算。另一方面,目前我国土壤源热泵设计时的单位长度(或深度)的换热量通常大于欧美的实际系统,而井间距却偏小,这也是我们在推广土壤源热泵时需要详细计算并对实际系统进行长期跟踪测试、总结经验教训的重要原因。

3.4.2 地下水水源热泵

地下水水源热泵系统是指抽取浅层地下水(100m以内),经过热泵提取热量或冷量,使水温降低(提取热量时)或升高(提取冷量时),再将其回灌到地下的热泵系统形式。此时,地下水水源热泵的另一端即可产生可供采暖的热水或可供空调的冷水,用于为建筑物提供采暖用热源和空调用冷源。

(1) 地下水水源热泵的发展状况

地下水水源热泵机组自20世纪广泛应用于国内空调工程领域以来,已成为华北和中原地区空调系统的一大热点。据不完全统计,2006年全国地源和地下水水源热泵机组总销量已达1000台(多为地下水水源热泵),2007年也保持了强劲的增长势头。全国在应用地源或水源热泵系统的建筑中,地下水水源热泵约占全部的45%,是比例最高的一种系统形式。

调查数据显示,地下水水源热泵系统近几年来在山东、河南、湖北、辽宁、北京及河北等地,已有数百个工程在实际应用。沈阳市对地源热泵技术的应用始于1997年,是全国地下水水源热泵应用最早的城市之一,到目前为止,沈阳市已有近300万m^2的各类建筑利用地下水源和土壤源热泵系统供暖(冷),其中地下水水源热泵技术使用最多,占到97%以上。在河南省,2007年公布的财政部、建设部支持的可再生能源建筑应用示范项目全部采用地下水水源热泵的形式。

(2) 工程应用中遇到的问题

总体来看,地下水水源热泵系统近期出现了大范围的应用,这是否意味着我国的地下水水源热泵技术已经发展成熟,工程应用中遇到的问题都已解决了呢?答案是否定的。

1）地下水的开采问题

水源的探测开采技术及其开采成本制约着水源热泵的应用。首先，在不同地区不同需求条件下，地下水水源热泵投资的经济性会有所不同，地下水的开采利用要符合《中华人民共和国水法》及各个城市制订的《城市用水管理条例》，这些法规强调用水要经过审批并收费，这直接影响水源热泵的经济性。其次，地下水水质直接影响地下水水源热泵机组的使用寿命和制冷制热效率，对地下水水质的基本要求是澄清、水质稳定、不腐蚀、不滋生微生物或生物、不结垢等。最后，过度的地下水开采可能导致地面下陷等严重问题。这些问题都是采用地下水水源热泵系统中首先必须谨慎考虑的问题。

2）地下水的回灌问题

地下水水源热泵的主要问题是提取了热量/冷量的水向地下的回灌。必须保证把水最终全部回灌到原来取水的地下含水层，才能不影响地下水资源状况。把用过的水从地表排掉或排到其他浅层，都将破坏地下水状况，造成对水资源的破坏。此外，还要设法避免灌到地下的水很快被重新抽回，否则水温就会越来越低（冬季）或越来越高（夏季），使系统性能恶化。

地下水的回灌方式目前普遍采用的有同井回灌和异井回灌两种技术。所谓同井回灌，是利用一口井，在深处含水层取水，浅处的另一个含水层回灌。回灌的水依靠两个含水层间的压差，经过渗透，穿过两个含水层间的固体介质，返回到取水层。在渗透过程中，水与固体介质（土壤，沙石）换热，恢复到原来的温度，然后再次利用，反复循环。这样的方式一般能实现较好的回灌，但回灌水的温度是否能够恢复，系统取水温度是否会越来越低（冬季），取决于地下水文地质状况。当取水层和回灌层之间渗透能力过大，水短路流过，温度不能恢复时，系统性能就会在运行过程中逐渐恶化。当打井处存在很好的地下水流动时，就不是靠回灌层的渗透补充取水层水量，而是靠上游流过的地下水。这样就不存在水的短路和性能逐渐恶化的问题。但是如果在下游不远处又设取水井，就会出现上游影响下游的问题。

异井回灌是在与取水井有一定距离处单独设回灌井。把提取了热量/冷量的水加压回灌，一般是回灌到同一层，以维持地下水状况。有时，取水井和回灌井定期交换，以保证有效的取水和回灌。这种方式可行与否也取决于地下水文地质状况。当地下含水层的渗透能力不足时，回灌很难实现。而不能有效回灌就只好向地表排放，导致水资源的浪费。所以只有当地下含水层存在回灌的可能时，才能够采用这种方式。同样，当地下含水层内存在良好的地下水流动时，从上游取水，下游回灌，会得到很好的性能，但此时在回灌的下游再设取水井，有时就会由于短路而使性能恶化。两种回灌方式如图 3-18 所示。

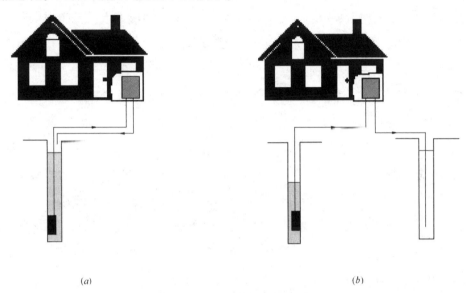

图 3-18　同井回灌和异井回灌示意图

(a) 同井回灌；(b) 异井回灌

此外，为了防止地下水资源受到污染，要严格控制人工回灌水质。目前还没有完善的国家回灌水水质标准，而各地区水资源管理部门所提出的要求也各不相同。从设备本身来看，地下水源热泵主要是利用地下水的冷量和热量，而且水系统是封闭循环，对地下水水质几乎没有影响，主要的污染可能来自于水质的加药处理过程，因此，地下水水源热泵系统对于水系统的加药处理提出了新的要求。

3) 投资的经济性和运行的经济性问题

在设计适当，地理条件适当时，地下水水源热泵冬季消耗 1kW 电可得到 4kW 左右的热量，其中 3kW 的热量来自水源；夏季消耗 1kW 电可得到 5kW 左右的冷量，能源利用效率为电加热器的 3~4 倍以上。这是否意味着地下水水源热泵系统具有很高的能效，应该大力推广呢？实际上，地下水提取/回灌过程水泵能耗以及当地地下水使用成本是地下水水源热泵系统中影响系统总能效与经济性的两个最为重要的因素，设计中应该根据当地实际情况考虑。

(3) 地下水水源热泵的适应性评价

面对上述问题，在应用地下水水源热泵前，必须因地制宜、科学地对地下水水源热泵在当地的适用性进行评价。

1) 地下水属优质淡水资源，大规模、过量开采利用地下水，可能产生地质环境问题和地质灾害，破坏地下水环境和生态环境等，其影响久远，一旦出现地质环境问题，则是无法弥补的。应该因地制宜地发展地下水水源热泵系统，地下水的回灌是必须采取的方式。总之，应该对该类系统采取谨慎开发的态度，城市范围内的大规模建设地下水水源热泵项目更是不适宜的。

2) 能否有效取水和有效回灌取决于地下地质结构。就两种回灌方式来说，完成同一个中央地下水水源热泵空调系统，用于成井费用异井回灌法的工程量要多于同井回灌法约20%。因此，异井回灌法的总费用高出同井回灌法约20%。总体而言，同井回灌法主要适宜在砂性土含水层，渗透系数小的场地应用，且具有井数少、占地少、水温恢复快、水温变化小等诸多优点；而对于卵石土含水层的城市，则以异井回灌法比较适宜。

3) 全面考察水源热泵系统的技术经济性。一方面，要考虑采用地下水水源热泵系统形式造成的地下水提取/回灌能耗增加对整体系统性能的影响，并且要以一次能源消耗为比较的基准，而不是电耗；另一方面，地下水水源热泵的逐年性能衰减必须纳入技术经济性评价的内容。

3.4.3 地表水源热泵

地表水是暴露在地表面的江、河、湖、海水体的总称，在地表水源热泵系统中使用的地表水源主要是指流经城市的江河水、城市附近的湖泊水和沿海城市的海水。地表水源热泵以这些地表水为热泵装置的热源，冬天从中取热向建筑物供热，夏季以地表水源作为冷却水使用向建筑物供冷。

地表水源热泵系统可采用开式循环或闭路循环两种形式，参见图3-19。开式循环是用水泵抽取地表水在热泵的换热器中换热后再排入水体，但在水质较差时换热器中易产生污垢，降低换热效果，严重时甚至影响系统的正常运行；因而地表水热泵系统一般采用闭路循环，即把多组塑料盘管沉入水体中，或通过特殊换热器与水体进行换热，通过二次介质将水体的热量输送至热泵换热器，从而避免因水质不良引起的热泵换热器的结垢和腐蚀问题。

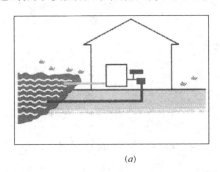
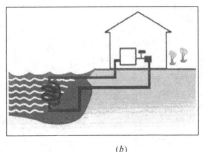

(a)   (b)

图 3-19 地表水/污水的开式与闭式循环系统示意图
(a) 开式循环；(b) 闭式循环

(1) 地表水源热泵的发展状况

我国地表水源热泵主要应用在大型商用建筑，个别应用于住宅类高档公寓式建筑的供暖，为提高热泵系统的全年利用率常常也兼作供冷系统的冷源。据统计，到 2007 年为止，在应用土壤源、水源热泵系统的建筑中，地表水（包括污水源）热泵系统占有市场分额约 20%，且其装机容量大多在 1MW 到 10MW 之间，个别海水源热泵项目的装机容量超过 20MW，有些地表水源热泵系统在城市级示范工程中单体规模大至 80 万 m^2。这些系统能否达到预期的节能减排效果，还有待进一步的观测。

(2) 工程应用中遇到的问题

以地表水为热源的热泵系统从原理上看是可行的，但在实际工程中，主要存在冬季供热的可行性，夏季供冷的经济性，以及长途取水与送水的经济性三个主要问题，并在技术上还需要解决水源导致换热装置结垢、腐蚀从而引起换热性能恶化和设备的安全性问题。

1) 冬季供热的可行性问题

我国大多数天然水体在冬季最冷时段的温度大都在 2~5 ℃之间，热泵机组低蒸发温度运行，COP 可能降低至 3.0 以下；受冰点的限制，地表水仅有 1~3 ℃的可用温差，这将会导致供热不足或地表水需求流量和换热器面积成倍增大，工程投资和水泵耗能也成倍加大。因此冬季从地表水中提取温差显热已不再具有工程上的可行性；对于采用浅水池或湖泊（4.5~6m）的水体作为热源时，由于水体的散热量一般不超过13W/m²，这就意味着1m²办公楼面积就要对应5~8m²的地表水表面积，若选用大面积的人工湖，则无论在土地资源还是投资造价方面都缺乏可行性。

2）夏季供冷的经济性问题

夏季采用地表水源作为空调制冷的冷却水时，必须与冷却塔进行比较。有些浅层湖水温度可能会高于当时空气的湿球温度，从湖水中取水的循环输送水泵能耗有可能远远高于冷却塔，此时不如继续采用冷却塔，只是冬季从水中取热。另一方面，对于住宅建筑而言，采用大容量地表水源热泵供冷时，长距离输送冷水，导致冷量损失大，大流量小温差运行必将导致冷水输配系统耗电量大，运行费用高，远不及采用分散独立的供冷方案，且随着项目装机容量的增大问题就越严重。因此，是否采用同样设备在夏季进行空调供冷，需要从经济性和节能性进行多方面论证。

3）长途取水、送水的经济性问题

无论是采用开式还是闭式地表水循环系统，都必须考虑循环水泵的能耗问题。一般而言，地表水源都不是位于被服务的建筑小区附近，同时水源水位又往往低于地平线，因此采用开式地表水循环系统时，循环水泵需要克服提升水位和沿程阻力，往往需要消耗很大的动力，从而导致整体能耗品质的恶化。为减少提升水位的泵耗，可能的做法是在低于水位的位置设地下机房，直接安装热泵机组，这样循环水泵只克服管道和设备的压降，不造成过大的能源消耗，但这将导致基建费用的大规模增加，机房工程和取水点工程的投资都会大幅度增加。此外，热泵产生的热水冷水循环的温差都不会太大，这也造成热水冷水循环泵耗能较高。综合冷热源两侧的泵耗，累计电耗有可能超过热泵机组电耗的40%，这就使得综合的系统性能指标远远低于热泵机组的5.5。因此必须充分注意热泵两侧水泵的电耗，避免水泵电耗过高导致工程失去节能的优越性。

4）换热性能恶化和设备的安全性问题

地表水的水质比传统空调用水要差得多，水体污染物极易堵塞、腐蚀换热器或管道设备。对于海水源而言，盐分、海洋生物、泥沙等造成管道和换热器腐蚀、阻塞；对于江、河、湖/污水源而言，泥沙、固态污杂物等的过滤、清洗与除藻技术等都是目前面临的主要问题。因此，迫切需要实现地表水/污水热泵机组和其他主要设备的国产化问题。

此外,目前还缺乏地表水的水温、水位、水质等基础资料和深入的环境影响评价环节,可能影响地表水的取水和排水口的选择,影响设备的寿命和性能,还可能给水体带来热污染。

(3) 地表水源热泵的适应性评价

正因为工程应用中常常遇到上述问题,故必须因地制宜地、科学地评价地表水源热泵的适用性问题,为系统方案的选择提供依据。

1) 选用地表水源热泵方案时,必须要有适宜的水源,并进行深入的环境影响评价;必须明确水源的水质,选取合理的热泵机组和相应设备,达到技术上的可行;必须对水源供给的连续性进行评估,防止枯水季节热泵不能运行,防止备用系统的重新投入。

2) 必须根据水文、气象资料和建筑负荷特点,分析采用冬季供热的可行性、夏季供冷的经济性以及长途取水、送水的经济性问题,装机容量不宜大于5MW,特别要避免超大容量的地表水源热泵工程。由于大规模建筑将导致水源循环泵和用户侧冷/热水循环泵的能耗增大,当两部分泵的累计耗电量超过整个热泵系统的40%时,则不宜采用该类热泵系统,以避免水泵耗电量过高导致工程的失败。

3) 必须进行投资回收期经济性分析,与常规分散独立的供冷/热方案进行比较,当投资回收期超过10年时,需慎用地表水源热泵系统。

目前,我国利用各类地表水作为水源热泵水源的成功运行工程实例还很少,需要通过一些实际工程的运行积累经验,明确问题,寻找解决方案,切不可在没有取得足够的经验时,就蜂拥而上,造成不必要的损失。

另外,城市污水渠中的原生污水冬季温度相对较高,夏季温度相对较低,是热泵应用的理想热源,采用这种热源的热泵称为污水源热泵。由于城市污水中的固体污杂物含量为0.2%~0.4%左右,处理这些污杂物的影响是污水源热泵的核心问题。我国在污水源热泵技术上已得到突破性进展,成功地开发出"滤面的水力连续自清装置",解决了换热器防阻塞问题,采用该技术的工程已经应用于哈尔滨、北京等地的一些公共建筑中,并在不断积累可靠性、易维护性能方面的工程经验。在选择使用污水源热泵系统时,除必须考虑与地表水源热泵相同的问题外,还需注意热泵的容量规模不宜过大,必须考虑排污温度变化对污水处理的影响,必须协调冬季利用污水源热泵导致污水温度降低与污水在污水处理厂可能出现的加热处理之间的矛盾，否则将违背采用污水源热泵实现节能的初衷。

3.4.4 空气源热泵

空气源热泵是指通过空气换热器与室外空气换热制取冷量和热量的热泵系统形式，因此空气源热泵的一侧换热器必为空气—制冷剂换热器。

(1) 空气源热泵的发展状况

图 3-20 空气源热泵

与其他热泵相比，空气源热泵（如图 3-20 所示）的主要优点在于其热源获取的便利性。只要有适当的安装空间，并且该空间具有良好的获取室外空气的能力，该建筑便具备了安装空气源热泵系统的基本条件。

除多联机外，在建筑领域使用的空气源热泵大致有三种主要类型的产品：1) 大型空气源冷热水机组（空气—水热泵系统），该类空气源热泵机组的用户侧介质是水，与普通水冷冷水机组相同，特征在于能够在制冷季节提供空调冷水并在制热季节提供采暖热水；2) 房间空调器，这是一类结构最为简单且普及率最广的空气源热泵系统；3) 空气源热泵热水器，这是一种以空气作为热源的专门生产工艺或生活热水的热泵装置，近几年来得到快速发展。

(2) 工程应用中遇到的问题及技术层面的解决方法

小型空气源热泵（房间空调器）是住宅建筑良好的冷热源系统，但由于分散设置在建筑物的外立面上，影响建筑物的外部景观，所以大中型空气源热泵机组是商用建筑的冷热源系统的主要形式之一。尽管大中型空气源热泵机组的技术已经有很大的进展，但工程应用中还存在一些问题需进一步加以解决。

1) 价格高、单位体积制冷/热量小、能效比有待进一步提高。与水冷机组相比，空气源热泵需要采用空气—制冷剂换热器代替水冷机组中的水—制冷剂换热器，需要更大的换热面积和更多的换热材料来对抗换热热阻的增加，机组成本提高，其能效比也低于（扣除冷却水系统能耗后的）水冷机组；另外，换热器体积的增加将直接导致机组体积的增加，对于高层商业建筑，安装空间将成为限制。这些因素是大多数业主放弃选用空气源热泵系统作为冷热源系统的原因之一。

2）除霜可靠性有待提高。当空气源热泵用于冬季室外温度低于 0℃ 并具有高湿度的地区时，除霜问题成为限制其使用的一个重要因素。不恰当的机组设置将导致机组制热性能的下降甚至失效。

3）机组制热性能随室外温度降低急剧下降。原有的空气源热泵系统一般使用于长江流域，但随着使用范围的扩展，当其使用到黄河流域时，则出现了机组性能在冬季制热时性能继续下降的问题，使得冬季供热的可靠性难于保证。这成为限制空气源热泵系统在寒冷地区应用的一个主要原因。

概括起来，从技术层面讲，欲扩大空气源热泵系统的应用地域，则需要面对的核心技术主要包括"高效、除霜、低温"。只要解决好上述三个问题，空气源热泵的适用性将得到很大的提高。

(3) 空气源热泵的适应性评价

对于空气源热泵系统的适用性的评价，主要需考察的因素是夏季室外空气的温度和冬季室外空气的温度和湿度。

对于夏季室外温度过高的地区，譬如我国西北部的部分地区，室外温度很高，空气源热泵机组的制冷能效比很低；但这些地区由于室外相对湿度很低，此时选用水冷式、蒸发冷却式冷水机组或采用间接蒸发冷却的温湿度独立控制空调系统将获得更高的能效比。因此，热泵机组选用时，应考察当地的夏季最高室外温度情况，并合理地匹配机组容量。

对于冬季温度和湿度均较低的地区，空气源热泵的低温性能将是机组选型时主要考虑的因素，此时选用经低温改良技术的空气源热泵系统是一个可行的方案。而对于夏热冬冷地区，如我国华中沿海、沿江地区，采用空气源热泵时，则必须重点考察机组的除霜性能。

此外，从小区微气候角度考虑，空气源热泵系统的容量规模不宜过大，大规模设置机组将导致热泵机组附近的温度过度升高（制冷时）或降低（制热时），影响机组的整体能效。

最后，需要进一步说明的是：对于空气源热泵的评价应该从一个更为全面的角度出发，而不仅仅是从机组本身考虑，因为与其他水源或地源热泵系统相比，空气源热泵系统是一种自身携带制冷剂冷却系统的热泵系统。因此，必须将水源或地源热泵系统的冷却水系统的投资和能耗归入冷机中，即采用系统能效比进行方案比较，才能确定出最佳的冷热源形式。

3.4.5 热泵系统末端装置与输配系统的设置

热泵系统由热泵机组、热源与热汇介质输配系统、热源侧取热装置与室内末端装置五部分构成，因此热泵系统的性能取决于这五个部分的能效水平，必须采用系统COP（即$COPs$）来评价热泵系统的性能。目前，在热泵系统性能评价中，特别容易忽视室内末端装置和热源与热汇介质输配系统的配置问题，从而影响其评价结果的客观性。下面就这两个问题进行简要阐述。

（1）室内末端装置的设置

热泵机组的蒸发温度主要取决于热源温度，冷凝温度主要取决于热汇温度，减小二者之间的温差，有利于提高热泵机组的性能，因此热泵技术的核心问题是尽可能降低冬、夏季运行时热源与热汇之间的温差。热泵机组冬季运行的蒸发温度和夏季运行的冷凝温度主要受控于热源（土壤源、水源、空气源）温度，而机组冬季运行的冷凝温度和夏季运行的蒸发温度则取决于保证室内舒适性的温度要求。不同形式的室内末端所要求的冬、夏季供水温度也不同，将直接影响热泵机组的COP参数。

对于夏季供冷而言，采用常规空调形式时，室内水温必须要保证室内环境的除湿，故制取7～9℃的冷水是必要条件，此时采用常规风机盘管、空调箱等室内末端设备。

为保证冬季供热的室内舒适性，采用风机盘管和空调箱要求热水温度较高，热水温度一般为40～45℃；如果采用辐射地板采暖，33～38℃的热水温度则可达到相同的室内舒适性，而此时热泵机组的COP将大幅度提高；如果采用独立调节的水环热泵系统，则可根据各水环热泵的末端形式调节水温，既可满足室内的舒适性，又可尽可能地实现水环热泵的节能运行。

必须注意的是，无论采用何种末端装置采暖，过高温度的热水不仅会降低室内舒适性（出风温度过高或室内温度分布不匀），而且将导致热泵机组的COP大大降低（热水温度每升高 1℃，热泵机组的 COP 将降低约 2%～3%，出水 50℃的热泵机组的 COP 比出水 40℃时降低 20%～30%）。因此，对于采暖用热泵系统，不能盲目地倡导出水温度越高越好，应鼓励采用低温热水的末端设备，在满足室内舒适性的前提下，尽可能降低所需的热水温度，以提高热泵机组的效率。

(2) 输配系统的设置

如果热泵系统的热源侧与热汇侧介质（水）输配系统的能耗过大，必然导致热泵系统的 COP_s 大幅度降低，所以，在热泵系统设计中，必须科学论证输配系统的能耗比例。

降低输配系统能耗的主要措施是降低热泵机组两侧介质的输配流量和管网阻力。

1) 减小输配介质的进出口温差虽然可以提高热泵机组的性能，但输配系统的流量将增加，流量增加会导致泵耗呈 3 次方增加，故需要严格论证流量变化对热泵机组的节电量和输配系统的耗电量之间平衡问题，实现热泵系统的最佳 COP_s。

2) 降低管网阻力，可减小输配泵的扬程。管网阻力包括沿程阻力、局部阻力和水位提升高差三部分。因此，对于热源侧和热汇侧都必须防止远距离输配，并尽可能避免不必要的阀门等阻力部件，尽可能采用闭式系统以降低输配泵的扬程，降低泵耗。对于不同类型的热泵系统，需特别关注其热源侧的泵耗：地表水源热泵需降低水位提升高差，以采用闭式循环为宜；城市污水或中水源热泵需防止远距离输送水源；地下水源热泵有时需要采用加压回灌水泵，实际上是增加了局部阻力。

根据上述分析，在热泵系统方案选择时，必须综合考虑输配系统流量和扬程带来的泵耗增加，必须根据当地的地质、水文和气象条件，并与分散式空调热泵系统进行技术经济比较，以热泵两侧（水源）输配系统能耗小于热泵系统总能耗的 40%（空气源小于 20%）为判据，确定热泵系统的最佳形式、规模及其适应性。

3.5 室内热湿环境营造新技术

3.5.1 变制冷剂流量的多联机系统

多联式空调（热泵）系统（简称：多联机）具有室内机独立控制、扩展性好、占用安装空间小、可不设专用机房等突出优点,因此在有不同室温要求、室内机启停自由、分户计量、空调系统分期投资等个性化要求的建筑物中倍受青睐,目前已成为中、小型商用建筑中最为活跃的中央空调系统形式之一。

(1) 多联机系统设计合理时,具有良好的节能效果

多联机是一类以制冷压缩机为动力,将制冷剂送入室内换热器实现制冷或制热的直接蒸发式空调系统(参见图3-21),由于它没有其他载冷介质的输配能耗,且具有良好的变容量调节功能,故在系统设计合理时,具有良好的节能效果。

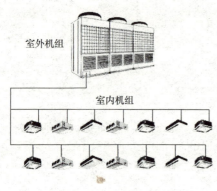

图3-21 多联机系统简图

目前我国采用R22为制冷剂的热泵型多联系统较多,其制冷运行额定能效比COP_0普遍位于2.26~3.40的范围,在系统设计合理的条件下,与其他类型的中央空调系统相比,具有较高的系统能效比,参见表3-13。

多联机与其他中央系统的运行性能比较　　　　表3-13

空调系统形式	机组的额定能效比 COP_0	系统能效比 COP_s	备　　注
多联机系统	多联机(现状): $COP_0=2.26\sim 3.40$	2.00~3.20	R22多联机制冷运行时的系统能效比COP_s每10m连接管的衰减率为2%~3%
风冷冷水机组+风机盘管系统	风冷冷水机组: $COP_0=2.40\sim 3.40$	1.92~2.52	冷冻泵与冷却泵的输配系数TDC约85W/1kW冷量,风机盘管风机的输配系数TDC约20W/kW;空调系统的系统能效比COP_s每10m连接管的衰减率为0.3%~0.8%
水冷冷水机组+风机盘管系统	水冷冷水机组: $COP_0=3.80\sim 6.10$	2.40~3.20	

数据来源:清华大学,华中科技大学.中国制冷空调工业协会专题研究项目:多联机空调系统适应性研究报告,2007。

多联机是在施工现场通过制冷剂连接管将室内、室外机组连接而成的制冷系统,其实际运行性能不仅与多联机组的设计水平、控制方式、制冷剂种类和室内外环境工况等因素有关,还很大程度地取决于室内外机组之间的相对位置、建筑物的负荷类型和系统容量规模等因素,而后者与多联机系统的工程设计和施工质量有关,故在多联机应用时必须引起高度重视。

(2) 多联机系统的节能设计措施

1) 避免室内外机组之间的连接管过长、上下高差过大

室内、外机组之间的连接管长度、高差和局部阻力等都直接影响多联机系统的运行性能。由于多联机系统的室外机组一般安装在建筑物的屋顶或裙房顶部，室内机组则分散在各楼层的房间内，且因其利用制冷剂输配能量，其运行性能受制冷剂连接管内制冷剂的重力（主要是液体管）和摩擦阻力（主要是气体管）的影响显著，使压缩机的吸气压力下降、过热度增加，均导致系统的性能衰减；室内机相互之间的高差还会影响室内机的调控效果。因此，系统设计时必须避免室内外机组之间的连接管过长、上下高差过大，同时需减少阀门、直角三通和曲率半径过小的弯头，以避免出现过大的局部阻力。

对于以 R22 为制冷剂的多联机系统而言，其适宜的安装位置是：室外机组与最远的室内机组之间的单程管长为 80m、室内外机组之间的最大高差为 30m、最高位与最低位室内机之间的高差小于 20m。在上述安装位置条件下，多联机系统的运行性能比其他中央空调系统性能更好。研究表明，吸气饱和温度每降低 1℃，系统的制冷量和 COP_s 降低约 3%～4%。

由于 R410A 制冷剂的黏性系数和运行压缩比均比 R22 小，其多联机系统的能效比相对于 R22 系统高 7%～10%，故上述几何尺寸范围均有所扩大，但因 R410A 多联机的工作压力高，所需管材和设备的成本将高于 R22 多联机。

2) 避免多联式容量过大

一些企业为宣传多联机的优越性，常常对多联机这样描述，即"多室外制冷压缩机的单一系统，可连接 64 台、128 台"、甚至"256 台室内机"、室内外机组之间的"配管最长可达 125m，室外机、室内机之间的高差可为 50m、室内机之间的高差可达 30m"、"总管长可达 1000m"。且不论为了实现这种大系统的可靠运行，特别是针对由于环境温度过低与管路过长带来的液体回流、液态制冷剂再闪发和回油困难等问题，需要增加一些辅助回路与附件，致使系统复杂，更重要的是将造成过多能量的消耗，而且系统难以稳定运行。

为什么多联机系统庞大会导致能耗增加呢？其一，由于机组容量增加，实现系统各部件的最优化匹配有难度，致使能耗增加。例如，日本规定多联式空调机组的额定制冷能效比 COP_0 为：额定制冷量小于 4kW 的为 4.12，大于 4kW 而小于

7kW 的为 3.23，小于等于 28kW 的为 3.07。这就说明多联机容量不宜过大的问题（彦启森．论多联式空调机组．暖通空调，2002，32（5）：2~4）；其二，由于管路过长，阻力损失大大增加，也将造成制冷压缩机能耗大为增加，各厂家对此均有说明，故不多述；其三，目前的大容量多联机系统几乎都是由一台变容量室外机组和多台定容量室外机组组合，通过集中的制冷剂输配管路与众多的室内机组构成庞大的单一制冷循环系统。多联机在部分负荷运行时，定容量室外机组停止运行，其对应的室外换热器不参与制冷循环，使得系统的部分负荷性能更接近定容量系统，削弱了变容量系统的部分负荷特征。

因此，对于目前的多联机系统而言，不宜将室外机组并联过多，额定制冷量以不大于 56kW 为好，且室外机应尽可能分散布置，防止室外机换热器进风短路，特别以单一变容量机组构成的系统运行性能最佳；如果改进多联机室外机组设计，使部分负荷运行时室外换热器也参与制冷循环，则有望使多联机系统的容量规模适当扩大。

3) 避免多联机应用于负荷分散的建筑物或功能区

部分负荷特性决定了多联机系统的运行性能。多联机系统在 40%~80% 负荷率范围内具有较高的 COP_s，且室内机同时使用率越高，系统的 COP_s 越高。因此，多联机不适用于负荷分散、室内机同时使用率低（即更适用于负荷变化较为均匀一致、室内机同时使用率高）的建筑物和功能区。研究表明，逐时负荷率（逐时负荷与设计负荷之比）为 40%~80%，所发生的小时数占总供冷时间的 60% 以上的建筑较适宜于使用多联机系统，此时系统具有较高的运行能效，而对于餐厅这类负荷变化剧烈（就餐时负荷集中，其他时间负荷很小）的建筑或功能区则不适宜采用多联机系统。

与此有关的另一个问题是，室外机的容量应根据多联机所服务的功能区，所有室内机逐时负荷的最大值来选择，而不是室内机总容量之和。如果室外机容量选择过大，多联机系统将长时间处于低负荷运行状态，导致系统能效比大大降低。图3-22 给出了一套室外机容量选择过大的多联机系统的实际运行性能测试结果（测量时间：2005 年 8 月 31 日~9 月 5 日，测量对象：日本横滨市某建筑 6 层的多联机系统）。从图中可以看出，在测量期间，系统负荷率为 40% 以下出现的概率（运行时间）占全部的 90% 左右，低负荷率运行导致性能降低，系统 COP_s 远低于额

定 COP_0，使得系统在 5 天内的总平均能效比很低，大约只有 1.90（数据来源：市川徹，野部達夫. 多联机系统在线性能评价方法研究. 中国制冷学会 2007 学术年会，杭州，2007 年 11 月 4～7 日）。

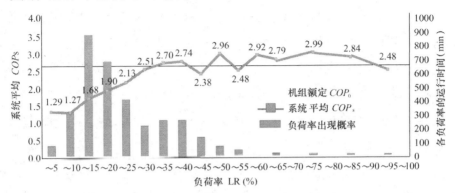

图 3-22 多联机系统的实际运行性能

（3）小结

多联机系统具有室内机独立控制、扩展性好、占用安装空间小、良好的容量调节功能等优势，在系统设计、安装合理时是一类节能空调系统。然而，目前存在有盲目使用多联机的现象，致使多联机系统的性能未达到其预想效果。

为保证多联机系统高效、节能运行，系统设计时必须避免"高"、"大"、"长"、"散"，倡导"低"、"小"、"短"、"匀"。即避免室内外机组之间的高差过大，倡导一套系统的室内机尽可能跨越较少的楼层，室内外机组之间的高差小于 30m，室内机之间的最大高差小于 20m；避免单一系统容量规模过大，倡导系统容量最好小于 56kW；避免系统输配管路过长，倡导室内外机组最大长度小于 80m；避免多联机在同时使用率低、室内负荷分散的建筑或区域中使用，倡导其应用于室内机同时使用率高、负荷变化均匀的建筑物或区域，且室外机组容量必须按所服务区域的逐时负荷选取。

遵循上述原则设计安装系统，并逐步改善机组的设计水平，多联机空调系统将有效地发挥其节能优势。

3.5.2 温湿度独立控制空调系统

目前，空调方式均通过空气冷却器同时对空气进行冷却和冷凝除湿，产生冷却干燥的送风，实现排热排湿的目的。这种热湿联合处理的空调方式存在如下问题：

1）热湿联合处理所造成的能源浪费。排除余湿要求冷源温度低于室内空气的露点温度，而排除余热仅要求冷源温度低于室温。占总负荷一半以上的显热负荷本可以采用高温冷源带走，却与除湿一起共用7℃的低温冷源进行处理，造成高品位能源被低品位利用。而且，经过冷凝除湿后的空气虽然湿度满足要求，但温度过低，有时还需要再热，造成了能源的进一步浪费。2）空气处理的显热潜热比难以与室内热湿比的变化相匹配。通过冷凝方式对空气进行冷却和除湿，其吸收的显热与潜热比只能在一定的范围内变化，而建筑物实际需要的热湿比却在较大的范围内变化。当不能同时满足温度和湿度的要求时，一般做法是牺牲对湿度的控制，通过仅满足温度的要求来妥协，造成室内相对湿度过高或过低的现象。其结果是不舒适，进而通过降低室温设定值来改善热舒适，增加不必要的能耗；相对湿度过低也将导致室内外焓差增加，使新风处理能耗增加。3）室内空气品质问题。冷凝除湿产生的潮湿表面成为霉菌繁殖的最好场所。空调系统繁殖和传播霉菌成为空调可能引起健康问题的主要原因。温湿度独立控制空调系统可能是解决目前空调系统上述各问题的有效途径。

空调系统承担着排除室内余热、余湿、CO_2与异味的任务。由于排除室内余热与排除CO_2、异味所需要的新风量与变化趋势一致，即可以通过新风同时满足排除余湿、CO_2与异味的要求，而排除室内余热的任务则通过其他的系统（独立的温度控制方式）实现。由于无需承担除湿的任务，因而较高温度的冷源即可实现排除余热的控制任务。温湿度独立控制空调系统中，采用温度与湿度两套独立的空调控制系统，分别控制、调节室内的温度与湿度，从而避免了常规空调系统中热湿联合处理所带来的损失。由于温度、湿度采用独立的控制系统，可以满足不同房间热湿比不断变化的要求，克服了常规空调系统中难以同时满足温、湿度参数的要求，避免了室内湿度过高（或过低）的现象。

室内环境控制系统优先考虑被动方式，尽量采用自然手段维持室内热舒适环境。过渡季可通过大换气量的自然通风来带走余热余湿，保证室内舒适的环境，缩短空调系统运行时间。当采用主动式时，温湿度独立控制空调系统的基本组成参见图3-23。高温冷源、余热消除末端装置组成了处理显热的空调系统，采用水作为输送媒介，其输送能耗仅是输送空气能耗的1/10～1/5。处理潜热（湿度）的系统由新风处理机组、送风末端装置组成，采用新风作为能量输送的媒介，同时满足室内空气品质的要求。

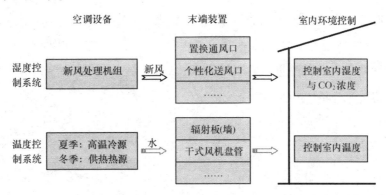

图 3-23 温湿度独立控制空调原理图

我国幅员辽阔，各地气候存在着显著差异，图 3-24（见书后彩页）给出了我国典型城市的最湿月平均含湿量的情况。以平均含湿量 12g/kg 为界（图中红线），可以分为西北干燥地区和东南潮湿地区。在西北干燥地区，室外空气比较干燥，空气处理过程的核心任务是对空气的降温处理过程。而在东南潮湿地区，室外空气非常潮湿，需要除湿之后才能送入室内，空气处理过程的核心任务是对新风的除湿处理过程。

由图 3-23 可以看出：温湿度独立控制系统的四个核心组成部件分别为：高温冷水机组（出水温度 18℃）、新风处理机组（制备干燥新风）、去除显热的室内末端装置、去除潜热的室内送风末端装置。下面分别介绍这四个核心部件以及在不同气候地区的推荐形式。

3.5.2.1 温度调节系统——高温冷源的制备

由于除湿的任务由处理潜热的系统承担，因而显热系统的冷水供水温度由常规空调系统中的 7℃ 提高到 18℃ 左右。此温度的冷水为天然冷源的使用提供了条件，如地下水、土壤源换热器等。在西北干燥地区，可以利用室外干燥空气（干空气能）通过直接蒸发或间接蒸发的方法获取 18℃ 冷水。在东南潮湿地区，即使没有地下水等自然冷源可供利用，需要通过机械制冷方式制备出 18℃ 冷水时，由于供水温度的提高，制冷机的性能系数也有明显提高。

（1）应用于西北干燥地区的间接蒸发冷水机组

间接蒸发冷水机组的原理如图 3-25 所示。状态为 O 的室外干燥空气进入空气冷却器 1，被从塔底部流出的冷水等湿冷却到 A 状态，之后进入塔的尾部喷淋区，

和 T 状态的冷水进行充分的热湿交换，之后沿近似等焓的过程到达 B，此时空气状态已接近饱和线，在排风机的作用下，空气进一步沿塔内填料层上升，上升过程与顶部喷淋水逆流接触，沿饱和线升至 C 后排出。在塔内的热湿交换过程同时产生 T 状态的冷水，一部分进入空气冷却器冷却进风，一部分输出到用户，两部分回水混合到塔部分喷淋产生冷水，完成水侧循环。

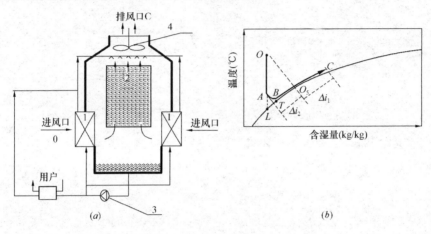

图 3-25 间接蒸发冷水机组流程图
(a) 间接蒸发冷水机组原理图；(b) 焓湿图表示产生冷水产生过程
1—空气—水逆流换热器；2—空气—水直接接触逆流
换热塔；3—循环水泵；4—风机

利用此间接蒸发冷水机组，在理想工况下，即各部件的换热面积无限大、且各部件风、水流量比满足匹配时，出水温度可无限接近进风的露点温度。而实际开发的机组，考虑到各部件的效率，实测冷水出水温度低于室外湿球温度，基本处在湿球温度和露点温度的平均值，参见图 3-26。由于间接蒸发冷水机组产生冷量的过程，只需花费风、水间接和直接接触换热过程所需风机和水泵的电耗，与常规机械压缩制冷方式相比，不使用压缩机，机组的性能系数 COP（设备获得冷量与风机、水泵电耗的比值）很高。在乌鲁木齐的气象条件下，实测机组 COP 约为 12～13。室外空气越干燥，获得冷水的温度越低，间接蒸发冷水机组的 COP 越高。

(2) 深井回灌供冷技术

10m 以下的地下水水温一般接近当地的年均温，如果当地的年均温低于 15℃，通过抽取深井水作为冷源，使用后再回灌到地下的方法就可以不使用制冷机而获得

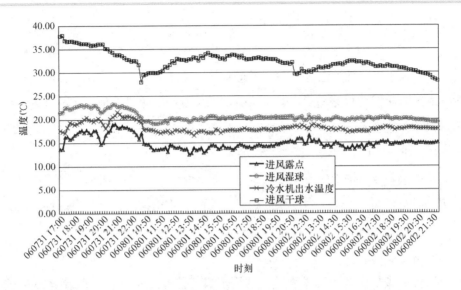

图 3-26 间接蒸发冷水机组出水温度测试结果

高温冷源。表 3-14 列出了我国主要城市的年平均温度。当采用这种方式时，一定要注意必须严格实行利用过的地下水的回灌，否则将造成巨大的地下水资源浪费。

我国主要城市年平均温度（℃）　　　　　　　　　　　表 3-14

城市名称	哈尔滨	长春	西宁	乌鲁木齐	呼和浩特	拉萨	沈阳	银川
年平均温度	3.6	4.9	5.7	5.7	5.8	7.5	7.8	8.5
城市名称	兰州	太原	北京	天津	石家庄	西安	郑州	济南
年平均温度	9.1	9.5	11.4	12.2	12.9	13.3	14.2	14.2
城市名称	洛阳	昆明	南京	贵阳	上海	合肥	成都	杭州
年平均温度	14.6	14.7	15.3	15.3	15.7	15.7	16.2	16.2
城市名称	武汉	长沙	南昌	重庆	福州	南宁	广州	海口
年平均温度	16.3	17.2	17.5	18.3	19.6	21.6	21.8	23.8

（3）通过土壤换热器获取高温冷水

可以直接利用土中埋管构成土壤源换热器，让水通过埋管与土壤换热，使水冷却到 18℃ 以下，使其成为吸收室内显热的冷源。土壤源换热器可以为垂直埋管方式，也可以是水平埋管方式。当采用垂直埋管时，埋管深度一般在 100m 左右，管与管间距在 5m 左右。当采用土壤源方式在夏季获取冷水时，一定注意要同时在冬季利用热泵从地下埋管中提取热量，以保证系统（土壤）全年的热平衡。否则长期抽取冷量就会使地下土壤逐年变热，最终不能使用。

当采用大量的垂直埋管时，土壤源换热器成为冬夏之间热量传递蓄热型换热器。此时夏季的冷却温度就不再与当地年平均气温有关，而是由冬夏的热量平衡和冬季取热蓄冷时的蓄冷温度决定。只要做到冬夏间的热量平衡，在南方地区也可以通过这一方式得到合适温度的冷水。

(4) 应用于东南潮湿地区的高温冷水机组

在无法利用地下水等天然冷源或冬蓄夏取技术获取冷水时，即使采用机械制冷方式，由于要求的水温高，制冷压缩机需要的压缩比很小，制冷机的性能系数也可以大幅度提高。如果将蒸发温度从常规冷水机组的 2~3℃ 提高到 14~16℃，当冷凝温度恒为 40℃ 时，卡诺制冷机的 COP 将从 7.2~7.5 提高到 11.0~12.0。对于现有的压缩式制冷机，怎样改进其结构形式，使其在小压缩比时能获得较高的效率，是对制冷机制造者提出的新课题。图 3-27 给出了海尔高温离心式冷水机组，该机组采用磁悬浮压缩机、无油润滑等技术。当冷冻水进、出水温度为 21/18℃、冷却水进、出水温度为 37/32℃ 时，其 $COP=8.3$，在部分负荷条件下或冷却水温度降低时，其性能则更为优越。

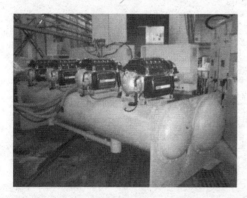

型 号	名义制冷量 (kW)	名义额定功率 (kW)
LSBLX360	886	107
LSBLX540	1329	160
LSBLX720	1772	213
LSBLX900	2215	266

注：冷冻水 21/18℃，冷却水 37/32℃。

图 3-27　高温离心式冷水机组

3.5.2.2　湿度调节系统——干燥新风的制备

对于我国西北干燥地区，室外新风的含湿量很低，新风处理机组的核心任务是实现对新风的降温处理。对于我国东南潮湿地区，室外新风的含湿量很高，新风处理机组的核心任务是实现对新风的除湿处理。

(1) 应用于西北干燥地区的蒸发冷却新风机

图 3-28 给出了一种间接蒸发冷却新风机的工作原理图。在此新风机组中，有两种不同形式的气流通道，一次空气（被处理新风）流道称为干通道，二次空气－水的通道称为湿通道。湿通道中二次气流与水进行直接蒸发冷却过程，产生的冷水通过通道壁面来冷却另一侧的一次空气，二次空气吸收一次空气热量后，由排风机排至室外。用被冷却后一次空气的一部分作为二次空气，这样可使得一次空气被冷却的温度更低，极限温度为新风的露点温度。由图 3-28 的新风测试结果可以看出，新风机组的送风温度已接近室外新风的湿球温度。

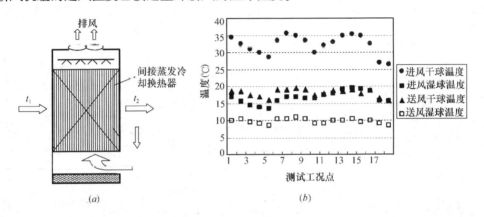

图 3-28 间接蒸发冷却新风机

(2) 应用于东南潮湿地区的溶液除湿新风机

在我国东南气候潮湿地区，对新风的除湿处理可采用溶液除湿、转轮除湿等方式。转轮的除湿过程接近等焓过程，除湿后的空气温度显著升高需要进一步通过高温冷源（18℃）冷却降温。但转轮除湿的运行能耗难以与冷凝除湿方式抗衡，转轮除湿机除掉的潜热量与耗热量之比一般难以超过 0.6。溶液除湿新风机组以吸湿溶液为介质，可采用热泵（电）或者热能作为其驱动能源。

热泵驱动的溶液除湿新风机组，夏季实现对新风的降温除湿处理功能，冬季实现对新风的加热加湿处理功能。图 3-29 为一种热泵驱动的溶液调湿新风机组流程图，它由两级全热回收模块和两级再生/除湿模块组成。热泵的蒸发器对除湿浓溶液进行冷却，以增强溶液除湿能力并吸收除湿过程中释放的潜热；热泵冷凝器的排热量用于溶液的浓缩再生。该新风机组冬夏的性能系数（新风获得冷/热量与压缩机和溶液泵耗电量之比）均超过 5，表 3-15 给出了新风机组的性能测试结果。

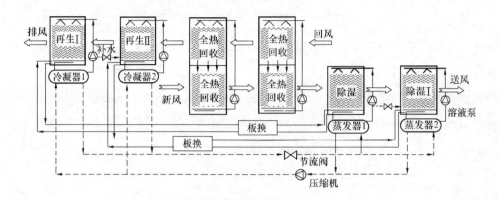

图 3-29 热泵驱动的溶液调湿新风机组流程图

热泵驱动的溶液调湿新风机组性能测试结果 表 3-15

	新风温度(℃)	新风含湿量(g/kg)	送风温度(℃)	送风含湿量(g/kg)	回风温度(℃)	回风含湿量(g/kg)	排风温度(℃)	排风含湿量(g/kg)	COP
除湿工况	36.0	24.6	17.3	8.6	26.0	12.2	39.1	37.3	5.0
全热回收工况	35.9	26.7	30.4	19.5	26.1	12.1	32.6	20.3	62.5%
加湿工况	6.4	2.1	22.5	7.2	20.5	4.0	7.0	2.7	6.2

溶液除湿新风机组还可采用太阳能、城市热网、工业废热等热源驱动（75℃）来再生溶液。图 3-30 给出了一种形式的溶液新风机组的工作原理，利用排风蒸发冷却的冷量通过水—溶液换热器来冷却下层新风通道内的溶液，从而提高溶液的除湿能力。室外新风依次经过除湿模块 A、B、C 被降温除湿后，继而进入回风模块 G 所冷却的空气—水换热器，被进一步降温后送入室内。该种形式的溶液除湿系统的性能系数（新风获得冷量/再生消耗热量）为 1.2~1.5。在余热驱动的溶液除湿系统中，一般采用分散除湿、集中再生的方式，将再生浓缩后的浓溶液分别输送到各个新风机中，参见图 3-31。在新风除湿机与再生器之间，要设置储液罐，除了起到存储溶液的作用外，还能实现高能力的能量蓄存功能（蓄能密度超过 500MJ/m³），从而缓解再生器对于持续热源的需求，也可降低整个溶液除湿空调系统的容量。余热驱动的溶液除湿空调系统可使我国北方大面积的城市热网在夏季也可实现高效运行，同时又减少电动空调用电量，缓解夏季用电紧张状况。

3.5 室内热湿环境营造新技术   153

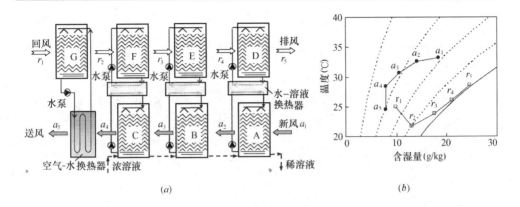

图 3-30 利用排风蒸发冷却的溶液除湿新风机组原理图（余热驱动）
(a) 原理图；(b) 空气状态变化

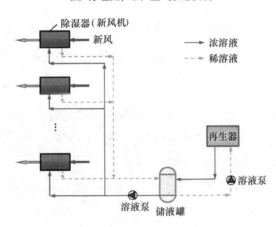

图 3-31 典型的余热驱动的溶液除湿空调系统

3.5.2.3 温度调节系统——室内末端装置

余热消除末端装置可以采用辐射板、干式风机盘管等多种形式，采用较高温度的冷源通过辐射、对流等多种方式实现，其装置参见图 3-32。由于冷水的供水温度高于室内空气的露点温度，因而不存在结露的危险。当室内设定温度为 25℃ 时，采用屋顶或垂直表面辐射方式，即使平均冷水温度为 20℃，单位面积辐射表面仍可排除显热 40W/m²，已基本可满足多数类型建筑排除围护结构和室内设备发热量的要求。此外，还可以采用干式风机盘管排除显热，由于不存在凝水问题，干式风机盘管可采用完全不同的结构和安装方式，这可使风机盘管成本和安装费用大幅度降低，并且不再占用吊顶空间。这种末端方式在冬季可完全不改变新风送风参数，仍由其承担室内湿度和 CO_2 的控制。

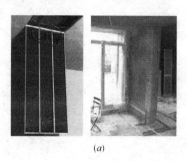 

图 3-32　末端装置
(a) 辐射末端装置；(b) 干式风机盘管

3.5.2.4　湿度调节系统—室内末端装置

在温湿度独立控制空调系统中，由于仅是为了满足新风和湿度的要求，因而送风量远小于变风量系统的风量。这部分空气可通过置换送风的方式从下侧或地面送出，也可采用个性化送风方式直接将新风送入人体活动区，参见图 3-33。

图 3-33　送风末端装置
(a) 置换送风；(b) 个性化送风

综合比较，温湿度独立控制空调系统在冷源制备、新风处理等过程中比传统的空调系统具有较大的节能潜力，这种温湿度独立控制空调系统已经在多个示范工程中得到应用。

1) 在西北干燥地区，利用间接蒸发冷水机组制得 16~19℃ 冷水，送入室内的风机盘管或辐射吊顶等显热末端，带走室内的显热负荷；通过间接蒸发冷却或者多级蒸发冷却的方式处理新风，带走室内的湿负荷。相对于常规空调系统而言，此形式的温湿度独立控制空调系统可节能约 60%。

2) 在东南潮湿地区，利用机械制冷方式的高温冷水机组制备出 16~19℃ 冷水，送入室内风机盘管或辐射板等末端装置，控制室内温度；通过溶液除湿方式，实现对新风的降温除湿处理，将干燥的新风送入室内置换风口或个性化风口，控制室内湿度。相对于常规空调系统而言，此形式的温湿度独立控制空调系统可节能约30%。

3.5.3 热管型机房专用空调设备

通信设备机房和计算机数据中心等机房内部发热量大，可达 200~1500W/m²，这些热量主要来自于机房内的电子设备，为了维持设备允许的工作温度，机房内采用空调设备将机房内产热排出室外。由于全年都存在巨大的显热负荷，因此空调系统全年在制冷工况下运行。一般情况下这类机房的25%~50%的电力消耗用于空调。实际上大多电子设备的安全运行环境是35~40℃以下，而我国大多数地区全年的室外温度均低于此值，因此恰当地应用室外自然冷源排除机房的显热，维持机房内环境状态，可以大幅度降低这类机房的能耗。

目前，利用自然冷源降低机房空调系统能耗的途径很多，大多采取直接与室外进行空气交换的方式。然而由于不同季节室外湿度变化很大，而计算机等通讯电子设备又对环境湿度有较高要求，冬季加大通风量可以控制室内温度，但会由于室外空气干燥导致室内湿度下降，从而容易产生静电等问题。夏季不当通风又有可能导致湿度偏高。此外，我国大部分地区经常出现室外空气污染天气，直接通风破坏室内净化环境，安装过滤器又导致经常的过滤器清洗维护工作。因此，直接通风换气的方式不适合电子设备机房的环境控制。

分离式热管系统是利用热管实现室内外的显热传递，通过特殊的管网连接方式，可保证热管内各部分循环工质温度基本相同，使机房内产生的热量通过热管传到室外。适当的系统实际可以维持机房内外空气温差不高于5℃，而不需要任何直接的室内外通风换气。通过调节室内外散热装置，还可以在室外温度较低时准确控制机房室温在要求的室温范围内。

热管是一种新型、高效的传热元件，它可将大量热量通过很小的截面面积高效传输且无需外加动力。热管具有很高的导热性，热管内部主要靠工作液体的汽、液相变传热，热阻很小，因此具有很高的导热能力。热管具有优良的等温性，热管内腔的蒸汽处于饱和状态，饱和蒸汽的压力决定于饱和温度，饱和蒸汽从蒸发段流向冷凝段所产生的压降很小，温降亦很小，因而热管具有优良的等温性。

所谓分离式热管是热管的一种特殊形式，其蒸发段位于下部热端，冷凝段位于上部冷端，二者之间通过气体管和液体管连接为循环回路。目前，分离式热管主要应用于石化、电力、冶金工业的余热回收，通过研究和实践表明：分离式热管空调在该领域有广泛的应用前景。

将分离式热管应用于机房空调中，机房内的蒸发器为该系统的热端，机房外的冷凝器为其冷端。蒸发器中的循环工质在机房内被加热蒸发为气体，经过气体总管进入冷凝器，并在冷凝器内冷凝为液体，然后通过液体总管回到蒸发器，完成一个循环。冷凝器可以采用风机强迫对流方式或者自然对流方式。两种散热方式工作原理如图 3-34 和图 3-35 所示。

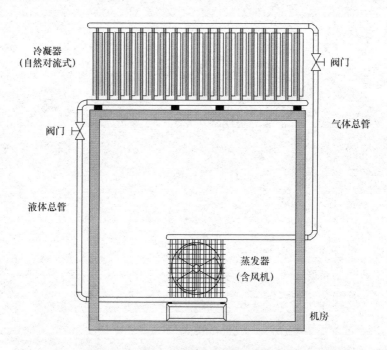

图 3-34　采用自然对流分离式热管工作原理

分离式热管系统只有蒸发器和冷凝器的风机耗能（冷凝器强制对流的情况下），当冷凝器采用自然对流时则只有蒸发器风机电耗。与现有的连续运行的空调设备相比，大大降低了机房排热的能耗，提高了设备的可靠性。

图 3-36 是热管散热设备现场安装温度测试结果。由图 3-36 可以看出：基站室内外温差基本保持在 5~8℃ 左右。

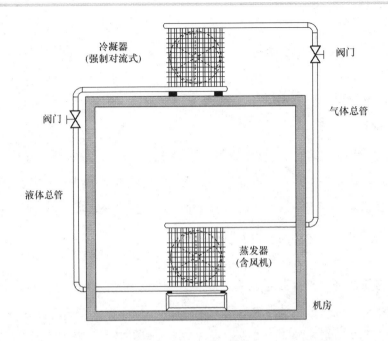

图 3-35 采用强制对流式冷凝器的分离式热管系统

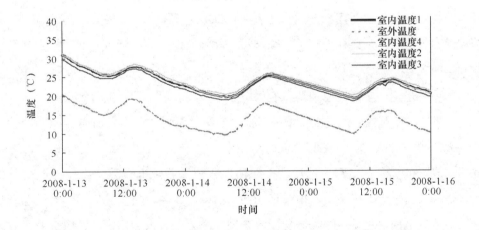

图 3-36 基站内外温度测试结果

2007年9月,在中国移动的某基站现场安装了一套强迫对流型设备,连续试运行至今,运行结果良好。在试运行期间,空调机未再启动,仅依靠热管系统保障基站的散热。此期间,室外最高温度达35℃,但通信设备运行良好,未出现任何故障,热管系统能耗仅有原空调系统的1/4,环境控制能耗下降75%。

3.6 大型公共建筑节能的管理措施

3.6.1 大型公共建筑用电分项计量

分项计量是指在各个大城市建立大型公共建筑能耗监管中心，并在各座大型公共建筑低压配电系统中对各类不同的用电系统安装分项计量电表和其他计量器具，通过数字通信网络将用能数据实时（每15min）地传输到监管中心，同时实时地分析建筑用能状况，诊断、发现用能问题。

实施分项计量后，各座建筑的运行管理者可以得到匿名的各座建筑各类用能状况的统计分析数据，与自己的用能状况比较，可以清楚地了解自己的优势和差距；各级主管部门可以通过统计结果鼓励先进，督促落后，使节能工作建立在定量化的基础上；各种节能措施的实际效果也可从实际数据中得到客观的反映与评价，避免了目前在市场上兜销的某些名为节能措施实际更加费能的技术与产品的泛滥；通过分析研究比较这些实时用能数据，还可以找到各个用能环节中的真正问题和有效的节能潜力与途径，从而使建筑节能工作从目前粗放的定性管理模式变为科学的定量化管理模式。

分项计量实施中需注意的要点有以下五个方面：

(1) 在各建筑内安装电能计量表具前应明确计量对象的电负荷内容

大量既有建筑配电系统现状的调查结果表明：几乎所有的既有建筑中，配电系统图（或配电室内各支路上帖注的文字信息）与实际配电线路使用情况均存在出入。例如，配电系统图或者配电室标明的"照明"支路，在实际使用中可能混入了照明外的其他用电设备；再如，标注"备用"的支路投入使用时缺乏图纸的修改记录，也没有明确标注出使用的负荷性质。若不摸透配电系统的现状，而依靠现场的标注就进行电能表的安装，获得的数据不但毫无意义，反而易产生错误的结论。

因此，对大型公共建筑进行分项计量，最基础、最关键的一个环节就是实施前明确配电支路信息，需由建筑管理人员和工程实施人员配合对各个即将安装电能表的用能支路逐个进行校核（与配电系统图比对），并对逐个支路校核结果并签字，确保责任到人。在完成这部分工作后方可进行方案设计和实施。

(2) 在各建筑内安装电能计量表具施工后对施工质量严格把关

由于分项计量工程主要针对低压配电线路，施工技术门槛较低，因此容易出现大量的施工质量问题，如电流互感器线路接反导致读数不走字、电压线和电流线的顺序颠倒导致电量值偏小、电流互感器型号不统一导致电量数据不正确等等。这些问题往往不是从施工现场表面能看出来的，而对数据的正确性起到至关重要的影响，因此是极易被忽视却又很关键的，需竣工校核人员对数据逐个盘查进行校核，并签字负责。

(3) 应有健全的运行维护机制，保证能对数据的意外丢失立即响应并修复

由于数据从采集、传输、存储中经过多个环节，也必然存在因意外事件而丢失数据的情况，比如临时断电、网络拥堵、服务器瘫痪等。如果在运行时不对系统状态进行实时监测，将很可能长期丢失一部分数据，这也是目前很多实时自动监测系统、楼宇控制系统共同的弊病。

解决方案是在能耗监管中心建立专门的运行维护服务人员队伍，计量系统对意外事件能够自动检测并汇报给负责人，并由维护服务人员立即响应和修复。

(4) 应严格控制平台的建设及运行成本

从投资方面来讲，目前宽带通信技术的发展和普及，使以低成本在一个城市的范围内集中实时采集各座大型公共建筑的分项用能数据成为可能，且数据采集、传输和存储技术均较成熟。根据目前清华大学建筑节能研究中心对在京中央机构的100座建筑的调查和20余座建筑的改造案例，每座建筑内实行用电分项计量只需要20~30台电表，只需对少量的供电电路进行改动，不需要对供电系统进行大规模改造，不会对大楼的正常运行有任何影响，也不会产生过多额外的投资。

由于这一项目是建立公共平台，各个建筑的拥有者在初期看不到自己的直接效益，因此很难由大楼的业主自行集资建设，必须由政府全额投资兴建。而该平台并不能直接产生节能效果，因此不能耗费过多的成本用于建设该平台，而应该将成本控制在合理的范围内，确保能够在各大型公共建筑中推广且能间接产生相应的投资回报。

根据已实施的案例投资情况，不论面积大小，分项计量初投资总成本（包括设备费和从设计到竣工的所有工程费用）应在10~15万元/楼，各楼均摊的运行管理成本在2500元/年以下。

(5) 在城市建筑能耗管理中心形成数据分析和诊断技术，让能耗数据能充分发挥作用

在数据采集中心对能耗数据进行集中的统计管理和分析，可以实现如下功能：

1）对数据进行标准化和归一化，例如统一换算成单位面积的照明能耗、单位面积的空调能耗、单位人员的办公设备能耗等。这样，不同建筑之间的能耗数据就可以横向比较；

2）及时发现各类不合理的用能现象，提示管理者进行相关处理；

3）统计比较各座建筑各个分项的用能差别，发现用能系统的问题，确定各自的节能潜力和途径；

4）通过各类建筑各个分项用能状况的公示，使大楼的管理者认识自己节能运行工作中的成绩和问题，从而激励各种节能措施的实施；

5）在用能数据统计分析的基础上，逐渐建立大型公共建筑运行耗能分项定额指标，并可实时掌握实际用能状况，落实国务院即将颁布的"建筑节能运行管理条例"中的用能定额管理，超指标增交能耗费制；

6）为负责运行管理的物业公司节能运行考核与承担节能改造的 ESCO（节能服务公司）的业绩考核提供公平的平台，从而能够真正通过市场机制推进大型公共建筑的节能改造和节能运行；

7）通过这个平台促进了节能运行和节能管理，在不增加其他任何初投资的前提下可以降低运行能耗5%～10%。通过这一平台促成建筑节能改造和节能运行后还可以产生10%～20%的节能效果。

综述之，在全国全面建成这一系统后，可以使占我国建筑用电30%的大型公共建筑用电量降低5%～10%，相当于我国的建筑用能总量降低2%。同时成为进一步开展大型公共建筑的各种节能改造，节能管理工作的定量管理平台，对动态地掌握建筑能耗状况，制定相关政策和措施，推广各类建筑节能先进技术，都将发挥重要作用。

3.6.2 大型公共建筑全过程节能管理体系

3.6.2.1 必要性

建筑节能工作涉及从项目立项、设计、施工到运行等多个阶段，目前在不同

阶段采用了不同的节能管理手段，如在项目立项阶段，需要编制独立的节能专篇；在设计阶段，设计单位执行相关的建筑节能设计标准；在施工阶段，施工单位按照建筑节能施工标准的要求进行施工；在项目运行阶段，则出台了相应的能源统计和能源审计技术导则等。但这一系列的管理手段并没有统一的节能控制目标，也没有体现出建筑节能控制的本质要求，即严格按照以上程序建造的建筑，其节能效果究竟如何？是否满足了节能的既定目标？如果前后规定的节能措施不一致，到底应该怎样评判？评判的准则是什么？现在的节能工作流程可能并不能完善地解决以上问题。同时由于以上节能管理手段的执行部门不同，对建筑节能的理解和操作不同，也在一定程度上使得建筑节能工作前后脱节，不能相互贯穿。

实际上，在不同的建设阶段，建筑节能要求的目标和本质是一致的，都是要将建筑能耗控制在一定的合理水平上。比如不论哪个阶段，建筑空调设备都需要保证其高效节能，并应将其能耗控制在合理范围内。如可以用"单位面积空调的能耗指标"作为空调设备是否节能的控制指标。在立项阶段，当建筑的具体设计还未明确时，由业主方对该指标进行承诺；在对设计方案招标时，就可以以此指标作为评标的定量依据，要求各投标方案定量说明实现这一用能指标的依据；在设计阶段通过对空调设计方案的该指标进行仿真计算，保证设计方案能够落实这一用能指标；在竣工阶段通过现场检验获得指标数值，检查设备与施工是否合格；在运行阶段则通过实时监测，获得指标数值，以保证运行管理高效节能。因此可以提炼出一系列的"节能指标"作为建筑节能工作的主线，将建筑节能工作贯穿起来，避免前后脱节，使节能工作真正落在实处。

例如在设计方案的评标阶段，如果没有一系列的硬性节能数据指标，就很容易缺乏公正合理的评价标准，使得评标准则还大多集中于建筑是否美观、是否采用了所谓的节能措施等这一系列问题上，而忽略了建筑是否真正节能。实际上在项目立项阶段，如果就承诺建筑单位面积耗冷耗热量指标需要控制在某一数值以下，空调的系统效率大于某数值等这样一些硬性节能指标，那么在业主进行设计方案评标时就应该考察设计是否兑现了当时承诺的节能指标，且设计是如何实现这些节能指标的，而不是简单地考察设计是否采用了某些节能措施，从而保证了中标设计方案的节能效果。

3.6.2.2 建立节能指标体系

建立一套基于性能的建筑节能控制目标，贯穿建筑的全过程，从项目立项、设计到施工、运行等多个阶段，不再逐一详细规定各个阶段应该怎样做，哪些技术和措施是节能的，而是直接切中节能控制目标，把最终的节能效果作为判断节能的唯一准则。在各个阶段通过不同的手段获得同样含义的节能指标，根据数值大小来判定不同阶段建筑和其服务系统的节能性能。只要本阶段能满足相应的节能指标，就认为本阶段符合节能要求。

由于建筑的全过程是一个不断深入的过程，可以获得的指标也越来越细致。因此，建筑节能指标体系不仅是一个贯穿全过程的总控制目标，也是一个多层次，多结构、系统化的体系，而且各个层次的指标既可以层层往下分解，也可以层层往上推进，使不同阶段的建筑节能工作通过指标体系可以相互对话、相互约束。各个阶段控制的节能指标如图 3-37 所示，不同层次的指标彼此相关。上一层是给出相关任务的目标，下一层则是把这一目标分解，给出要实现上一层的目标，对各项分系统的具体任务指标。这样，根据设计、施工和运行管理的不同阶段的特点，可以分别在不同层次上制定指标、评测管理。由于不同层次间是相互吻合的，所以可以保证项目不同阶段评测管理目标的一致性。

项目立项阶段，承诺以下指标：1）空调/采暖/通风系统能耗指标；2）照明系统能耗指标；3）其他系统能耗指标。

方案设计和施工图设计阶段，根据设计方案计算得到以下指标：1）建筑累计耗冷/耗热量指标；2）空调/采暖系统综合能效比；3）自然通风/自然采光利用时间；4）照明功率密度值等。

工程验收阶段，通过现场测试相关设备的温度、流量、功率等，估算如下指标：1）制冷/制热系统能效比；2）输送系统效率；3）实际安装照明功率密度值等。

运行管理阶段，通过实时监测各系统和设备的温度、流量、功率等，估算如下指标：1）冷机/冷却塔能效比；2）水泵/风机输送效率；3）照明系统开启时间等。

节能改造阶段，根据历史统计数据或实际测试数据，对节能指标从上至下进行层层分解测试或计算，逐步明确问题症结所在：1）哪个系统？2）哪个子系统？3）哪个具体设备？直至找到节能改造的具体对象。

3.6 大型公共建筑节能的管理措施

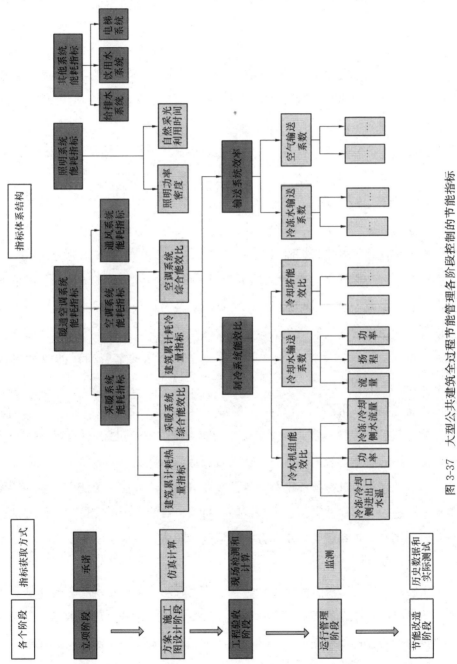

图 3-37 大型公共建筑全过程节能管理各阶段控制的节能指标

上述各节能指标都可以通过简单的加减乘除计算，相互推导。它们都是基于实际用能数据，真实反映建筑服务系统的节能状况，只是在不同阶段的具体表现形式不同。

3.6.2.3 基于指标体系，实行建筑节能全过程管理

基于贯穿建筑全过程的节能指标体系，针对各阶段建筑节能工作重点，提出相应管理手段，实行建筑节能全过程管理。

(1) 项目立项阶段

在新建大型公共建筑立项时，此时对建筑的具体设计还未明确，因此不必审查项目用了哪些节能技术，而是由建设方对建筑投入使用后的各分项能耗作出承诺，审查其承诺数值是否低于同功能建筑的节能标准，通过节能审查后才能批准项目立项。

(2) 方案设计与方案投标阶段

在项目立项阶段承诺的指标数值接下来作为建筑方案设计与方案投标阶段的基本要求，也就是要求设计投标方案必须详细论证是否兑现了项目立项时承诺的节能指标以及如何实现这些节能指标。论证的合理与否作为评比投标方案的主要审查内容之一，中标的设计方案必须从兑现了项目立项承诺的节能指标的设计方案中选取。

(3) 施工图设计阶段

在施工图设计阶段，建立新建建筑节能审查制度，通过模拟仿真计算等方法，得到设计方案的具体能源消耗量，审查其是否达到承诺的节能数值。通过对施工图设计方案的节能指标进行节能审查，保证设计方案可靠节能。节能审查合格后才能开工建设。这一过程在北京市建委和国务院机关事务管理局的支持下，已分别在北京新建奥运场馆建筑和国管局新建办公项目的节能审查中成功实施。

(4) 工程竣工验收阶段

在工程竣工验收阶段，建立工程验收节能审查制度，通过现场具体测试各相关设备与子系统的性能，进而估算全年能耗，考察是否能达到立项时的承诺要求，确保施工过程严格按照设计图纸的要求施工以及保证设备和系统已经调试合格。这项审查应增添到项目验收标准内容中，作为验收的必备条件。竣工节能审查合格后才能通过建筑验收。

(5) 运行管理阶段

在项目运行管理阶段，实行大型公共建筑"用电分项计量和数据集中采集系统"对各分项系统的用能指标进行集中的动态监测与管理，时刻观察其各项用能状况的变化，并不断与承诺（或签订的）用能标准进行比较，杜绝各种由于管理运行的疏忽造成的能耗增加。同时对各相同功能的建筑进行运行分项能耗的横向比较，奖优罚劣。并对实际的用能数据实施能耗定额管理，来不断督促物业管理人员优化运行管理方法，保证系统节能运行。

(6) 节能改造阶段

对既有大型公共建筑的节能改造不能简单的"加保温，换热泵，安装太阳能"，而是应该根据建筑能耗历史统计数据和现场必要的测试参数，发现高耗能环节，然后对节能指标（如图 3-37 所示）从上至下进行层层分解测试或计算，直至找到节能诊断和改造的具体对象，明确问题症结所在，再实施具体的节能改造措施。在节能改造后，也需通过节能指标的具体变化，对节能改造的成果给予合理评价。即将出台的《北京市地方标准—公共建筑节能检测评估标准》便是应用节能指标体系对既有大型公共建筑节能改造进行指导和规范的具体实施。

以上各个不同阶段均以节能指标体系为主线，但其所控制的具体节能指标、节能指标的获取途径、相应的管理手段和解决的问题均有所不同，具体如表 3-16 所示：

各阶段控制的节能指标、相应管理手段和解决的问题 表 3-16

阶　段	控制的节能指标	指标获取方法	相应管理手段	解决的问题
项目立项阶段	承诺以下指标：(1) 空调/采暖/通风系统能耗指标；(2) 照明系统能耗指标；(3) 其他系统能耗指标	承诺	建设方对建筑投入使用后的各分项能耗作出承诺，审查其承诺数值是否低于同功能建筑的节能标准；通过节能审查后才能批准项目立项	促使业主对建筑今后运行时的能耗作出承诺
方案设计与方案投标阶段	根据设计方案计算以下指标：(1) 建筑累计耗冷/耗热量指标；(2) 空调/采暖系统综合能效比；(3) 自然通风/自然采光利用时间；(4) 照明功率密度值；等等	计算论证	设计投标方案必须详细论证是否兑现了项目立项时承诺的节能指标以及如何实现这些节能指标；中标的设计方案必须从兑现了项目立项时承诺的节能指标的设计方案中选取	控制设计方在方案设计阶段兑现在项目立项时的承诺

续表

阶　段	控制的节能指标	指标获取方法	相应管理手段	解决的问题
施工图设计阶段	根据设计方案计算以下指标：(1) 建筑累计耗冷/耗热量指标；(2) 空调/采暖系统综合能效比；(3) 自然通风/自然采光利用时间；(4) 照明功率密度值；等等	仿真计算	建立新建建筑节能审查制度，通过模拟仿真计算等方法，得到设计方案的具体能源消耗量，审查其是否达到承诺的节能数值。节能审查合格后才能开工建设	约束设计方对设计方案进行合理的节能设计
工程竣工验收阶段	通过现场测试设备的温度、流量等，估算如下指标：(1) 制冷/制热系统能效比；(2) 输送系统效率；(3) 实际安装照明功率密度值；等等	现场检测和计算	建立工程验收节能审查制度，通过现场具体测试各相关设备与子系统的性能，进而估算全年能耗，考察是否能达到立项时的承诺要求；竣工节能审查合格后才能通过建筑验收	约束施工方按照设计要求完成施工工作，以及保证设备和系统已经调试合格
运行管理阶段	通过实时监测各系统和设备的温度、流量等，估算如下指标：(1) 冷机/冷却塔能效比；(2) 水泵/风机输送效率；(3) 照明系统开启时间；等等	监测	对各分项系统的用能指标进行集中的动态监测与管理，与承诺的用能指标进行比较，并配套实施能耗定额管理制度	督促物业管理者优化运行管理方法，保证系统节能运行
节能改造阶段	根据历史数据或实际测试数据，由上至下依次明确问题症结所在：(1) 哪个系统？(2) 哪个子系统？(3) 哪个具体设备	历史统计数据和实际测试	对节能指标从上至下进行层层分解测试或计算，直至找到节能改造的具体对象。在节能改造后，需通过节能指标的具体变化，对节能改造的成果给予合理评价	规范从事建筑节能改造的企业，督促其合理地对既有建筑进行节能改造

3.7　农村节能技术

3.7.1　农宅围护结构保温技术

北方地区农村住宅冬季采暖能耗高、室内舒适性差是一个普遍问题，造成这种现象的根本原因是农村住宅普遍没有采取适当的保温措施、门窗漏风严重、建筑布局不合理等。因此，改善农村住宅的围护结构保温性能是解决能耗高、舒适度差最有效的措施，否则无论采用什么新型能源利用技术或者高效设备，都很难产生应有的效果。对农宅围护结构进行保温，通俗来说就是给房子"穿棉衣戴棉帽"，无论是屋顶、墙体、窗户，还是地面，都应该采取保温措施。做好农村住宅保温除发掘农村既有的传统保温方式外，在有条件的地区还可以借鉴相对发展比较成熟的城市建筑保温技术。

(1) 农宅墙体保温技术

对于不同材料的农宅墙体（土坯墙、砖墙、石头墙、混凝土墙等），最简单的保温做法就是增加墙体厚度，墙体的厚度增大一倍，其热阻值就会增大近一倍，散热量也会减少近一倍。在我国西北干旱地区，土坯墙比较常见，其厚度能达到0.5m 以上，这种传统的保温措施效果明显，应在经济条件有限的地区进行推广。但近些年来，一些农户由于考虑到美观性和占地面积，逐渐抛弃这种厚墙体的做法，大多采用 240mm 或 370mm 厚的砖墙，但没有相应增加保温层，造成墙体传热系数过大，而使墙体保温性变得很差。

另外，还可以通过利用其他保温材料来增加农宅墙体的保温性能，常见的保温做法包括墙体外保温、墙体内保温和夹心墙保温三种方式。墙体外保温是在墙体的外表面覆盖一层保温材料，它的优点是不易形成冷桥，保温效果稳定，而且能保护主体结构，延长建筑物使用寿命，缺点是对材料和施工质量要求严格，成本相对较高。墙体外保温可以使用的材料有膨胀聚苯板、胶粉聚苯颗粒等，膨胀聚苯板薄抹灰技术比较成熟、价格适中、无复杂的施工工艺，但要求墙体平整；胶粉聚苯颗粒保温技术对基层墙体平整度要求不高、易于施工，而且能充分利用废弃物，容易做到农户自己施工。

墙体内保温的优点是应用时间较长、技术成熟，而且工艺简单、成本较低，缺点是易形成冷桥、降低保温效果，而且占用内部空间。墙体内保温可以使用的材料包括膨胀聚苯板、胶粉聚苯颗粒、岩棉板等。除岩棉板保温外，其他两种方式与外保温类似。岩棉板是一种优良、价廉的保温材料，在农村住宅保温可以采用绝热龙骨方式对岩棉板进行固定的内保温方式，施工简便。

夹心墙保温体系综合了墙体外保温和内保温的优点，而且使用的材料更加广泛，除了常见的聚苯板、岩棉、膨胀珍珠岩、膨胀蛭石外，还可以充分利用农村当地资源，如枯草、粉碎的农作物秸秆、小麦糠、干花壳、锯末等，这样可以大大降低成本，但是使用过程中一定要做好这些材料的防腐、防潮、防虫工作。

(2) 农宅屋顶保温技术

在屋顶覆盖厚层麦秸、芦苇、海草等传统的做法均可以增加保温性，但受到保温层厚度和材料传热系数的限制，效果有限。目前常用的屋顶保温方式为在屋顶上表面铺设一定厚度的松散保温材料（如煤渣、草泥、干草、矿棉、膨胀珍珠岩、膨胀蛭石等）或者板状保温材料（如聚苯板、膨胀珍珠岩板等），外表面做防水处理，可大大提高屋顶保温性能。

对于北方农村常见的坡屋顶住宅，内部常设有吊顶，在吊顶上铺设保温层的做法更加简单、成本更低，可以使用的保温材料包括麦糠、锯末、膨胀聚苯板、袋装聚苯颗粒等，膨胀聚苯板保温可以和吊顶施工结合处理，以减少板间缝隙，其他几种材料可直接铺洒在吊顶上表面，但应注意防火处理。

(3) 农宅外窗保温技术

农村住宅外窗普遍存在的问题是门窗质量较差、关闭不严、冬季冷风渗透严重。因此，在经济条件允许的地区，北方农宅外窗应尽量选用质量较好的双层中空窗。经济条件较差的地区，除应注意将窗在冬季密闭外，在外窗挂窗帘，白天打开让阳光充分进入，夜晚关闭窗帘阻挡冷风渗透和热量外传是一个经济实用的窗户保温方式，此外还可以再增加一层窗户的方式来改善外窗的保温性能。

(4) 农宅地面保温技术

对于单层和双层农宅，通过地面向室外散热是房间热损失的重要组成部分。搞好地面保温可有效改善房间冬季室内状态。农宅地面保温形式可分为水平保温和竖直保温。水平保温在地上铺设木格栅，而后在格栅中添加保温材料，这里的保温材料可以使用松散材料，此时要在木格栅的下面添加防潮层，以保证保温材料的干燥；竖直保温需要在墙体地基外侧覆盖一定厚度和深度的保温层，如膨胀聚苯板。但是对于既有建筑，该技术容易受到施工条件的限制。

(5) 改造案例

这里介绍北京郊区两户用燃煤炉暖气采暖的农户案例。一户的建筑面积为 $85m^2$，墙体为 37 砖墙，改造方案为墙体增加 5cm 岩棉板内保温，实测结果表明，经过这样的改造，墙体传热系数由 $1.57W/(m^2 \cdot K)$ 变为 $0.58W/(m^2 \cdot K)$；吊顶铺设袋装聚苯颗粒，使屋顶传热系数由 $1.64W/(m^2 \cdot K)$ 变为 $0.90W/(m^2 \cdot K)$，窗户增加保温窗帘,室内换气次数由 1.2h^{-1} 变成 0.5h^{-1},冬季燃煤由 2005 年的 3t 块煤减少到 2006 年的 2.8t 煤球,而卧室和客厅平均温度由原来的 8℃ 分别提高到 13.1℃ 和 15.2℃。根据实测的传热系数和漏风系数,计算出热指标由原来的 61.8W/m^2 降为 29.8W/m^2。

另一户的建筑面积为 96m^2,墙体也为 37 砖墙,改造方案为墙体增加 5cm 聚苯板外保温,使墙体传热系数由 1.57W/(m^2·K) 变为 0.70W/(m^2·K);屋顶铺设 10cm 胶粉聚苯颗粒,使屋顶传热系数由 1.64W/(m^2·K) 变为 0.82W/(m^2·K),窗户增加保温窗帘,实测室内换气次数由 0.9h^{-1} 变成 0.39h^{-1},最终使耗热量指标由 41.6W/m^2 降为 16.4W/m^2,改造前年耗煤 2.8t,改造后年耗煤 2t,而卧室和客厅平均温度由原来的 8℃ 分别提高到 13.3℃ 和 15.0℃。

采用以上技术方案进行的保温改造,每平方米成本只有 80 元左右,具有较强的经济效益和推广价值。

3.7.2 窑洞民居技术

在我国黄河中上游地区,传统民居建筑的主要形态为"窑洞民居",主要分布在黄土高原地区,其中以甘肃、陕西、山西、宁夏、河南等地区的分布较为集中,在河北中西部、内蒙古中南部也有分布。陕西关中以北的延安、铜川、米脂、洛川、黄陵、宜川、绥德等地更是遍布窑洞民居。目前,居住在传统窑洞民居的农村人口超过 2000 万人。

窑洞民居可以简单分为"土窑"和"石(砖)窑"两大类。土窑的形态变化不大,主要依黄土地带的不同地貌特征和自然条件而呈现不同形式,常见的为靠崖式土窑和下沉式土窑。而对于石窑或砖窑,大体上可分为沿山坡而建的靠山窑和独立式窑洞两种。梁思成先生认为"砖窑,乃是指用砖发券的房子而言。说砖窑是用砖来摹仿崖旁的土窑,当不至于大错","秦晋两省,黄河两岸,无论贫富,十九都有砖窑或土窑"。

窑洞民居的演变和发展缘于特殊的自然条件和社会背景。阳光明媚,日光充裕,夏季干旱少雨,冬季干燥寒冷,气温的日较差和年较差较大,这种典型的大陆性气候使得窑洞建筑厚重型被覆结构热稳定性好的优点能够发挥作用,呈现众所周知"冬暖夏凉"特征。传统窑洞民居造价低廉,施工技术简单,易于就地取材,不但乡村地区农民喜欢建造和使用窑洞,而且那些富豪商贾也以拥有窑洞民居庄园为富贵的象征。

虽然具备"冬暖夏凉"这种自然调节室内热环境和节约采暖空调能耗的特征，但传统窑洞民居固有的空间单调、采光通风不良、夏季潮湿等缺点，使得它难以满足现代生活的需要。在过去的二十多年间，少部分先富起来的人开始"弃窑建房"，出现了很多形体简单、施工粗糙、品质低下、能耗极高的简易砖混房屋。如不进行系统的发展研究，窑洞民居也会象其他地区优秀传统民居那样走向消亡。

为此，西安建筑科技大学绿色建筑研究中心以防止乡村建筑能耗急剧增长为目的，以创建节能型窑居建筑为目标，开展了多年的研究和实践。巧妙地采用了复式空间组织和节能构造体系，既保持了传统窑居节能、冬暖夏凉的特征和传统窑居形态与风貌，又解决了传统窑居通风采光不良问题，还富有现代建筑气息，适应现代生活方式。通过在延安市枣园村建立黄土高原地区第一个新型窑居建筑示范基地，目前已经在延安地区推广新型窑居建筑 3000 余孔、6 万多平方米。这种节能型窑居建筑的设计原理和实景如图 3-38（见书后彩页）所示。通过测试，冬季在无采暖情况下，新窑居室内温度达 12~15℃。

3.7.3 被动式太阳能采暖技术

被动式太阳能采暖技术是通过对建筑朝向和周围环境的合理布置、内部空间与外部形体的巧妙处理以及建筑材料和结构的恰当选择，无须使用机械动力，利用太阳能使建筑物具有一定采暖功能的技术。截至 2004 年底，我国北方农村地区被动式太阳房的建筑面积约为 1800 万 m^2（罗云俊. 中国《可再生能源法》出台的背景及影响. 第八届科博会中国能源战略高层论坛会刊，北京，2005），依据辽宁省大连市农村被动式太阳房实测结果，即按每年可节省冬季采暖用煤 50%、通常平均每户家庭冬季采暖用煤 3t 左右进行推算的话，每年节约折合标准煤 27 万 t。据德国等国家的被动式太阳房的节能效果统计，相对于传统建筑，被动式太阳能建筑可比传统建筑节约冬季采暖能耗达 90%（Information on Passive Houses, http://www.passivhaustagung.de/Passive_House_E/passivehouse.html）。

被动式太阳能采暖技术的三大要素为：集热、蓄热和保温。重质墙（混凝土、石块等）良好的蓄热性能，可以抑制夜间或阴雨天室温的波动。按太阳能利用的方式进行分类，其形式主要有以下几种：1）直接受益式；2）集热蓄热墙式；3）附加阳光间式；4）组合式等。

(1) 直接受益式

直接受益式太阳房是被动式采暖技术中最简单的一种形式，也是最接近普通房屋的形式，其示意图见图 3-39。具有大面积玻璃窗的南向房间都可以看成是直接受益式太阳房。在冬季，太阳光通过大玻璃窗直接照射到室内的地面、墙壁和家具上，大部分太阳辐射能被吸收并转换成热量，从而使其温度升高；少部分太阳辐射能被反射到室内的其他表面，再次进行太阳辐射能的吸收、反射过程。温度升高后的地面、墙壁和家具，一部分热量以对流和辐射的方式加热室内的空气，以达到采暖的目的；另一部分热量则储存在地板和墙体内，到夜间再逐渐释放出来，使室内继续保持一定的温度。为了减小房间全天的室温波动，墙体应采用具有较好蓄热性能的重质材料，例如：石块、混凝土、土坯等。另外，窗户应具有较好的密封性能，并配备保温窗帘（何梓年．太阳能热利用与建筑结合技术讲座（五）．被动式太阳房．No. 5，2005：84～86）。

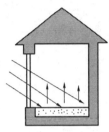

图 3-39 直接受益式太阳房示意图

直接受益式太阳房窗墙比的合理选择至关重要。加大窗墙比一方面会使房间的太阳辐射得热增加，另一方面也增加了室内外的热量交换。《民用建筑节能设计标准》（采暖居住建筑部分）中规定，窗户面积不宜过大，南向不宜超过 0.35。但这是指室内通过采暖装置维持较高的室温状态时的要求。当主要依靠太阳能采暖，室温相对较低时（约 14℃），加大南向窗墙比到 0.5 左右可获得更好的室内热状态。

(2) 集热蓄热墙式

集热蓄热墙是由法国科学家特朗勃（Trombe）最先设计出来的，因此也称为特朗勃墙。特朗勃墙是由朝南的重质墙体与相隔一定距离的玻璃盖板组成。在冬季，太阳光透过玻璃盖板被表面涂成黑色的重质墙体吸收并储存起来，墙体带有上下两个风口使室内空气通过特朗勃墙被加热，形成热循环流动。玻璃盖板和空气层抑制了墙体所吸收的辐射热向外的散失。重质墙体将吸收的辐射热以导热的方式向室内传递，冬季采暖过程的工作原理如图 3-40 (a)、(b) 所示。但另一方面，冬季的集热蓄热效果越好，夏季越容易出现过热问题。目前采取的办法是利用集热蓄热墙体进行被动式通风，即在玻璃盖板上侧设置风口，通过如图 3-40 (c)、(d) 所

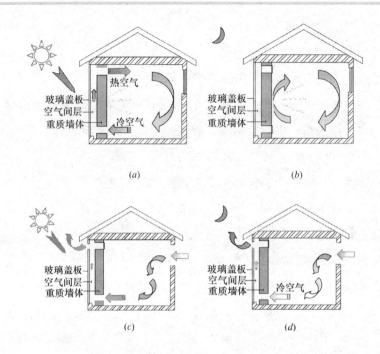

图 3-40 集热蓄热墙式太阳房采暖降温过程示意图
(a) 冬季白天；(b) 冬季夜间；(c) 夏季白天；(d) 夏季夜间

示的空气流动带走室内热量。另外利用夜间天空冷辐射使集热蓄热墙体蓄冷或在空气间层内设置遮阳卷帘，在一定程度上也能起到降温的作用。通过对位于辽宁省大连农村地区采用集热蓄热墙的被动式太阳房进行实测，表明太阳房室内温度在夏季比对比房低5℃，冬季高9℃。

(3) 附加阳光间式及组合式

附加阳光间实际上就是在房屋主体南面附加的一个玻璃温室，见图3-41。从某种意义上说，附加阳光间被动式太阳房是直接受益式（南向的温室）和集热蓄热墙式（后面带集热蓄热墙的房间）的组合形式。该集热蓄热墙将附加阳光间与房屋主体隔开，墙上一般开设有门、窗或通风口，太阳光通过附加阳光间的玻璃后，投射在房屋主体的集热蓄热墙上。由于温室效应的作用，附加阳光间内的温度总是比室外温度高。因此，附加阳光间不仅可以给房屋主体提供更多的热量，而且可以作为一个缓冲区，减少房屋主体的热损失。冬季的白天，当附加阳光间内的温度高于相邻房屋主体的温度时，通过开门、开窗或打开通风口，将附加阳光间内的热量通过对流的方式传入相邻的房间，其余时间则关闭门、窗或通

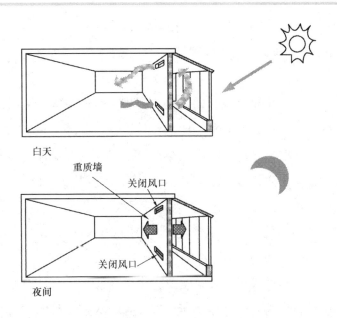

图 3-41 附加阳光间太阳房原理图

风口。

组合式是多种被动式采暖技术组合而成，不同形式互为补充，以获得更好的采暖效果。

在我国，目前被动式太阳能采暖技术（被动式太阳房）主要应用在农村地区，作为北方农村地区节能的三个重要途径（沼气、太阳房、节能灶炕）之一，得到了较为广泛的应用。但是，由于缺乏专业的施工队伍、相关的科学数据及良好的维护管理，使得这项技术的应用缺乏科学的指导。国家"十一五"期间已加大投入进行太阳能与建筑集成技术的研究开发，其研究成果将会对被动式采暖降温技术在广大农村地区更加科学合理的应用提供参考依据。

3.7.4 中国炕技术

我国约有 8 亿人口居住在农村，占全国总人口的 3/4 以上，采用常规生物质能源，如稻草、秸秆和木柴等，仍是广大农村地区人们最主要的能源利用对象。农村生活用能主要为了炊事和采暖，尤其对于北方寒冷地区，采暖耗能占有很大比例。在农村有多种采暖方式，如传统火炕、火墙、火炉、现代土暖气等，其中火炕仍是当今最主要的农村采暖设施。至今，据辽宁省农村能源办公室统计，2004 年底中国大约有6685万铺炕，近4364万户农村家庭使用（约1.75亿人口，平均每户家庭4口人计算），平均每户约有1.5铺炕。

中国炕是中国火炕的简称，但同时又是火窖、火道、火墙等相关技术的总称，炕技术不限于火炕。中国炕在漫长的发展历程中，由最初作为采暖设施、休息场所，逐渐向多元化方向发展。中国炕的文化底蕴、社会价值等方面可能是炕流传至今并广泛应用的内在根源。好的炕集传热学、流体力学、燃烧学、材料科学等学科于一身，也与气象学、建筑物理、建筑环境、建筑结构、农村文化生活密切相关；在功能上，良好的炕集供热、睡床、生活、通风四位于一体。在其他国家也存在类似的采暖方式，如韩国的Ondol系统，古罗马的Hypocaust系统，以及欧美地区的壁炉等，但只有炕至今仍被广泛地使用。

火炕是用土坯或砖垒成的用灶取暖或直接烧火取暖的床，通常与厨房连在一起，经济方便，并可作为人们休息场所，符合人们的生活习惯。火炕的传热机理是：在热压作用下炉灶出口烟气进入炕内，炕体接受并积蓄炉灶烟气流的热量，并以热辐射和对流换热方式向室内空气和其他物体散热。因此，火炕的材料、结构将直接影响到传热、采暖效果。火炕形式多样，从结构上有落地炕、煴炕、平炕、吊炕等；按烟道布置方式有花洞炕、直洞炕和倒卷帘（回洞）炕等，同时在演变过程中受到民族生活习惯的影响而发生变化，如朝鲜族的"满地炕"，满族的"万字炕"等。目前，火炕应用最为广泛的形式有：

（1）传统落地炕，又称"土炕"

落地炕是最为古老的火炕形式，最大特点是炕体下部直接与地面相接，进行单面散热，增加由炕洞向地面的热损失，加之炕体保温性能不好，存在着热效率低、浪费燃料、不好烧（倒烟、燎烟）、炕面温度不均、凉得快等问题（郭继业．省柴节煤灶炕．北京：中国农业出版社；2003）。据调查和测试（郭继业．北方省柴节煤炕连灶技术讲座（二）．农村能源，1998.6：12～14），北方寒冷地区农村生活能耗绝大部分消耗在炊事和取暖上，炕连灶综合热效率不足45%。

（2）新型架空炕，又称"吊炕"

针对落地炕存在的问题，在"七五"、"八五"期间，辽宁、吉林省的农村能源科技人员经过反复研究、不断实践而研制出新型吊炕，从提高炕体热能利用率和炕面温度、强化炕体保温等方面采取了一些改进措施，在技术和性能上是目前最为先进的火炕形式。据调查和测试（郭继业. 北方省柴节煤炕连灶技术讲座（二）. 农村能源，1998.6：12～14），新型吊炕热效率有了大幅度的提高，炕灶综合热效率提高到70%以上，每户年均节约柴草960kg左右。在90年代初期，我国政府已经开始推广高效节能吊炕，此项工作仍未结束。据辽宁省农村能源办公室统计，在2004年末，全国大约有1956万铺节能吊炕，占总火炕数近30%。

(3) 节能地炕，又称"燃池"

在20世纪90年代，由吉林省白城市能源科技人员研制成功的节能地炕（郝芳洲等. 实用节能炉灶. 北京：化学工业出版社，2004），通过放在炕内的生物质阴燃产生热量来采暖，投一次料可燃烧2个月左右，节省了燃料消耗，但由于是阴燃的特点决定了其热损失较大、热效率低（一般很难超过30%）等的弊端，同时可能导致室内空气严重污染，并存在CO中毒隐患（李玉国等. 中国北方农村能源生态综合利用情况调研考察报告. 2006）。

通过对中国黑龙江、辽宁和甘肃三省农村能源生态综合利用的短期调研考察发现（李玉国等. 中国北方农村能源生态综合利用情况调研考察报告. 2006），新型吊炕性能明显优于传统落地炕；北方各地火炕发展极不均衡，新型吊炕在东北地区应用很多，而在西北地区落后的煨炕还很流行；北方农村建筑有抛弃现有非商品能为主的采暖模式而全部采用商品能进行供暖的趋势。然而，根据目前国家和农村居民的经济承受能力，在中国北方地区让所用农户使用清洁燃料并不可能；但在相对富裕的地区可以推广沼气和气化技术，同时还应该继续大力推广节能吊炕和改良灶，在提高生物质燃料能效和利用率的同时，提高农村居民的生活质量。新型吊炕的进一步推广仍需要科研支持和科学依据。

探讨和研究中国炕的可持续途径成为当前我国建筑节能面临且急需解决的课题。中国炕技术在很大程度上是实践经验的积累，炕的发展是在生活实践中发现问题与解决问题的过程；而炕文化及其社会价值与中国北方农村传统文化不可分割。遗憾的是我们至今一直忽视中国炕的存在，无论是从学术方面到实际应用都缺乏研究，缺少整合建筑物理、材料科学、医学、卫生学、民俗文化等相关知识针对中国炕的全面综合研究和技术开发，阻碍了中国炕技术和炕文化的发展，造成中国炕可能逐渐被遗弃的窘境，对农村建筑能源和环境发展带来不可预测的影响。

北方农村建筑有抛弃现有非商品能为主的采暖模式而以床代炕，引入土暖气以煤供热全部采用商品能进行供暖的趋势。考虑到农村人口基数巨大,如果按照城镇方式发展农村的集中供热是农村经济状况所不能接受的,也是我国能源供应所不可承受的。如何根据北方农村的特点,寻求适宜的采暖方式是当前农村建筑节能领域重要的课题。在改善建筑冬季室内环境的同时,又不造成过高的能源消费负担,也不造成对农村的环境污染和对我国能源供应系统的过高需求。中国炕拥有千年的历史渊源和技术积累,作为目前最为广泛使用的采暖系统,具有很大的潜力期待挖掘。

3.7.5 农林固体剩余物致密成型燃料及其燃烧技术

农林固体剩余物致密成型燃料及其燃烧技术是将秸秆、薪柴、芦苇、农林产品加工剩余物等固体生物质原料,经粉碎、压缩成一定形状的燃料,在专门设计的炉具、锅炉中燃烧,代替煤炭、液化气、天然气等化石燃料和传统的生物质燃料,为农村和小城镇的居民、工商业用户提供炊事、采暖用能及其他用途的热能。主要目的是充分利用各地产生的农林固体剩余物,代替化石燃料,节能减排,创收节支,提高生活水平,保护生态环境。将松散的秸秆、树枝和木屑等原料挤压成成型燃料,其密度可达到 $1.1\sim1.4t/m^3$,体积缩小为堆积原料的 $1/8\sim1/6$,能量密度大大提高,燃烧特性得到明显改善。

我国拥有丰富的生物质能源资源。统计表明,我国每年产生的可作为能源利用的农作物秸秆和农产品加工剩余物、木质固体剩余物的产量分别相当于1.84亿t和1.77亿t标准煤。这些资源是一种宝贵的可再生清洁能源,不仅能年复一年地重复产生,而且燃烧生成的 SO_2、NO_x 和可吸入颗粒物很少,同时 CO_2(最重要的温室气体)中性(零)排放。但是由于目前国内的技术相对落后、农村居住条件及生活方式的改变,造成这些资源没有被充分利用,甚至被不适当地丢弃。如农作物秸秆,除了一部分用作青饲料,粉碎还田,或低效率地直接用于炊事外,往往被在野外焚烧掉,不仅造成了资源的浪费,而且破坏了环境。

随着农村生活水平的提高,大量的农户用煤、液化石油气或电代替传统的秸秆、薪柴和炉灶进行炊事和取暖,使农村的化石燃料能耗增加,不仅给农户增加了经济压力,也给整个国家的能源分配带来了影响。如果能用现代技术采取就地取材、就地加工的方式,用这些农林固体剩余物生产规格化的致密燃料,配以高性能的燃烧利用设备（炉具及锅炉），不仅能减少农村从市场上购买商品能源的数量，而且能有效利用资源，减少环境污染。

农林固体剩余物致密化压缩成型燃料技术，主要是利用原材料中的木质素和纤维素成分的特性，在高压力和一定温度（或常温）的条件下，使含有一定水分、有一定筛分尺寸的原料压缩成棒状、块状或粒状燃料。农林固体剩余物致密成型的一种机理主要是利用木质素的特性。木质素是光合作用形成的天然聚合体，一般在植物中含量为15%~30%。木质素在温度为70~110℃时开始软化，在200~300℃呈熔融状、有黏性。在压力和熔融木质素粘性的作用下，松散的物料就致密粘结成型。另一种机理主要是利用纤维素的特性。当生物质物料受到挤压作用时，摩擦作用使物料发热软化，虽然物料中的木质素尚未熔融，但是纤维物料间的位移、缠绕、绞接也能使物料致密成型。

生物质燃料的组分与煤炭有很大的差别，主要是前者的挥发份很高，约占60%~70%，而固定碳较低，约占13%~20%。因此，设计生物质固体燃料燃烧器的关键是要保证挥发份的合理释放和充分燃烧。从组织燃料燃烧的便利性和提高燃烧效率的有效性来看，生物质颗粒燃料比块状燃料和棒状燃料都有明显的优势。

（1）农林固体剩余物致密成型燃料技术的分类

从挤压技术上分，农林固体剩余物致密成型燃料技术可以分为三类：

1）螺杆挤压成型技术。螺杆挤压技术开发成功的最早，较为成熟，以木质机制炭为最终产品的用户，大都选用螺杆挤压成型机。螺杆挤压成型需要外加热源，成型温度在140~280℃之间。被粉碎、加热的原料通过螺旋推进杆不断向锥形成型筒前端前进，挤压成棒状燃料。棒状燃料的直径一般为50mm左右，长度为450mm左右，横截面为圆形或六角形。螺杆挤压成型机的运行连续、稳定，成型燃料棒的密度大、质量好，挤压机维护费用较低。主要缺点是对原料的含水率要求较高（8%~9%最佳），国产机的产量不高（150~250kg/h），生产能耗高（挤压电耗达90kWh/t），螺杆和成型套筒的磨损较快。

2）活塞冲压成型技术。活塞冲压成型技术的主要运动部件是活塞，用液压或机械推动。活塞将原料送入预压室预压后送入压缩筒挤压成型。活塞冲压生产是间断的，成型能耗比螺杆挤压成型低，对原料含水量的要求较宽，也不需加热。缺点是单机产量较低，成型模腔容易磨损，而且成型块状燃料的质量不稳定。

3) 环（平）模挤压成型技术。环（平）模挤压成型技术是利用带圆形或方形模孔的环形（平形）模板和压辊之间的靠紧相对运动产生的碾压作用将两者间的原料压入成型孔，压缩成颗粒或小块状燃料。颗粒燃料的密度较大（$>1g/cm^3$），直径为 6~12mm，长度一般不超过 35mm；块状燃料的密度较小，尺寸通常为 32mm×32mm×40mm。国外的环（平）模挤压工艺采用原料加热方式，技术成熟，单机产量大；国内正在研发不加热的环（平）模挤压工艺，以适应我国农林固体剩余物资源品种多且分散的特点，以及农村的技术条件和低成本要求。环（平）模挤压生产成型燃料的能耗较低，在 40~60kWh/t 范围内，原料的含水率为 15%~20%，工艺连续，是目前和今后的重点发展方向。

(2) 农林固体剩余物致密成型燃料的燃烧利用技术

由于生物质成型燃料的密度与煤相当，形状规则，容易运输和储存，便于组织燃烧，故可作为商品燃料广泛应用于炊事、采暖，在北方农村还可用来烧炕。为此，国外和国内研制成功了各种专用的燃烧生物质成型燃料的炊事和采暖设备，如一次装料的向下燃烧式炊事炉、半气化—燃烧炊事炉、炊事—采暖两用炉、下饲式热水锅炉、固定床层燃热水锅炉、热空气取暖壁炉、颗粒燃料加热炕炉等。生物质成型燃料户用炊事炉的热效率可达到 30% 以上；户用热水采暖炉的效率可达到 75%~80%；50 kW 以上热水锅炉的效率可达到 85%~90%；各种燃烧污染物的排放浓度均很低。从便于组织燃烧和控制运行的角度看，成型颗粒燃料优越性最大。根据我国的实际情况，生物质成型燃料应以农村居民用户为主，城镇用户为辅。生物质成型燃料还可用于生物质发电，特别是煤—生物质混燃发电。

(3) 农林固体剩余物致密成型燃料技术的具体实施

农林固体剩余物致密成型燃料技术的实施需要考虑很多因素：

1) 对替代化石燃料的需求。必须考虑当地对替代煤炭等化石燃料的需求情况，需求越强烈则可实施性越佳。例如，大中城市对替代燃料的需求没有农村和小城镇强烈，经济富裕地区的需求没有经济落后地区强烈。

2) 化石燃料供应的情况。化石燃料的供应状况越好，则生物质成型燃料技术的可实施性就越差。例如，某个地区煤炭产量大而且价格低，则推广生物质成型燃料技术比较难；有的地方是天然气管道节点，天然气供应便利，则可实施性就差些。

3) 农林固体剩余物原料供应的因素。原料丰富则有利,原料贫乏则不利。例如,林区附近有大量木材加工废弃物,原料丰富;大面积粮食产区的原料丰富,而蔬菜产区则原料缺乏。

4) 在实施农林固体剩余物致密成型燃料技术过程中,政府政策是至关重要的因素,不仅需要给予税收优惠、财政补贴等经济支持,而且要向当地居民宣传使用农林固体剩余物致密成型燃料的好处,同时为生产原料的稳定收购提供支持。在现阶段,大多数用户主要关心的是消费能源的经济代价,因此需要政府下决心花点钱来"买资源、买环境",以引导这个产业逐步走向健康的市场化方向。

5) 经济性问题。生产农林固体剩余物致密成型燃料的成本除了原材料收购成本之外,还包括生产耗用的电费、设备折旧费、人工费、原材料及产品的运输储存费等。因此,只有在获取等量有效能量的条件下,农林固体剩余物致密成型燃料的价格与被替代燃料(如煤炭)的价格相当时,实施该技术才具有竞争力。

3.7.6 高效低排放户用生物质半气化炉具

生物质半气化炉具是20世纪90年代末期出现的新型生物质利用设备,它将生物质在炉膛内缺氧燃烧,经过多次配风,伴有气化过程,形成 CO、CH_4 等可燃气体进行二次燃烧,生物质半气化炉具燃烧中没有焦油析出、热效率比较高,污染物排放也比较低,因此也可称为高效低排放户用生物质半气化炉具。该技术避免了户用生物质气化炉具(生物质气化后通过管道送入灶具燃烧)所存在的焦油排放、容易爆炸等问题,因此具有较好的安全性。该种炉具在推广应用中存在的主要问题是需要对尺寸较大的原料进行加工处理,切割成小段或粉碎后使用,农民不愿为此购置原料加工设备,同时炉具的使用操作相对复杂,需要对农民进行的操作培训,影响了群众使用的积极性,在部分地区由于没有做好培训工作,而出现了将购买的生物质半气化炉具废弃不用的现象。

3.7.7 沼气技术

沼气技术是通过厌氧发酵将人畜禽粪便、秸秆、农业有机废弃物、农副产品加工的有机废水、工业废水、城市污水和垃圾、水生植物和藻类等有机物转化成可燃性气体。它是一种利用生物质制取清洁能源的有效途径,同时又能使废弃物得到有效处理，有利于农业生态建设和环境保护。

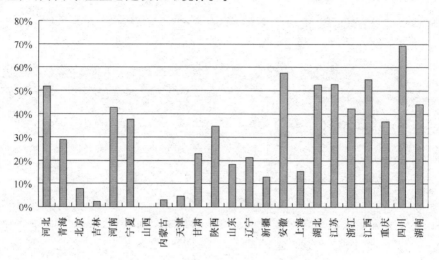

图 3-42　我国农村沼气使用比例分布图

图 3-42 给出了我国各省农村沼气使用情况的实地调研结果。从图中可以明显看出，长江流域的南方地区沼气普及率普遍高于北方地区，这主要由两个地区的平均气温决定，南方地区平均普及率为 56.28%，而北方地区平均普及率仅为 26.22%，沼气普及率最高的省份是四川省和重庆市，将近 70%；湖北、江苏、江西的普及率也都高于 50%；北方地区只有河北、河南两省普及率较高，其他各省都较低，在山西省，竟没有一户使用沼气，主要原因是山西省煤炭丰富、价格便宜，能源供需矛盾不十分突出，所以农户不愿意额外建造沼气池。

目前农村沼气的利用形式以分散式为主，大中型沼气工程很少，多是尝试性为主，难以大面积推广应用，主要原因是农村的大中型沼气工程一般需要一定规模的畜禽养殖场配合，这样就受养殖场数量、规模和地域的限制，另外由于许多农户居住比较分散，建大中型沼气站需要考虑集中供气的问题，增加了设备投资和输送成本，更增加了推广的难度，所以对沼气进行推广时，利用形式应该灵活多变、因地制宜，切忌"一刀切"，既要做到当地资源的合理利用，又要做到成本的最优控制。

炊事做饭是沼气最主要的利用方式，目前该技术已经比较成熟，相关设备都有专门的厂家进行生产，另外少部分农户用来照明，一盏沼气灯可相当于 40W 灯泡，在南方地区，一部分产气量较多的农户还用来做洗浴、采暖的能源，以及用作柑桔贮藏保鲜、粮食的气调贮藏等。

虽然在农村地区推广沼气具有很多优势，但是在实际应用过程中还存在着许多限制和问题，不容忽视，主要表现在以下几个方面：

1) 沼气应用中最大的困难是冬季室外温度低，池内发酵困难，导致产气量很低甚至不产气，这一点在北方地区尤为突出，也是造成北方地区沼气普及率低的主要原因。调研时发现，北方一些省份多年以前就尝试过推广沼气，但是由于当时建池技术、农户生产条件、国家投入、实际效果等原因，均以失败告终。

2) 建造一个沼气池需要一定的资金，在目前农民收入不是很高的情况下，一些农民很难拿出钱建沼气池。一般情况下建造一个沼气池需要三、四千元左右，虽然一些地方的政府能够补助1000元，但是其余的钱对农民来说还是一个不小的负担，这样造成很多农民都持观望态度。

3) 很多沼气池处于半饥饿状态运行。虽然植物秸秆在农村比较丰富，但由于发酵效率太低，一般情况下很少被采用，所以沼气池主要依赖人畜粪便为原料，其中以猪粪为主，而现在种猪价格上涨使得农村养猪户急剧减少，这样一来只有个别的养殖专业户可以单靠沼气能来供应日常生活，除此以外的绝大多数家庭都还需要另外的能源作为辅助。在对南方的农村进行调研时，很多农户都抱怨沼气池存在原料不足的问题。

4) 沼气池的维护和保养比较困难，需要专业人员，一旦沼气池被破坏，将很难修复。

针对沼气池越冬产气问题，一些地区已经发展出一系列新的模式，如辽宁省的"四位一体"和南方地区的"猪—沼—果"、"猪—沼—稻"等生态模式。"四位一体"把温室大棚、猪圈与沼气池建在一起，利用温室大棚的保温和猪圈的热量，维持沼气池的温度。避免了冬季温度低，发酵困难的问题。

而针对沼气的投资建设和保养问题，江西省的一些地区专门举办沼气建池技术培训班，同时在项目村采取以师带徒的办法，县里对沼气建池严格执行持证上岗制和建设管理合同制，严禁无技术人员单独上岗施工；建池农户与建池技术员签订建设质量和建后维护合同书，确保建池质量和使用安全，并成立农村能源技术推广服务站，采取建池原材料统一采购、统一供应的办法，并实行包退、包换、包修、包赔的"四包"服务，免除了用户的后顾之忧。

另外，江苏省的一些地区还专门成立了沼气协会，协会由几名技术人员和一位管理人员负责。农民可以每年交纳几十元的会费而成为协会的成员，会员可以第一时间了解到沼气设备的更新状况，而且还可以免费享受到协会的技术人员对沼气池的维修，而会费主要是用来付给几位技术人员和管理人员的工资。

这些模式都为沼气的推广利用提供了积极的借鉴意义。随着国家经济的飞速发展、技术的快速进步以及农民收入的不断增加，在全社会的共同努力下，使农村地区大面积普及沼气满足生活用能的基本需求，是完全可以实现的。

3.7.8 生物质气化技术

生物质气化技术是通过气化炉将固态生物质转换为使用方便而且清洁的可燃气体，用作燃料或生产动力。其基本原理是将生物质原料加热，生物质原料进入气化炉后被干燥，伴随着温度的升高，析出挥发物，并在高温下裂解。裂解后的气体和炭在气化炉的氧化区与供入的气化介质（空气、氧气、水蒸气等）发生氧化反应并燃烧。燃烧放出的热量用于维持干燥、热解和还原反应，最终生成了含有一定量CO、CO_2、H_2、CH_4、C_mH_n的混合气体，去除焦油、杂质后即可燃用。这种方法改变了生物质原料的形态，使用更加方便，而且能量转换效率比固态生物质的直接燃烧有较大的提高，整个过程需要用生物质气化炉来完成。

气化炉大体上可分为两大类：固定床气化炉和流化床气化炉。固定床气化炉是将切碎的生物质原料由炉子顶部加料口投入炉中，物料在炉内基本上是按层次地进行气化反应，反应产生的气体在炉内的流动要靠风机来实现，固定床气化炉内反应速度较慢。流化床气化炉的工作特点是将粉碎的生物质原料投入炉中，气化剂由鼓风机从炉栅底部向上吹入炉内，物料的燃烧气化反应呈"沸腾"状态，因此反应速度快。国家行业标准规定生物质气化炉的气化效率$\eta \geqslant 70\%$，国内的固定床气化炉通常为70%~75%，流化床气化炉η值可达78%。

我国有着丰富的农业废弃资源，由于利用率很低及不正当处置方式（如焚烧）而严重污染环境，所以如果从提高秸秆类生物质利用效率与利用价值、提高农民生活质量与生活品位、减少污染、充分利用可再生能源和延缓不可再生能源的持续利用等方面综合考虑，生物质气化技术是一种具有发展前景的技术，也是目前生物质能利用技术研究的热门方向。

尽管生物质气化技术已经进入实用阶段，并且我国也已有了一些小规模的集中供气、供热及气化发电等方面的示范应用，但是目前的技术尚未成熟。要进行大范围推广应用，需要认真解决生物质气化的关键技术及相关的配套技术和设施。存在的主要问题表现在以下几方面。

(1) 焦油问题

焦油问题是影响气化气使用的最大障碍，除了气化供热、气体燃料直接用于燃烧以外，无论是用于发电或供气，都有焦油问题。焦油会堵塞管路，污染气缸，堵塞火花塞或燃气孔，使发电与供气设施无法正常运行，还会引起二次污染。虽然可以利用水洗的简单方法来处理焦油，但是这种方法存在许多问题，经水洗、过滤后的气化气中仍含有少量的焦油，在实际使用中也会发生粘结阀门、堵塞输气管路的现象。同时，热制气经水洗过滤后，由于显热损失和潜热损失，致使冷煤气热焓下降，煤气的燃烧质量降低。可燃气着火界限明显缩小，直接影响了煤气的点火性能，出现"点不着火"或"小火头"现象。而水洗 $1m^3$ 煤气的耗水量约为 0.5kg，1 台产气量为 $200m^3$ 的装置，耗水量即为 100kg/h，这在北方缺水地区也是值得注意的问题。

目前虽有焦油热裂解与催化裂解的试验，但距实用仍有一段距离，因此，要解决焦油问题还应加大力度研究处理焦油问题的经济实用方法。

(2) 二次污染问题

生物质气化相关污染问题仍没有彻底解决，成为推广气化技术的主要障碍，所以，解决灰及废水污染问题也是发展气化技术的关键之一。对于灰污染问题处理比较简单，只要提高气化效率，并对灰进行煅烧处理，即可满足要求。对于废水问题，就比较难处理，由于焦油等杂质与水很难分离，因此，在沉淀池和储气塔中的水无法循环利用，而直接排放这些污水，将会对环境造成更大的危害。

(3) 安全性问题

为了降低管网及贮气柜的投资和提高气化气的热利用率，生物质都被气化成高热值的气化气，但与此同时带来气化气中 CO 含量过高（甚至达到 40% 以上），对气化气的使用安全带来威胁，故必须考虑在提高气体热值的同时降低其中 CO 的含量，而目前尚无农村居民燃气标准。

(4) 成本问题

我国农村人口多，庭院式居住分散，给燃气工程带来极大困难，增加很大的投资，造成生物热制气技术投资在辅助系统的成本远远大于气化系统运行的成本，从而使得气化气的成本较高，与现有的燃气相比优势不明显。另外，整套装置还缺乏长时间的考验，可靠性及使用寿命需要进一步确定。所以，降低气化气的利用成本势在必行。

(5) 运行管理问题

由于炊事供气设备运行时间短，造成不利的运行工况。一日三餐，每次运行不超过1h，设备尚未进入"热车"状态即停止运行，反应区不能积蓄充足的热量，煤气中油雾、水气含量过高，难以稳定、正常供气。而且农作物秸秆长期存放，其中的低炭聚合物如CH_4、C_2H_2等会自然挥发逸出，造成能量衰减。如果雨淋受潮，长期堆积将发酵放热，形成质量损耗和能量衰减，其结果是燃烧火焰弱或不产气。

综上所述，需要在实践的基础上对生物质气化技术进行反思和再认识，对一些深层次问题要在技术规模、物料配置、裂解除焦技术等层面上进行探讨，生物质气化技术的推广不能只靠政府拨款，只有通过用户的长期实践，按市场规律办事才能得到普及推广。

3.7.9 农村室内环境综合改善技术

我国农村能源结构不合理，现阶段煤炭等商品能源利用量已经占到了60%，秸秆和薪柴等生物质能源只占40%，但是农村能源设施和利用方式普遍落后，多以燃料的直接燃烧为主。据中国室内环境监测工作委员会的调查和研究，认为"落后的农村传统的生活方式"是造成目前我国农村室内环境污染的四大环境问题之一。

在北方冬季采暖一般用火炕和土暖气，还有些农户用小煤炉采暖。而在南方，由于采暖期较短，一般采用火盆、煤炉等进行短暂取暖。一些用来取暖的火盆，冬季直接放到室内，煤炭燃烧产生的烟气直接排放到室内，加上冬季一般室内的门窗都紧闭，空气流通很差，造成室内污染很严重。通过对北方地区约1400农户的调研，有40%的人认为做饭的时候呛人。农民长期在这种环境下生活，适应了做饭时炉灶产生的烟气，因此即使他们感觉不呛人的情况下室内的烟气浓度也会很高。

在对南方的调研中我们了解到大部分农户家里都没有抽油烟机,只有少数经济比较好的农户家里有抽油烟机。这样即使做饭时采用的是液化石油气或者沼气这些清洁能源,厨房内也还会由于烹调过程中的煎炒烹炸造成室内污染。厨房油烟是食物用油和食物高温加热后产生的,高温烹调是我国独特的烹饪习惯,因而在高温烹调过程中形成的厨房油烟已成为我国室内环境中的主要污染物之一。厨房油烟的主要成分是醛、酮、烃、脂肪酸、醇、芳香族化合物、酮、内酯、杂环化合物等。其中包括苯并[a]芘(BaP)、挥发性亚硝胺、杂环胺类化合物等已知致突变、致癌物。

通过以上的分析,我们发现厨房是农户房间中污染最严重的地方,因此人们停留时间最长的居住房间应该尽量在室外或在室内与厨房不连通。在南方调研中发现有33%的农户的厨房是在室内且与居住房间连通的。而在北方虽然没有进行数据调研统计,但北方由于普遍使用炕连灶,所以厨房和居住房间大部分都连在一起。

另外,不良生活习惯和环境意识的缺乏也是造成农村室内环境差的重要原因。根据有关数据显示,全国8亿农民中有2.53亿农民吸烟,农村吸烟率达33%。众所周知,香烟中含有诸如一氧化碳、尼古丁、多环芳烃等大量的有害物。受经济条件的限制,农民吸的往往是自制或低档卷烟,有害物质更多。在调研中我们了解到,大约有44%的农户室内会有人吸烟。

在农村,农户家里一般都会饲养家禽家畜。有些农户将家禽家畜直接养在室内或院内与人混居,一方面家禽家畜身上散发的腥膻气和排泄物会产生大量恶臭造成空气污染,另一方面家禽家畜排泄物中含有大量的病原微生物、寄生虫卵及孳生的虱子、跳蚤、蚊蝇会导致室内环境中病原种类增多。这些会造成室内的严重污染甚至导致疫情发生,严重威胁着人们的生命安全。

不少家庭的粮食、食品、生活和生产用具等未经分类,混杂在一起,这样极容易使细菌、病毒、霉菌等微生物大量繁衍,成为滋生疾病、危害环境的温床。

农村居民室内环境污染直接威胁着广大农民的身体健康,农民的健康若没有保障,新农村建设就有可能成为空中楼阁。因此,了解室内环境的污染现状和成因,并对农村的室内环境污染进行防治势在必行。

此外，我国农村住宅建筑保温程度普遍较差，远低于我国城市居住建筑保温水平，采暖系统热效率低，供热成本高，一般家庭为减少费用而致使室内热环境质量差，热舒适性低。据实测，北方农村大量住户冬季室温只有10℃左右或更低，远低于国家室内空气质量标准规定的舒适温度范围。

3.7.10 农村建筑节能小结

受经济条件和能源供给能力的限制，我国农村在未来一定时期内，还应该大力提倡对生物质燃料的有效利用。同时，由于我国地域辽阔，各地区经济发展水平和自然资源状况不同，所以改善农村室内环境的途径、方式和相适宜的技术也都不一样。因此，应当因地制宜发展适用的技术，充分利用当地资源条件，具体技术包括以下几个方面：

1) 改进燃料类型，采用新的燃烧方式，如煤炭型煤化、沼气、生物质气化、生物质成型等技术，提高燃料燃烧性能；

2) 改进燃料燃烧条件，采用家用节能低污染新型炉灶和节能炕，如生物质气化炉和半气化炉、沼气供暖/炊事一体炉、高效预制组装架空炕采暖等，提高燃料的燃烧效率和降低燃烧过程中污染物生成；

3) 对于太阳能资源比较丰富的地区，发展太阳能供热技术进行炊事和采暖，如太阳灶、被动式太阳房等，有效提高冬季室内环境状况和降低常规能源消耗；

4) 充分利用当地资源，对于北方寒冷地区，加强农村建筑围护结构保温性能；对于南方地区，夏季主要是采用自然通风、有效遮阳措施等来降温；

5) 对农村建筑进行通风设计，确保室内通风良好，不仅能够改善室内热环境，还可以稀释和排除因炊烟排放导致的室内污染物，提高室内空气质量；

6) 室内空气污染控制技术，采用农村家用排油烟机或者排气扇、排烟系统、自然通风方式等降低有害燃烧产物散发及传播；

7) 能源综合生态利用模式技术，把农村生活用能，生产用肥和增收有机结合起来，形成良性的生态循环系统，改善生活环境；

8) 改善农村能源结构，采用新能源利用方式，大力发展沼气、小水电等无污染替代常规能源，从根本上改善农村室内环境。

3.8 太阳能利用

3.8.1 太阳能的特点及其在建筑节能中的应用形式

太阳能是太阳发出的、以电磁辐射形式传递到地球表面的能量,经光热、光电转换,这些能量可被转换为热能和电能。太阳能系天赐资源,具有取之不尽、用之不竭、洁净环保、用之无偿等优点,所以,它被认为是最好的可再生能源。太阳能利用中需注意:1)太阳能能流密度低:在地表水平面上,其最大功率密度(辐射强度)通常小于 $1000W/m^2$(小于太阳常数 $1353W/m^2$);2)呈不稳定、周期特性:地球的自转使太阳能获取仅限于白天(通常小于12h);地球的公转使得辐射强度在一年中随季节波动;受云层及大气能见度的影响,太阳辐照呈现很强的随机性;3)太阳能因辐射源温度高(5800K),因此其品位很高;4)太阳能本身无需付费,但利用太阳能却需要考虑投资成本和效益。

一方面,我国各地太阳年辐射总量为 $3340\sim8400MJ/m^2$,与同纬度的其他国家相比,除四川盆地外,绝大多数地区太阳能资源相当丰富,与美国相当,比日本、欧洲条件优越得多(罗运俊,何梓年,王长贵. 太阳能利用技术. 北京:化学工业出版社,2006,25~27),太阳能在我国有巨大的开发应用潜力;另一方面,我国人口众多,建筑面积和建筑耗能很大,一些贫穷地区和边远地区尚未通电网。如何从全国范围内,合理、有效地规划和利用太阳能,是值得探讨的问题。

目前太阳能在建筑节能领域中主要的应用形式为:1)被动式太阳房;2)太阳能热水器;3)太阳能光电利用;4)太阳能热泵和空调。根据太阳能的特点和我国经济技术发展情况,对上述技术的应用适宜性进行简单分析,并介绍一些成功应用案例。

3.8.2 太阳能热水器

迄今为止,太阳能热水器是太阳能热利用最成熟的方式,已经实现大规模商业化应用。我国是世界上太阳能热水器生产和安装面积最大的国家,截至2006年,我国太阳能热水器运行保有量达9000万 m^2,年生产能力逾2000万 m^2,使用量和年产量均占世界总量的一半以上。(吕福明．我国太阳能热水器使用量和年产量占全球一半以上．新华网：http：//news.xinhuanet.com/，2007.4)。

随着人民生活水平的提高，生活热水的需求量将持续上升。加快推广太阳能热水器的使用，能大幅缓解由于热水消耗量的增加而引起的能源供应压力和环境压力，有助于我国建筑节能总体目标的实现。

太阳能集热器是太阳能热水系统的核心部分，对于建筑一体化的太阳能集热器，寿命要求相对较长，不用经常到屋顶去维修（丁国华等．太阳能建筑一体化研究、应用及实例．北京：中国建筑工业出版社，2007，20~22）。我国目前市场上使用的太阳能集热器大致分为两类：平板型集热器和真空管集热器。对给定地区，用平板集热器还是用真空管集热器，需具体问题具体分析。一般说来，平板型集热器价格较低、故障较少，但零度以下使用效果还不理想。真空管型集热器，解决了零度以下的产水问题，因此适用地区广。

近年来太阳能热水器在百姓家庭获得了广泛应用。但目前，太阳能热水器尚很少做到与建筑一体化设计。在现有建筑上安装热水器，常常是事后安装、无序安装，太阳能热水器规格各异、大小不一，会严重影响建筑的外观美感。这是今后需要关注的问题。

对于中低层建筑，解决这类问题，一种可行的办法是规范整体式太阳能热水器的安装方法，由小区或由房地产开发公司统一购置和安装，选用同样的品牌和型号，安装的位置排列有序，做到整齐划一，并尽量做到与建筑很好的结合，保持建筑风貌和美感。

随着城市规模的不断扩大和土地资源的日益紧张，高层建筑越来越多，开发建筑围护结构外表面可利用区域，扩大集热器的安装面积，是解决高层建筑太阳能热水器推广应用的主要途径。

由于屋顶位置最高，周围的遮挡较少，故仍然是太阳能集热器安装的首选位置。对于坡屋顶，将集热器放在建筑屋顶向阳坡面上是简单的与建筑一体化的办法，美中不足的是需要做好集热器本身及四周与瓦交接处的防水工作，由于材料本身的老化作用，各种建筑防水材料均很难做到几年之内不会渗漏，根本的解决办法还是借鉴国内外结构防水的经验，做好结构防水；对于平屋顶，目前广泛采用的是屋面附着或屋面架空安装方式，优点是集热器的安装维护比较方便，缺点是集热器占用大量的屋顶表面面积，减少了屋顶功能用地面积和住户屋顶活动空间，结构、防水和保温也容易造成破坏。而在实际的高层平屋顶建筑中，建筑师常常设计出各种各样的装饰用屋顶架空构架，作为建筑的个性化标志，针对这一情况，国内出现了屋顶花架式太阳能热水系统，把构架和太阳能热水器结合起来，使之既能满足形式的需要，又具有实用功能，做到形式和功能的完美统一。太阳能集热管位于大的构架内构成小构架，完全与建筑融合，如果设计合理，对建筑造型也会有很大的提升。另外集热器构架在夏天会成为绝好的遮阳构件，使屋面的隔热作用有所加强，从而降低住宅顶层夏季室内温度，是一举多得的做法。目前，有些学者认为，对太阳能热水系统，同等条件下应优先考虑在一个住宅区中采用集中集热和集中热水供应系统，这样不必每户均设上下水管和电管，只需安装集中的集热器、贮水箱和管道即可，由物业部门统一管理维护，热水采用分户计量的方式，免去了各户自己购买、安装、维修管理的麻烦，还增加了室内使用空间。实际上，上述方式有明显缺点：系统中热水输运水泵功耗很大，且热水分户计量也有一定难度，此外由于整个系统若采用间接连接，通过板式换热器换热，又导致热量品位的降低，降低了太阳能热水的有效利用率，若不采用板换，则整个系统压力分布很复杂，容易导致系统运行不正常，降低系统可靠性。比较现实的做法是对楼中一个单元采用集中集热和热水供应的方式，这样不仅能有效利用太阳能，而且便于管理和维修。

由于屋顶面积有限，立面太阳能热水系统将成为未来城市太阳能热水系统的发展热点。在墙面或阳台安装太阳能集热器，集热器与建筑紧密结合，水箱放置于室内或结合阳台布置，连接管道较短，热损失小，这是其他方式无法替代的，便于采用分散集热一分散供热系统，不会有集中供热所引起的分户计量和综合管理问题。目前，立面式太阳能热水系统在实际开发利用中的主要困难是：立面安装太阳能集热器时必须充分考虑集热器的刚度、强度、锚固和防护问题；对于低纬度地区，单位立面集热器集热量不高，集热器安装面积相对较大；由于与用水端没有足够的高度差，所以立面式热水系统必须采用顶水式管路。因为以后高层住宅会越来越多，如果屋面上无法安装，只要能达到日照要求，那么安装在自家附近的墙面或阳台上仍然会成为人们的一个重要选择。

3.8.3 太阳能光电池及其应用

世界上很多国家都在大力鼓励太阳能光电产业的发展。据报道，1992年，日本启动了新阳光计划，到2003年，日本光伏组件生产占世界的50%；德国新可再生能源法规定了光伏发电上网电价，大大推动了光伏市场和产业发展，使德国成为继日本之后世界光伏发电发展最快的国家。

太阳能光伏发电之所以引起全世界的关注，一个重要原因是：由于这些年来人们对太阳能光电池所做的努力，已经使多晶硅光电池转化率达到15%，单晶硅光电池转化率是20%，砷化镓光电池是25%，在实验室中特制的砷化镓光电池甚至已高达35%~36%！

在国际市场上，目前太阳能电池的价格大约为每瓦3.15美元，并网系统价格为每瓦6美元，发电成本为每千瓦小时0.25美元。也就是说，太阳能光电系统的发电成本，约为1996年美国煤电成本4.8~5.5美分/kWh的5倍。另外，太阳能光电池的发电成本在沙漠地区和日常生活地区在日照时间有较大差别，所以，实际上现有太阳能光电池的成本约是煤电成本的5~8倍。

煤是全程污染的能源。在煤的开采、运输、利用的过程中，都有废渣、废水，或者有废气的排出。所以，在计算煤的发电成本时，不仅要计算它的内部成本，还要将外部成本，亦即要将社会对污染环境所付出的代价计算在内。在欧洲的一项历时10年的研究结果表明，煤电的外部成本将高达2~15欧分/kWh，由此可算出煤电的"内部成本＋外部成本"将是7.3~24.25美分/kWh，亦即比煤电的5美分/kWh上升50%~350%！所以，如果太阳能光伏发电的成本能够下降到10美分/kWh，就将有巨大的经济效益！

有许多人看好太阳能光伏电池的未来。认为到了2020年，光伏电池成本将由现在的25美分/kWh下降到10美分/kWh，也有人认为到2010年即能下降到10美分/kWh。(何祚庥. 大规模利用太阳能时代即将到来. 2006.8. www.coatren.com/Education/warm/paper/Ventilation/energy/)。

太阳能光伏建筑集成技术（BIPV）是在建筑围护结构外表面铺设光伏组件，或直接取代外围护结构，将投射到建筑表面的太阳能转化为电能，以增加建筑供电渠道、减少建筑用电负荷的新型建筑节能措施。常见的光伏建筑集成系统主要有光伏屋顶、光伏幕墙、光伏遮阳板、光伏天窗等，其中光伏屋顶系统的应用最为广泛，光伏幕墙和光伏遮阳板的发展也非常迅速。目前，国内光伏建筑集成技术主要应用于国家和地方的各示范工程中，尚未实现完全商业化发展。

光伏建筑集成系统是为实现太阳能光伏发电低成本、规模化发展而提出的技术解决方案，从建筑、节能、技术、环保及经济等角度出发，具有诸多优点：可以充分利用建筑围护结构表面，无需新增用地，有利于节省土地资源；光伏电池与建筑饰面材料结合，可使建筑外观更具魅力，同时可降低光伏系统的应用成本；可实现原地发电、原地使用，节省传统电力输送过程的电力损失；由于日照最强时电网负荷最大、光伏系统发电量也最大，有利于缓解电力高峰负荷需求；光伏组件处于围护结构外表面，吸收并转化了部分太阳能，有利于减少建筑室内得热量、降低空调负荷；作为一种清洁能源，光伏发电过程中不会产生污染，有利于保护环境；光伏电池与围护结构结合，可增加建筑功能、减少光伏系统应用成本，有利于降低建筑系统整体投资。但是，目前光伏建筑集成系统的开发应用也存在不少障碍：光伏电池的制造成本较高，发电系统初投资过大，回收期过长；光伏电池与建筑围护结构相结合，夏季有利于建筑物的遮阳隔热，但是冬季则不利于采光采暖，如何综合评价光伏建筑集成系统对于建筑物全年的能量贡献，有待深入研究；光伏电池在生产过程中，大量消耗能源资源，污染现象也不容忽视，在光伏系统全生命周期内，如何综合评价能量收益与环境效益，有待进一步探讨。

并网系统是目前光伏建筑集成系统的首选发电方式。光伏屋顶或光伏幕墙系统产生的直流电，通过逆变控制器转化为交流电，直接输送给电网，住户使用时再从电网购买。与独立光伏系统相比，并网系统的初投资较小，运行维护费用低，并避免了使用蓄电池带来的环境污染。此外，可以实现光伏电力随发随用，最大限度地转化太阳能，缩短投资回收期。但是，并网系统对电网质量和逆变控制器精度要求很高，并且需要地方电网企业的配合，因此采用并网型光伏建筑集成系统时，必须经过详细的技术、政策和经济可行性分析。

按目前光电转换技术发展水平和生产、运营成本，大面积商业化使用太阳能发电作为建筑用能，特别是空调、采暖用能，还远缺乏市场竞争力；鉴于目前太阳能光伏电池的价格，建筑领域大规模应用太阳能时机尚未成熟。在这种情况下，我国利用太阳能有两种态度，一种是"锦上添花"；在发达地区为营造环保和应用高技术的形象,建造一些太阳能电池应用示范工程;另一种是"雪中送炭":对不发达地区,尤其是一些电网尚未通达的贫穷地区,由政府补贴,安装太阳能电池及蓄电系统,解决那里百姓的无电之苦。从经济性、社会人文关怀和客观效果而言,后者可能更应当提倡。

3.8.4 太阳能热泵和空调

近年来,有一些关于太阳能热泵采暖系统的研究报道。当太阳能提供的热量不足时,利用热泵从蓄热水箱甚至从太阳能集热器中提取热量和提升温度,以满足采暖要求。然而如果整个系统的热量都来自太阳能集热器,则采用热泵不可能有效地增加系统获取的总热量。因此,尽管据称该种系统的热泵可以获得很高的性能系数(COP),但与辅助的直接电加热相比,系统实质上可增加的热量非常有限。采用独立的空气源热泵或其他形式的热泵作为太阳能采暖热水的辅助热源,在太阳能热水温度过低时补充加热,将比这种从太阳能集热器中提取热量的热泵具有更高的能量利用率。所以,在一般情况下不应该提倡和使用这种"太阳能热泵采暖"方式。

太阳能空调指利用太阳能产生热能,再把热能转化为空调冷量或对空气进行除湿的方式。太阳能空调系统的技术关键是实现高效的能量转换,并且能有效的蓄存能量,在没有太阳能时也能继续维持建筑的空调环境。

太阳能的能量转换为空调用冷水可通过吸收式制冷机或吸附式制冷机实现。当太阳能集热温度在90℃以下时,吸收式制冷机或吸附式制冷机的热量—冷量转换效率一般仅为0.5~0.8。能量利用率较低,导致需要太阳能集热器面积大,系统需要的投资高。吸收式制冷机只能通过储存冷水的方式蓄能,蓄能能力差。而吸附式制冷机可以直接通过吸附材料以化学势的形式储存太阳能,因此具有很好的蓄能能力。

由于电动压缩制冷的电—冷转换系数是4~6,如果利用太阳能光伏发电,当集热器上接受的热量转换为电能的转换效率的10%时,则采用"太阳—电—制冷"方式,按照集热器面上得到的太阳能热量计算,制冷效率可达0.4~0.6。而如果采用太阳能制冷,集热器效率为80%。则制冷效率也只有0.4~0.6,这两条技术路线效果相当。

为提高吸收式制冷的效率,希望提高太阳能产热热能的温度。为此,目前有聚焦式太阳能集热器，产生150℃左右的高温热源，从而驱动双效吸收机，热量—冷量的转换效率可达1.2～1.3。这使得太阳能制冷总效率提高近80%。但由于聚焦式系统投资高、系统复杂，因此要真正使其能够大规模应用还有很多工作要做。

太阳能空调的另一条技术路线是利用太阳能产生的热量对空气进行除湿，从而实现空调。目前有利用太阳能产生的热风再生带有固体吸湿剂的转轮，从而实现对空气除湿的太阳能空调。然而综合的热量—冷量转换率也仅在0.6左右。另一种技术就是采用溶液吸收式除湿。用太阳能热量对这种溶液吸湿剂再生，可以获得0.8以上的热量—冷量转化率。同时，可以通过储存再生后的溶液实现蓄能。由于所蓄能量的形式为化学势，因此可以获得非常高的蓄能密度。然而，经济分析表明，这些方式目前的投资回报期都在50年以上。

目前的各类太阳能空调方式和太阳能主动式采暖都存在造价高、系统和运行复杂的问题。系统一年中运行小时数是衡量太阳能系统经济性的重要指标。与太阳能热水器相比，太阳能空调和太阳能采暖的全年运行小时数要低得多，因此其初投资的回收年限也很长，按照目前的能源价格和设备材料价格计算，在这种装置的使用年限内也很难收回初投资。这是发展太阳能空调和太阳能主动式采暖时必须面对和考虑的问题。

3.8.5 太阳能应用举例

2007年利用太阳能实现建筑节能的研究不断增多，实用工程也不断增加，一些地方还制定了相关标准。下面以西藏地区为例，介绍利用太阳能实现建筑节能的应用实践。

(1) 编制了西藏高原《民用建筑节能采暖设计标准》和《居住建筑节能设计标准》

西藏自治区面积120多万km^2，平均海拔4000m。那里常年气温日较差较大，气温年较差较小。以拉萨为例，年平均气温为7.8℃，最冷月的平均气温为−1.6℃，最热月的平均气温为15.5℃，参见图3-43。冬季最冷月平均气温与上海、西安等城市相差无几，也就是说，同一建筑，其最冷月的采暖负荷，在拉萨和西安几乎相同，而比北京要小，参见图3-44。但西藏高原是我国太阳能资源最富集的地区，日照6h以上的年平均天数在275～330天之间，全年日照时数在2900～

3400h 之间（拉萨为 3100h），年辐射总量可达 7000～8400MJ/m²，大约是北京和西安的 2～3 倍。

由图 3-43、图 3-44 可见：拉萨市冬季采暖期要比西安市采暖期长约 2 个月，但采暖负荷基本相同；拉萨夏季（6～8 月）平均温度和最热月（7 月）平均温度都较西安低 10℃以上，因而不需要设置空调系统。

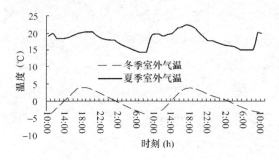

图 3-43　拉萨冬、夏季典型日室外气温实测结果

（西安建筑科技大学，2006 年 8 月、2007 年元月）

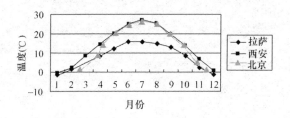

图 3-44　拉萨、北京和西安各月日平均温度

西藏自治区在 2003 年以前被划归为非采暖区，大量的既有建筑没有设置采暖系统，也没有进行建筑热工与节能设计。2003 年新颁布的《民用建筑采暖设计标准》将西藏自治区重新划归为采暖地区后，采暖热源问题成为西藏建筑行业急待解决的问题。西藏自治区煤、石油、天然气等常规能源储量和产量近乎为零；如果从内地输运，不但成本很高，而且会引发次生环境问题；西藏自治区电力供求基本平衡，其产量和成本都不允许将电力作为漫长冬季的采暖热源。曾经有人提出将羊八井地热作为拉萨的采暖热源，其经济性、环保性和持久性都很差。为此，西安建筑科技大学刘加平教授带领的课题组，在国家自然科学基金重点项目和"863 计划"项目支持下，联合西藏自治区建设厅和西藏自治区建筑设计院，针对西藏高原城乡

气候特征和太阳能富集的优越条件,通过大量调查和测试研究,提出了以太阳能作为西藏地区建筑采暖主要热源的理念。他们拟通过建筑设计和建筑环境技术科学的综合理论分析优化、现场主观反映调查和热环境与节能指标详细测试、建筑空间和构造形式的设计创作和试点示范工程建设等过程和方法,结合西藏高原地区民族文化、社会经济发展水平、自然与气候条件和建筑业综合技术水平,在完全依靠太阳能资源和满足城乡居住建筑基本热舒适条件下,实现以下目标:1)建立西藏高原地区城镇住宅与乡村民居建筑节能与建筑热工设计理论和计算方法;2)编制西藏高原《民用建筑节能采暖设计标准》和《居住建筑节能设计标准》;3)建立西藏高原地区城镇太阳能采暖与节能住宅示范工程;4)编制西藏高原地区城镇住宅和乡村民居建筑节能设计标准图集。该研究进展顺利,面积达 10 万 m^2 的第一期示范工程已经完成施工图设计并开工建设。预期将成为国际上首例大面积完全利用太阳能采暖的节能建筑小区。

(2) 西藏自治区太阳能采暖建筑示范工程

西藏自治区太阳能采暖建筑示范工程依托于西藏自治区行政事业单位干部职工周转房项目进行。该项目位于拉萨市区,总占地面积 450 亩(30 万 m^2),建筑面积 $294984m^2$,拟建住宅 3278 套,总投资约 47048 万元。项目拟分三期建设。一期建设用地 $67295m^2$,拟建住宅 1000 套,建筑面积 10 万 m^2。项目于 2007 年启动,计划于 2009 年完工。

(3) 拉萨火车站太阳能利用

拉萨火车站,位于西藏自治区拉萨市拉萨河南岸,是刚刚建成的"青藏铁路"的终点站。由中国建筑设计研究院承担主体设计,2006 年 7 月正式使用,总建筑面积 $19504m^2$,地上共 2 层,建筑总高度 21.4m。拉萨火车站利用了拉萨地区丰富的太阳能资源,采用了太阳能采暖系统。

在该项目中,集热器按照 30% 的集热效率设计,布置的集热器面积达 $6720m^2$,集热系统按照开式系统进行设计,并设计了高区和低区两个部分。为了更充分主动地利用太阳能进行供暖,该项目还在地下室设计了蓄热系统,蓄热水池容量为 $1500m^3$。采用板式换热器作为换热设备,其设计水温参数为:一次水(集热水)40/50℃,二次水(采暖水)41/36℃。预计,该项目中的太阳能采暖系统可节约全年采暖能源 50% 以上。此外,采暖系统还配置了辅助热源,其装机容量为

880kW。

3.9 住宅能耗标识

从我国 1986 年试行第一部建筑节能设计标准来，住宅建筑节能已走过二十多年的历程，但从实际情况来看，效果并不理想。究其原因，一是各级政府对标准执行的监管力度不够，二是建筑节能与广大消费者切身利益没有直接挂钩，购房者、开发商、设计院、施工单位等各个建筑节能相关领域都缺少动力。

而住宅货币化全面实施和房地产市场竞争日趋激烈，使得政府可充分利用市场手段促进建筑节能的发展。

住宅能耗标识体系即是基于这一目标提出的一套运行方法，它将反映住宅建筑能耗及热工性能的指标，标识于售楼书上供购房者参考；通过一定的宣传引导，使购房者认识节能与自身健康舒适和经济利益密切相关，从而主动选择更节能的住宅，进而要求房地产商开发更节能的住宅项目，带动相关节能技术、材料、设备的发展和相关科研进步，从而形成建筑节能的良性循环。并且，通过将商品住宅节能信息公示的能耗标识体系，可以改善目前我国房地产市场信息不对称的现状，推动房地产市场健康和可持续发展。

为使这套标识体系得以顺利实施，真正促进我国住宅建筑节能发展，就必须解决以下几个问题：

(1) 建立科学的住宅热性能指标体系

住宅热性能指标体系包括以下两部分：1) 指标的形式及内容；2) 指标的获得方法。

1) 指标的形式及内容

指标的形式主要指所面向的对象和类型，主要指评价的对象是整栋建筑还是每户住宅？指标类型是给出等级性的指标还是数据性的指标？

从我国的实际情况来看，普通住宅多于公寓式住宅，购房者多数只是购买整栋建筑中的某一户，因此，会更关注某一户而非整栋建筑的节能效果。同时，对同一栋建筑而言，不同位置的户型能耗差别很大，整栋建筑的节能与否并不能直接反映购房者所购买的住宅的热性能。所以在该体系中，指标应该更着重体现每一套住宅的能耗效果，而不应该只关注整栋建筑的节能效果。

对于指标类型，等级性指标有以下缺点：不够明确，购房者往往不能清楚地了解到该等级所代表的含义；不便于监督，为保证等级性指标的准确性，所需要的监督体系十分难以建立；难以制定统一的等级体系，我国地域广大，各地区的能耗水平差别很大，要制定统一的分级指标是很困难的。

因此，只有采用分户标识这种方式，给出具体的定量的能耗数据供购房者参考，才能够激发购房者对自身利益的关注，使这一体系真正起到作用。否则就无法保证这种方式的公平公正，从而很可能逐渐流于形式，最终成为误导消费者的手段。

住宅建筑能耗指标的作用主要是为了向购房者提供购买决策参考，一方面从绝对数的角度来看采暖空调费用，分析它占购房费用、生活费用比重的大小等，另一方面可以进行横向的比较，与其他的房屋进行比较。本文提出以下几项指标，如表3-17所示。

住宅建筑能耗指标　　　　　　　　　　　表 3-17

指标	说明	备注
年累计耗热量（kWh）	一套住宅每年所需累计耗热量	按户给出
年累计耗冷量（kWh）	一套住宅每年所需累计耗冷量	按户给出
累计温度较低小时数	室内温度低于15℃的累计小时数	按主要房间给出
累计温度较高小时数	室内温度高于29℃的累计小时数	按主要房间给出
年累计日照小时数	室内一年中有日照的累计小时数	按主要房间给出

2) 指标的获得方法

由于现场测试成本高，周期长，因此对于住宅建筑，热性能指标只能根据图纸提供的信息或实际测量的数据，采用模拟软件计算得到。

对一栋确定的住宅建筑而言，其热性能指标取决于建筑本身、所在的地区的气候状况，同时还与住户居住调节行为，即室内人数、家电设备、开关窗方式等有关。分析和大量算例表明，不同的住户调节行为会导致能耗有2~6倍的差别。因此，要得到有意义的能耗数据，必须定义某种标准下的住户调节模式，作为标准的计算工况，标识数据也应该是这种标准工况下的能源消耗。

因此，需要通过大量的调查，得到有代表性的标准工况，同时选用适宜的建筑模拟软件，才能够得到科学、可靠的指标数据。

以上海地区为例，根据对 96 户住户进行的行为模式调查及对 9 户住宅的逐时室温测试数据，可以整理得到一套计算标准工况，包括逐时的人员数量、灯光家电的功率，空调运行的方式，室内外通风状况等。以此为基础，利用模拟软件可以得到标准工况下的住宅采暖空调能耗。

我国地域广阔，不同地区的居民对住宅的使用方法也不相同。因此，在建立住宅能耗标识体系时，首先要对当地的居住行为模式进行调研，得到具有代表性的标准工况。

3) 指标的修正方法

住宅在使用过程中，受不同用户的调节行为及气象参数的变化等影响，实际的采暖空调能耗和在标准工况下计算得到的能耗有一定的差异。为了使标识的数据更接近住户的实际能耗，需要根据实际情况进行修正。

这套修正方法是提供给用户，由用户自行来修正的，所以不能是根据实际情况重新进行模拟计算，而是根据不同的居住调节方式和气象参数，给出一系列的修正系数，由用户根据自身情况，从中选取修正系数，校正标识数据。

利用这套修正系数，用户能够根据自己住宅的实际使用状况，对当年的住宅热性能指标进行修正，把修正得到的能耗结果除以 COP 后和自己家的年空调耗电量进行核对，看能耗标识及修正的结果是否能够与实际的耗电量基本一致。这样，用户就可以对能耗标识数据进行监督，完善能耗标识体系的运行机制。

各地气候条件不同，修正系数也会不同。因此，在不同地区应该通过模拟计算得到相应的修正系数。

(2) 建立一套完善的住宅能耗标识体系的运行机制

该体系的运行应由市场机制来推动，参与各方的关系如图 3-45 所示。

由类似于会计师事务所的独立机构——能耗标识事务所，根据开发商提供的建筑信息，提供能耗数据指标，由开发商标识于售楼书上，供购房者参考。同时，购房者居住一段时间后，通过与实际能耗数据的比对，可以实现对能耗标识数据有效的监督。

政府相关部门则是住宅能耗标识体系的管理者和监督者，并不参与到具体的市场运作中。它的工作是根据建筑节能发展的需要和购房者对能耗标识体系的反馈，制订相关政策，例如要求开发商必须提供标识数据等；同时，对能耗标识事务所进行监管，包括组织制定计算标准、审查认证能耗标识师资格、颁发能耗标识事务所执照、成立仲裁机构处理纠纷等。

同时，还可引入保险机制，标识机构在提供标识数据时，需要向保险公司投保，缴纳一定费用，当因标识数据与实际能耗不相符而产生纠纷，且责任在于标识机构时，由保险公司承担赔偿责任。当标识机构技术水平较高，信誉较好时，保险公司可以收取较低的保险费用，反之，则应该收取较高的保险费用，使其慢慢被淘汰掉。这种机制一方面可以保证购房者的利益在受到侵害时能够得到补偿，另一方面也促进标识机构提高技术水平，提高信誉，降低保险费用。

在市场机制的约束下，使政府部门、标识机构、开发商、保险公司及购房者之间互相约束、互相促进，从而保证标识工作可以科学、公正地进行，使得建筑节能工作由"政府推"向"市场拉"彻底转变，有效促进我国住宅建筑节能的发展。

该体系的具体实施案例参见附录七。

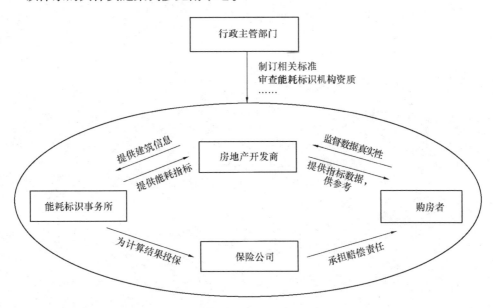

图 3-45 住宅能耗标识体系运行方法示意图

(3) 大力宣传节能知识，提高广大消费者对节能住宅的接受程度

在住宅能耗标识体系中，购房者是该体系实施的基础，只有购房者认可并重视能耗指标，才会主动选择节能型的住宅，从而促进开发商和一系列相关单位提高建筑的节能水平。

但目前我国公众对节能住宅的认识、重视程度还远远不够，造成了利用市场推动建筑节能的源动力不足。因此，需要政府部门、专家学者及新闻媒体等对节能住宅的优点、节能住宅与购房者健康等切身利益的关系进行大力宣传，让社会公众认可并接受节能住宅，才能保证该体系的顺利实施，真正起到促进建筑节能的作用。

附录一 建筑能耗相关数据汇总

1 全 国 数 据

1.1 人口与 GDP 相关数据

1978~2006 年全国人口数及城乡比逐年变化表　　　　附表 1-1

单位：万人 年　份	年底人口数	按 城 乡 分			
		城　镇		乡　村	
		人口数	比重（%）	人口数	比重（%）
1978	96259	17245	17.92	79014	82.08
1980	98705	19140	19.39	79565	80.61
1985	105851	25094	23.71	80757	76.29
1989	112704	29540	26.21	83164	73.79
1990	114333	30195	26.41	84138	73.59
1991	115823	31203	26.94	84620	73.06
1992	117171	32175	27.46	84996	72.54
1993	118517	33173	27.99	85344	72.01
1994	119850	34169	28.51	85681	71.49
1995	121121	35174	29.04	85947	70.96
1996	122389	37304	30.48	85085	69.52
1997	123626	39449	31.91	84177	68.09
1998	124761	41608	33.35	83153	66.65
1999	125786	43748	34.78	82038	65.22
2000	126743	45906	36.22	80837	63.78
2001	127627	48064	37.66	79563	62.34

续表

单位：万人 年 份	年底人口数	按城乡分			
		城 镇		乡 村	
		人口数	比重（%）	人口数	比重（%）
2002	128453	50212	39.09	78241	60.91
2003	129227	52376	40.53	76851	59.47
2004	129988	54283	41.76	75705	58.24
2005	130756	56212	42.99	74544	57.01
2006	131448	57706	43.9	73742	56.1

注：1. 1982年以前数据为户籍统计数；1982～1989年数据根据1990年人口普查数据有所调整；1990～2000年数据根据2000年人口普查数据进行了调整；2001～2004年数据为人口变动情况抽样调查推算数；2005年数据根据全国1‰人口抽样调查数据推算。

2. 年底人口数和按性别分人口中包括中国人民解放军现役军人，按城乡分人口中现役军人计入城镇人口。

3. 本表各年人口未包括香港、澳门特别行政区和台湾省的人口数据。

数据来源：中国统计年鉴2007，表4-1人口数及构成。

1978～2006年全国GDP逐年变化表 附表1-2

单位：亿元 年 份	国民总收入	国内生产总值	第一产业	第二产业			第三产业			人均国内生产总值（元/人）
				总值	工业	建筑业	总值	交通运输，仓储和邮政业	批发与零售业	
1978	3645.2	3645.2	1018.4	1745.2	1607.0	138.2	881.6	172.8	265.5	381
1979	4062.6	4062.6	1258.9	1913.5	1769.7	143.8	890.2	184.2	220.2	419
1980	4545.6	4545.6	1359.4	2192.0	1996.5	195.5	994.2	205.0	213.6	463
1981	4889.5	4891.6	1545.6	2255.5	2048.4	207.1	1090.5	211.1	255.7	492
1982	5330.5	5323.4	1761.6	2383.0	2162.3	220.7	1178.8	236.7	198.6	528
1983	5985.6	5962.7	1960.8	2646.2	2375.6	270.6	1355.7	264.9	231.4	583
1984	7243.8	7208.1	2295.5	3105.7	2789.0	316.7	1806.9	327.1	412.4	695
1985	9040.7	9016.0	2541.6	3866.6	3448.7	417.9	2607.8	406.9	878.4	858
1986	10274.4	10275.2	2763.9	4492.7	3967.0	525.7	3018.6	475.6	943.2	963
1987	12050.6	12058.6	3204.3	5251.6	4585.8	665.8	3602.7	544.9	1159.3	1112
1988	15036.8	15042.8	3831.0	6587.2	5777.2	810.0	4624.6	661.0	1618.0	1366

续表

单位：亿元 年份	国民总收入	国内生产总值	第一产业	第二产业			第三产业			人均国内生产总值（元/人）
				总值	工业	建筑业	总值	交通运输，仓储和邮政业	批发与零售业	
1989	17000.9	16992.3	4228.0	7278.0	6484.0	794.0	5486.3	786.0	1687.0	1519
1990	18718.3	18667.8	5017.0	7717.4	6858.0	859.4	5933.4	1147.5	1419.7	1644
1991	21826.2	21781.5	5288.6	9102.2	8087.1	1015.1	7390.7	1409.7	2087.0	1893
1992	26937.3	26923.5	5800.0	11699.5	10284.5	1415.0	9424.0	1681.8	2735.0	2311
1993	35260.0	35333.9	6887.3	16454.4	14188.0	2266.5	11992.2	2205.6	3198.7	2998
1994	48108.5	48197.9	9471.4	22445.4	19480.7	2964.7	16281.1	2898.3	4338.4	4044
1995	59810.5	60793.7	12020.0	28679.5	24950.6	3728.8	20094.3	3424.1	5467.7	5046
1996	70142.5	71176.6	13885.8	33835.0	29447.6	4387.4	23455.8	4068.5	6379.2	5846
1997	77653.1	78973.0	14264.6	37543.0	32921.4	4621.6	27165.4	4593.0	7314.1	6420
1998	83024.3	84402.3	14618.3	39004.2	34018.4	4985.8	30780.1	5178.4	8084.8	6796
1999	88189.0	89677.1	14548.1	41033.6	35861.5	5172.1	34095.3	5821.8	8788.6	7159
2000	98000.5	99214.6	14716.2	45555.9	40033.6	5522.3	38942.5	7333.4	9629.7	7858
2001	108068.2	109655.2	15516.2	49512.3	43580.6	5931.7	44626.7	8406.1	10787.4	8622
2002	119095.7	120332.7	16238.6	53896.8	47431.3	6465.5	50197.3	9393.4	11950.9	9398
2003	135174.0	135822.8	17068.3	62436.3	54945.5	7490.8	56318.1	10098.4	13480.0	10542
2004	159586.7	159878.3	20955.8	73904.3	65210.0	8694.3	65018.2	12147.6	15249.8	12336
2005	183956.1	183084.8	23070.4	87046.7	76912.9	10133.8	72967.7	10526.1	13534.5	14040
2006	211808.0	210871.0	24737.0	103162.0	91310.9	11851.1	82972.0	12032.4	15158.4	16084

注：1. 本表按当年价格计算。

2. 1980年以后国民总收入（原称国民生产总值）与国内生产总值的差额为国外净要素收入。

3. 2004年及以前年份第一产业不包括农林牧渔服务业，交通运输仓储和邮政业包括电信业，但不包括城市公共交通业，批发与零售业包括餐饮业。

数据来源：2007年中国统计年鉴，表3-1 国内生产总值表。

1996～2006年全国万元GDP耗能逐年变化表　　附表1-3

年份	1996	1997	1998	1999	2000	2001	2002	2003	2004	2005	2006
耗能量 (tce)	2	1.9	1.7	1.5	1.4	1.4	1.4	1.4	1.4	1.2	1.16

数据来源：1997～2007年中国统计年鉴，表2-5 国民经济和社会发展比例和效益指标表。

1.2 能源消费相关数据

1978~2006年全国能源生产与消费量逐年变化表（单位：万t标准煤）　　附表1-4

	能源生产总量	能源消费总量		能源生产总量	能源消费总量
1978	62770	57144	1997	132410	137798
1980	63735	60275	1998	124250	132214
1985	85546	76682	1999	109126	130119
1989	101639	96934	2000	106988	130297
1990	103922	98703	2001	120900	134914
1991	104844	103783	2002	138369	148222
1992	107256	109170	2003	160300	167800
1993	111059	115993	2004	184600	197000
1994	118729	122737	2005	206068	223319
1995	129034	131176	2006	221056	246270
1996	132616	138948			

注：能源总量指原煤，原油，天然气，水、核、风电消耗的总和。

数据来源：2007年中国统计年鉴，表7-1能源生产总量及构成表、表7-2能源消费总量及构成表。

1978~2006年全国能源消费与组成逐年变化表　　附表1-5

年　份	能源消费总量	占能源消费总量的比重（%）			
	（万t标准煤）	煤炭	石油	天然气	水电
1978	57144	70.7	22.7	3.2	3.4
1980	60275	72.2	20.7	3.1	4.0
1985	76682	75.8	17.1	2.2	4.9
1989	96934	76.1	17.1	2.1	4.7
1990	98703	76.2	16.6	2.1	5.1
1991	103783	76.1	17.1	2.0	4.8
1992	109170	75.7	17.5	1.9	4.9
1993	115993	74.7	18.2	1.9	5.2
1994	122737	75.0	17.4	1.9	5.7
1995	131176	74.6	17.5	1.8	6.1
1996	138948	74.7	18.0	1.8	5.5
1997	137798	71.7	20.4	1.7	6.2

续表

年份	能源消费总量 （万 t 标准煤）	占能源消费总量的比重（%）			
		煤炭	石油	天然气	水电
1998	132214	69.6	21.5	2.2	6.7
1999	133831	69.1	22.6	2.1	6.2
2000	138553	67.8	23.2	2.4	6.7
2001	143199	66.7	22.9	2.6	7.9
2002	151797	66.3	23.4	2.6	7.7
2003	174990	68.4	22.2	2.6	6.8
2004	203227	68.0	22.3	2.6	7.1
2005	223319	68.9	21.0	2.9	7.2
2006	246270	69.4	20.4	3.03	7.2

注：电力折算标准煤的系数根据当年平均发电煤耗计算。

数据来源：2007 年中国统计年鉴，表 7-2 能源消费总量及构成表。

说明：所谓能源消费总量，是指一定时期内全国物质生产部门、非物质生产部门和生活消费的各种能源的总和。该指标是观察能源消费水平、构成和增长速度的总量指标。能源消费总量包括原煤和原油及其制品、天然气、电力，不包括低热值燃料、生物质能和太阳能等的利用。能源消费总量分为终端能源消费量、能源加工转换损失量和能源损失量三部分：(1) 终端能源消费量：指一定时期内全国生产和生活消费的各种能源在扣除了用于加工转换二次能源消费量和损失量以后的数量。(2) 能源加工转换损失量：指一定时期内全国投入加工转换的各种能源数量之和与产出各种能源产品之和的差额。该指标是观察能源在加工转换过程中损失量变化的指标。(3) 能源损失量：指一定时期内能源在输送、分配、储存过程中发生的损失和由客观原因造成的各种损失量，不包括各种气体能源放空、放散量。

1990～2006 年能源消费弹性系数逐年变化表　　　　　　　　　　附表 1-6

年份	能源消费比 上年增长（%）	电力消费比 上年增长（%）	国内生产总值比 上年增长（%）	能源消费 弹性系数	电力消费 弹性系数
1990	1.8	6.2	3.8	0.47	1.63
1991	5.1	9.2	9.2	0.55	1.00
1992	5.2	11.5	14.2	0.37	0.81
1993	6.3	11.0	14.0	0.45	0.79

续表

年 份	能源消费比上年增长（%）	电力消费比上年增长（%）	国内生产总值比上年增长（%）	能源消费弹性系数	电力消费弹性系数
1994	5.8	9.9	13.1	0.44	0.76
1995	6.9	8.2	10.9	0.63	0.75
1996	5.9	7.4	10.0	0.59	0.74
1997	−0.8	4.8	9.3		0.52
1998	−4.1	2.8	7.8		0.36
1999	1.2	6.1	7.6	0.16	0.80
2000	3.5	9.5	8.4	0.42	1.13
2001	3.4	9.3	8.3	0.41	1.12
2002	6.0	11.8	9.1	0.66	1.30
2003	15.3	15.6	10.0	1.53	1.56
2004	16.1	15.4	10.1	1.59	1.52
2005	9.9	13.5	10.2	0.97	1.32
2006	9.61	14.63	11.1	0.87	1.32

数据来源：2007 年中国统计年鉴，表 7-8 能源消费弹性系数表。

说明：能源消费弹性系数以能源消费增长速度与国内生产总值增长速度相比求得，是反映能源消费增长速度与国民经济增长速度之间比例关系的指标，计算公式为：能源消费弹性系数＝能源消费量年平均增长速度/国民经济年平均增长速度。

2000～2006 年逐年综合能源平衡表 附表 1-7

项 目	2000	2001	2002	2003	2004	2005	2006
可供消费的能源总量	115150	125310	144319	168487	203344	223213	243918
一次能源生产量	106988	120900	138369	159912	187341	205876	221056
回收能	1760	1859	1908	2043	2508	2840	2903
进口量	14331	13471	15769	20048	26593	26952	31057
出口量（一）	9026	11145	11017	12701	11646	11447	10925
年初年末库存差额	1097	225	−710	−814	−1452	−1008	−173
能源消费总量	130297	134915	148222	170943	203227	224682	246270
在总量中：							

续表

项　目	2000	2001	2002	2003	2004	2005	2006
1. 农、林、牧、渔、水利业	5787	6233	6514	6603	7680	7978	8395
2. 工业	89634	92347	102181	119627	143244	159492	175137
3. 建筑业	1433	1453	1610	1772	3259	3411	3715
4. 交通运输、仓储和邮政业	9916	10257	11087	12740	15104	16629	18583
5. 批发、零售业和住宿、餐饮业	2893	3165	3464	4116	4820	5031	5522
6. 其他	5722	6034	6333	6816	7839	8691	9530
7. 生活消费	14912	15427	17033	19268	21281	23450	25388
在总量中：							
(一) 终端消费	124032	128951	140847	162882	194104	214479	235114
♯工业	83707	86711	95143	111873	134442	149639	164416
(二) 加工转换损失量	2372	2011	2612	3090	3684	3720	4056
♯炼焦	487	387	322	495	527	658	734
炼油	781	636	1015	1092	1416	1305	1391
(三) 损失量	3893	3953	4763	4971	5439	6483	7100
平衡差额	−15147	−9605	−3903	−2455	117	−1469	2352

注：1. 电力、热力按等价热值折算，因此加工转换损失量中不包括发电、供热损失量。村办工业包括在工业中。
　　2. 进口量包括我国飞机、轮船在国外加油量；出口量包括外国飞机、轮船在我国加油量。
数据来源：2005～2007年统计年鉴，表7-3综合能源平衡表。

2000～2006年生活能源消费逐年变化表　　　附表1-8

能源品种	2000	2001	2002	2003	2004	2005	2006
合计（万t标准煤）	14912	15427	17032	19268	21281	23393	25388
煤炭（万t）	7907	7830	7603	8175	8173	8739	8386
煤油（万t）	72	75	61	56	27	26	23
液化石油气（万t）	988	1006	1169	1293	1350	1329	1456
天然气（亿m³）	32	44	51	57	67	79	103
煤气（亿m³）	89	119	125	131	138	145	156
热力（万百万kJ）	23234	23369	26613	33666	41395	51744	56948
电力（亿kWh）	1672	1839	2001	2238	2465	2825	3252

数据来源：2005～2007年中国统计年鉴，表7-12生活能源消费量表。

2002~2004年气体能源消费逐年变化表　　　　　附表 1-9

年份	天然气			液化石油气			人工煤气		
	供气量（亿 m³）		用气人口（万人）	供气量（万吨）		用气人口（万人）	供气量（亿 m³）		用气人口（万人）
	总量	家庭用量		总量	家庭用量		总量	家庭用量	
2002	126	35	3686	1136	656	15431	199	49	4541
2003	142	37	4320	1126	782	16834	202	58	4792
2004	169	45	5628	1127	704	17559	214	51	4654

数据来源：2002~2004年城市建设统计年报，建设部网站 http://www.cin.gov.cn/statis/city/。

2000~2006年逐年煤炭平衡表（单位：万 t）　　　　　附表 1-10

项　目	2000	2001	2002	2003	2004	2005	2006
可供量	98176.1	108480	129604.8	157902	192265.5	214462.1	235781.13
生产量	99800	116078	138000	166700	199232.4	220472.9	237300
进口量	217.9	266	1125.8	1109.8	1861.4	2617.1	3810.52
出口量（一）	5506.5	9012.9	8389.6	9402.9	8666.4	7172.4	6327.26
年初年末库存差额	3664.7	1148.9	-1131.4	-504.9	-162	-1455.4	997.87
消费量	124537.4	126211.3	136605.5	163732	193596	216557.5	239216.49
在消费量中：							
1. 农、林、牧、渔、水利业	1647.7	1599.6	1622.9	1683.3	2251.2	2315.2	2309.64
2. 工　业	111730	113608	124195.4	150568.5	180135.2	202444.1	225539.36
3. 建筑业	536.8	538	553.5	577.2	601.5	603.6	581.99
4. 交通运输、仓储和邮政业	1139.9	1050.9	1055	1067.3	832.1	815.3	724.8
5. 批发、零售业和住宿、餐饮业	814.6	809.9	809.1	860.4	871.8	874.4	891.46
6. 其他	761.2	774.7	767	800.6	731	765.9	782.9
7. 生活消费	7907.2	7830.3	7602.6	8174.7	8173.2	8739	8386.34
在消费量中：							
（一）终端消费	46086.8	43891.3	42692.4	48944.8	59543.7	62154.1	61683.66
＃工　业	33279.7	31287.9	30282.2	35781.2	46083	48040.7	48006.53
（二）中间消费（用于加工转换）	78450.6	82320.1	93913.1	114787.3	134052.3	154403.4	177532.84
发电	54611.2	57687.9	65600	77976.5	91961.6	103098.5	118763.91
供热	6692.1	6961.5	7473.7	9595.5	11546.6	13542	14561.43
炼焦	15000.4	15436.4	18209.7	23639.9	25349.6	31667.1	37450.09
制气	810	893.8	973.2	1054.8	1316.4	1277	1257.08
（三）洗选损耗	1441.2	1450.5	1717.5	2599.3	3633.9	4582.1	5279.3
平衡差额	-26361.3	-17731.3	-7000.7	-5830.1	-1330.5	-2095.4	-3435.37

注：生产量为原煤产量。

数据来源：2001~2007年中国统计年鉴，表7-5煤炭平衡表。

2000～2006 年逐年电力平衡表　　　　　　　　　　附表 1-11

项　目	2000	2001	2002	2003	2004	2005	2006
可供量	13472.7	14632.6	16330.7	19032.2	21972.3	24940.8	28588.44
生产量	13556	14716.6	16404.7	19105.8	22033.1	25002.6	28657.26
水电	2224.1	2774.3	2879.7	2836.8	3535.4	3970.2	4357.86
火电	11164.5	11767.5	13273.8	15803.6	17955.9	20473.4	23696.03
核电	167.4	174.7	251.2	433.4	504.7	530.9	548.43
进口量	15.5	18	23	29.8	34	50.1	53.89
出口量（一）	98.8	101.9	97	103.4	94.8	111.9	122.71
消费量	13471.4	14633.5	16331.5	19031.6	21971.4	24940.4	28587.97
在消费量中：							
1. 农、林、牧、渔、水利业	673	762.4	776.2	773.2	808.9	876.4	947.04
2. 工业	9653.6	10444.7	11793.2	13899.7	16254.3	18481.7	21247.74
3. 建筑业	154.8	144.9	164.1	189.8	222.1	233.9	271.05
4. 交通运输、仓储和邮政业	281.2	309.3	338	396.9	449.6	430.3	467.37
5. 批发、零售业和住宿、餐饮业	393.6	444.9	500	623	735.4	752.3	847.25
6. 其他	643.2	688.1	758.6	911	1036.6	1340.9	1555.94
7. 生活消费	1672	1839.2	2001.4	2238	2464.5	2824.8	3251.58
在消费量中：							
（一）终端消费	12534.7	13600	15162.8	17770.9	20550.8	23233.9	26729.14
♯工业	8716.9	9411.2	10624.5	12639	14833.7	16775.2	19388.91
（二）输配电损失量	936.7	1033.5	1168.7	1260.7	1420.6	1706.5	1858.83

数据来源：2001～2007 年中国统计年鉴，表 7-6 电力平衡表。

1996～2005 年中国逐年火电发电煤耗（单位：gce/kWh）　　　附表 1-12

年份	1995	1996	1997	1998	1999	2000	2001	2002	2003	2004	2005
发电煤耗	369	377	375	373	369	363	357	356	355	354	343

数据来源：1995～2004 年数据：中国工业经济统计年鉴 2004，表 3-8 电力工业主要技术经济指标。

2005 年数据：http://tj.cec.org.cn/dtmore1.asp?class2＝统计数据。

1997～2006年我国建筑用电占全国用电总量的比例 附表1-13

单位：亿 kWh 年份	全国用电总量	建筑用电量					建筑用电所占比例
		交通运输/仓储和邮政业	批发零售业和住宿餐饮业	其他	生活消费	总量	
1997	11284.4	255.9	265.1	357.4	1253.2	2131.6	18.9%
1998	11598.4	255.6	293.4	506.7	1324.5	2380.2	20.5%
1999	12305.2	254.8	342.8	591.4	1480.8	2669.8	21.7%
2000	13471.4	281.2	393.7	643.2	1672	2990.1	22.2%
2001	14633.5	309.3	444.9	688.1	1839.2	3281.5	22.4%
2002	16331.5	338	500	758.5	2001.4	3597.9	22.0%
2003	19031.6	396.9	623	911	2238	4168.9	21.9%
2004	21971.4	449.6	735.4	1036.6	2464.5	4686.1	21.3%
2005	24940.4	430.34	752.31	1340.9	2824.8	5348.4	21.4%
2006	28587.97	467.37	847.25	1555.94	3251.58	6122.14	21.4%

数据来源：1998～2007年中国统计年鉴，表7-6 电力平衡表。

我国农村能源消耗状况 附表1-14

单位：万 t 标煤		年份	1995			2000			2003		
			总计	生活用	生产用	总计	生活用	生产用	总计	生活用	生产用
商品能源	煤及其制品		25295	8611	16684	29328	11801	17527	36087	15305	20782
	油品		4221	256	3965	5312	757	4555	6051	1007	5044
	电力		10326	4197	6129	9913	3444	6469	9052	3001	6051
	合计		39842	13064	26778	44553	16002	28551	51190	19313	31877
非商品能源	薪柴		11570	10013	1557	9548	8052	1496	14795	11635	3160
	秸秆		15092	15092	—	12360	12360	—	14284	14284	—
	合计		26662	25105	1557	21908	20412	1496	29079	25919	3160
总计			66504	38172	28335	67047	37000	30047	81163	46126	35037
单位：万 t 标煤		年份	2004			2005			2006		
			总计	生活用	生产用	总计	生活用	生产用	总计	生活用	生产用
商品能源	煤及其制品		36933	16283	20650	38260	16684	21576	47327	17722	29605
	油品		7551	1136	6415	8041	1220	68521	7895	1535	6360
	电力		8557	2934	5623	9999	3398	6601	9180	3352	5828
	合计		53041	20353	32688	56300	21602	34998	64402	22609	41793
非商品能源	薪柴		15319	12043	3276	13597	10310	3287	13457	9686	3771
	秸秆		14580	14580	—	15962	15960	—	17791	17791	—
	合计		29899	26623	3276	29557	26270	3287	31248	27477	3771
总计			83896	47932	35964	86983	48698	38285	97545	51981	45564

数据来源：王庆一．中国可持续能源项目参考资料，2005～2007年参考数据。

2000～2006年逐年石油平衡表　　　　　　　　　　附表 1-15

项　目	2000	2001	2002	2003	2004	2005	2006
可供量	22631.8	23204.7	24925.1	27540.5	32116.2	32539.1	34889.84
生产量	16300	16395.9	16700	16960	17587.3	18135.3	18476.57
进口量	9748.5	9118.2	10269.3	13189.6	17291.3	17163.2	19452.96
出口量（一）	2172.1	2046.7	2139.2	2540.8	2240.6	2888.1	2626.19
年初年末库存差额	−1244.6	−262.7	94.9	−68.2	−521.9	128.8	−413.5
消费量	22439.3	22838.3	24779.8	27126.1	31699.9	32535.4	34875.93
在消费量中：							
1. 农、林、牧、渔、水利业	1496.7	1568.5	1674.1	1681.4	2001.3	2072.9	2213.62
2. 工业	11404.7	11388.6	12489.6	13686.5	14857.3	14462.6	14972.29
3. 建筑业	344.3	372.3	410.4	430.6	1422.3	1502.2	1648.51
4. 交通运输、仓储和邮政业	5509.4	5692.9	6156.6	7093.2	8620.6	9708.5	10969.16
5. 批发、零售业和住宿、餐饮业	545	567.4	593	682.3	818.7	915.6	992.21
6. 其他	1882.7	1953.7	1978.6	1916.4	2201.7	2079.2	2087.61
7. 生活消费	1256.5	1294.8	1477.5	1635.8	1778	1794.4	1992.53
在消费量中：							
（一）终端消费	19893.5	20357	21982.8	24062.8	28062	29189.3	31613.86
♯工业	9016.2	9059.9	9854.5	10758.7	11344.1	11245	11875.48
（二）中间消费（用于加工转换）	2352.8	2292	2606.8	2901.4	3488.2	3190.7	3062.11
发　电	1178.2	1213.6	1275.6	1491.6	1864.1	1602	1343.68
供　热	427	438.7	420.7	418	418.5	407.6	427.76
制　气	25.9	22.8	18.9	20.9	10.5	14.4	13.39
（三）炼油损失量	721.8	617	891.6	970.9	1195.1	1166.7	1277.28
（四）损失量	192.9	189.3	190.2	161.9	149.7	155.4	199.95
平衡差额	192.5	366.4	145.3	414.4	416.3	3.7	13.92

注：1. 生产量为原油产量。
　　2. 进口量包括我国飞机、轮船在国外加油量；出口量包括外国飞机、轮船在我国加油量。
数据来源：2001～2007年中国统计年鉴，表 7-6 电力平衡表。

1.3　建筑使用产品消费相关数据

1997～2006年我国产业结构变化表　　　　　　　附表 1-16

单位：%	1997	1998	1999	2000	2001	2002	2003	2004	2005	2006
第一产业	18.3	17.6	16.5	15.1	14.4	13.7	12.8	13.4	12.5	11.7
第二产业	47.5	46.2	45.8	45.9	45.1	44.8	46.0	46.2	47.5	48.9
第三产业	34.2	36.2	37.7	39.0	40.5	41.5	41.2	40.4	40.0	39.4

数据来源：1998～2007年中国统计年鉴，表 2-4 国民经济和社会发展结构指标表。

1978～2006 年我国建材相关产品产量逐年变化表　　　　附表 1-17

年份地区	粗钢（万 t）	钢材（万 t）	水泥（万 t）	平板玻璃（万重量箱）
1978	3178.00	2208.00	6524.00	1784.00
1980	3712.00	2716.00	7986.00	2466.00
1985	4679.00	3693.00	14595.00	4942.00
1989	6159.00	4859.00	21029.00	8442.00
1990	6635.00	5153.00	20971.00	8067.00
1991	7100.00	5638.00	25261.00	8712.00
1992	8094.00	6697.00	30822.00	9359.00
1993	8956.00	7716.00	36788.00	11086.00
1994	9261.00	8428.00	42118.00	11925.00
1995	9535.99	8979.80	47560.59	15731.71
1996	10124.06	9338.02	49118.90	16069.37
1997	10894.17	9978.93	51173.80	16630.70
1998	11559.00	10737.80	53600.00	17194.03
1999	12426.00	12109.78	57300.00	17419.79
2000	12850.00	13146.00	59700.00	18352.20
2001	15163.44	16067.61	66103.99	20964.12
2002	18236.61	19251.59	72500.00	23445.56
2003	22233.60	24108.01	86208.11	27702.60
2004	28291.09	31975.72	96681.99	37026.17
2005	35323.98	37771.14	106884.79	40210.24
2006	41914.85	46893.36	123676.48	46574.7

数据来源：2007 年中国统计年鉴，14-23 主要工业产品产量表。

1978～2006 年全国主要家用电器生产量逐年变化表（单位：万台）　　　　附表 1-18

年份	家用电冰箱	房间空调器	家用洗衣机	彩色电视机
1978	2.80	0.02	0.04	0.38
1980	4.90	1.32	24.53	3.21
1985	144.81	12.35	887.20	435.28
1989	670.79	37.47	825.40	940.02
1990	463.06	24.07	662.68	1033.04
1991	469.94	63.03	687.17	1205.06
1992	485.76	158.03	707.93	1333.08
1993	596.66	346.41	895.85	1435.76
1994	768.12	393.42	1094.24	1689.15
1995	918.54	682.56	948.41	2057.74
1996	979.65	786.21	1074.72	2537.60

续表

年份	家用电冰箱	房间空调器	家用洗衣机	彩色电视机
1997	1044.43	974.01	1254.48	2711.33
1998	1060.00	1156.87	1207.31	3497.00
1999	1210.00	1337.64	1342.17	4262.00
2000	1279.00	1826.67	1442.98	3936.00
2001	1351.26	2333.64	1341.61	4093.70
2002	1598.87	3135.11	1595.76	5155.00
2003	2242.56	4820.86	1964.46	6541.40
2004	3007.59	6390.33	2533.41	7431.83
2005	2987.06	6764.57	3035.52	8283.22
2006	3530.89	6849.42	3560.5	8375.4

数据来源：2007年中国统计年鉴，表14-23主要工业产品产量表。表中数据是生产总量，包括出口量。

2000～2006年全国城乡每百户耐用消费品数量逐年变化表　　　附表1-19

	2000		2001		2002		2003		2004		2005		2006	
	城镇	农村	城镇	农村	城镇	农村	城镇	农村	城镇	农村	城镇	农村	城镇	农村
房间空调器	30.8	1.3	35.8	1.7	51.1	2.3	61.8	3.5	69.8	4.7	80.67	6.4	87.79	7.28
电冰箱	80.1	12.3	81.9	13.6	87.4	14.8	88.7	15.9	90.2	17.8	90.72	20.1	91.75	22.48
彩色电视机	116.6	48.7	120.5	54.4	126.4	60.5	130.5	67.8	133.4	75.1	134.8	84	137.43	89.43
黑白电视机	—	53	—	50.8	—	48.1	—	42.8	—	37.9	—	21.8	—	17.45
电风扇	167.91	122.6	170.74	129.4	182.6	134.3	181.6	138.1	179.6	141.9	172.18	146.3	—	152.08
电炊具	101.9	—	107.87	—	96	—	101.2	—	106.4	—	107.2	—	—	—
抽油烟机	54.1	2.8	55.5	3.2	60.7	3.6	63.6	4.1	65.6	4.8	67.93	5.98	69.78	7.03
淋浴热水器	49.1	—	52	—	62.2	—	66.6	—	69.4	—	72.65	—	75.13	—
洗衣机	90.5	28.6	92.2	29.9	92.9	31.8	94.4	34.3	95.9	37.3	95.51	40.2	96.77	42.98
组合音响	22.2	7.8	23.8	8.7	25.2	9.7	26.9	10.5	28.3	11.5	28.79	13	15.08	14.29
微波炉	17.6	—	22.3	—	30.9	—	37	—	41.7	—	47.61	—	50.61	—
家用电脑	9.7	0.5	13.3	0.7	20.6	1.1	27.8	1.4	33.1	1.9	41.52	2.1	47.2	2.73
普通电话	—	26.4	—	34.1	93.7	40.4	95.4	49.1	96.4	54.5	94.4	58.3	93.3	64.09
移动电话	—	4.3	34	8.1	62.9	13.7	90.1	23.7	111.4	34.7	137	50.2	152.88	62.05

数据来源：2001～2007年中国统计年鉴，表10-12与表10-30。

1.4 建筑相关数据

2000～2006年全国建筑面积逐年变化表　　　　　附表1-20

单位：亿m²	已有建筑面积			施工建筑面积	竣工建筑面积
年份	总面积	城镇	农村		
2000	277.2	76.6	200.6	16	8.1
2001	314.8	110.1	204.7	18.8	9.8
2002	339.4	131.8	207.6	21.6	11
2003	350.3	140.9	209.3	25.9	12.3
2004	360.2	149.1	211.2	31.1	14.7
2005	385.6	164.5	221	35.3	15.9
2006	401	174.5	226	41.0	18.0

数据来源：2001～2007年中国统计年鉴，表11-6，各地区城市建设情况表；表10-37，各地区农村居民家庭住房情况表；表15-37，建筑业房屋建筑面积表。

1996～2006年城市建筑面积逐年变化表　　　　　附表1-21

年份	1996	1997	1998	1999	2000	2001	2002	2003	2004	2005	2006
城市建筑面积（亿m²）	61.3	65.5	70.9	73.5	76.6	110.1	131.8	140.9	149.1	164.5	174.5
城市住宅面积（亿m²）	33.5	36.2	39.7	41.7	44.1	66.5	81.9	89.1	96.2	107.7	112.9
城市人口数（亿人）	3.73	3.94	4.16	4.37	4.59	4.8	5.02	5.23	5.43	5.62	5.77

数据来源：1997～2007年中国统计年鉴，表11-6城市建设情况表。

2000～2006年全国城市大型集中供热面积逐年变化表（单位：亿m²）　　　附表1-22

年份	2000	2001	2002	2003	2004	2005	2006
全国	11.1	14.6	15.6	18.9	21.6	25.2	26.6

数据来源：2001～2007年中国统计年鉴，表11-9各地区城市大型集中供热情况。

1978～2006年城乡新建住宅面积和居民住房情况表　　　附表1-23

年份	城镇新建住宅面积（亿m²）	农村新建住宅面积（亿m²）	城市人均住宅建筑面积（m²）	农村人均住房面积（m²）
1978	0.38	1.00	6.7	8.1
1980	0.92	5.00	7.2	9.4

续表

年 份	城镇新建住宅面积 (亿 m²)	农村新建住宅面积 (亿 m²)	城市人均住宅建筑面积 (m²)	农村人均住房面积 (m²)
1985	1.88	7.22	10.0	14.7
1986	2.22	9.84	12.4	15.3
1987	2.23	8.84	12.7	16.0
1988	2.40	8.45	13.0	16.6
1989	1.97	6.76	13.5	17.2
1990	1.73	6.91	13.7	17.8
1991	1.92	7.54	14.2	18.5
1992	2.40	6.19	14.8	18.9
1993	3.08	4.81	15.2	20.7
1994	3.57	6.18	15.7	20.2
1995	3.75	6.99	16.3	21.0
1996	3.95	8.28	17.0	21.7
1997	4.06	8.06	17.8	22.5
1998	4.76	8.00	18.7	23.3
1999	5.59	8.34	19.4	24.2
2000	5.49	7.97	20.3	24.8
2001	5.75	7.29	20.8	25.7
2002	5.98	7.42	22.8	26.5
2003	5.50	7.52	23.7	27.2
2004	5.69	6.80	25.0	27.9
2005	6.61	6.67	26.1	29.7
2006	6.30	6.84	—	30.7

数据来源：2007年中国统计年鉴，表10-35 表城乡新建住宅面积和居民住房情况。

1996～2006年中国建筑能耗变化表　　　　　　　　　附表 1-24

计算结果		1996	1997	1998	1999	2000	2001	2002	2003	2004	2005	2006
住宅	电耗(亿 kWh)	1133	1253	1325	1481	1672	1839	2001	2238	2465	2825	3252
	煤耗(万 t 标煤)	12007	10611	8381	8290	8243	8533	8769	9495	9758	10313	10626
公建	电耗(亿 kWh)	786	878	1056	1189	1318	1442	1597	1931	2222	2524	2871
	煤耗(万 t 标煤)	2918	2164	2229	2101	1940	1883	1879	1949	1739	1754	1714
北方城镇采暖煤耗(万 t 标煤)		6484	6483	6629	6903	7287	8016	8584	11984	12925	15136	16205
建筑能耗合计(万 t 标煤)		28646	27251	26116	27145	28323	30146	32041	38228	41011	45549	49544
社会总能耗(万 t 标煤)		138948	137798	132214	133831	138553	143199	151797	174990	203227	223319	246270
建筑占社会能耗比		20.6%	19.8%	19.8%	20.3%	20.4%	21.1%	21.1%	21.8%	20.2%	20.4%	20.1%

注：各数据来源参见附录三。

2 地方数据

2.1 人口与GDP相关数据

2000~2006年全国各省人口数逐年变化表（单位：万人） 附表1-25

年份 地区	2000	2001	2002	2003	2004	2005	2006
全 国	129533	127627	128453	129227	129988	130756	131448
北 京	1382	1383	1423	1456	1493	1538	1581
天 津	1001	1004	1007	1011	1024	1043	1075
河 北	6744	6699	6735	6769	6809	6851	6898
山 西	3297	3272	3294	3314	3335	3355	3375
内蒙古	2376	2377	2379	2380	2384	2386	2397
辽 宁	4238	4194	4203	4210	4217	4221	4271
吉 林	2728	2691	2699	2704	2709	2716	2723
黑龙江	3689	3811	3813	3815	3817	3820	3823
上 海	1674	1614	1625	1711	1742	1778	1815
江 苏	7438	7355	7381	7406	7433	7475	7550
浙 江	4677	4613	4647	4680	4720	4898	4980
安 徽	5986	6328	6338	6410	6461	6120	6110
福 建	3471	3440	3466	3488	3511	3535	3558
江 西	4140	4186	4222	4254	4284	4311	4339
山 东	9079	9041	9082	9125	9180	9248	9309
河 南	9256	9555	9613	9667	9717	9380	9392
湖 北	6028	5975	5988	6002	6016	5710	5693
湖 南	6440	6596	6629	6663	6698	6326	6342
广 东	8642	7783	7859	7954	8304	9194	9304
广 西	4489	4788	4822	4857	4889	4660	4719
海 南	787	796	803	811	818	828	836
重 庆	3090	3097	3107	3130	3122	2798	2808
四 川	8329	8640	8673	8700	8725	8212	8169
贵 州	3525	3799	3837	3870	3904	3730	3757
云 南	4288	4287	4333	4376	4415	4450	4483
西 藏	262	263	267	270	274	277	281
陕 西	3605	3659	3674	3690	3705	3720	3735
甘 肃	2562	2575	2593	2603	2619	2594	2606
青 海	518	523	529	534	539	543	548
宁 夏	562	563	572	580	588	596	604
新 疆	1925	1876	1905	1934	1963	2010	2050

数据来源：2001~2007年中国统计年鉴，表4-3各地区人口数和出生率死亡率自然生长率表。

2000~2006年全国各省GDP逐年变化表（单位：亿元）　　附表1-26

年份 地区	2000	2001	2002	2003	2004	2005	2006
北 京	2478.76	2845.65	4330.40	5023.77	6060.28	6886.31	7870.28
天 津	1639.36	1840.1	2150.76	2578.03	3110.97	3697.62	4359.15
河 北	5088.96	5577.78	6018.28	6921.29	8477.63	10096.11	11660.43
山 西	1643.81	1779.97	2324.80	2855.23	3571.37	4179.52	4752.54
内蒙古	1401.01	1545.79	1940.94	2388.38	3041.07	3895.55	4791.48
辽 宁	4669.06	5033.08	5458.22	6002.54	6672.00	7860.85	9251.15
吉 林	1821.19	2032.48	2348.54	2662.08	3122.01	3620.27	4275.12
黑龙江	3253	3561	3637.20	4057.40	4750.60	5511.50	6188.90
上 海	4551.15	4950.84	5741.03	6694.23	8072.83	9164.10	10366.37
江 苏	8582.73	9511.91	10606.85	12442.87	15003.60	18305.66	21645.08
浙 江	6036.34	6748.15	8003.67	9705.02	11648.70	13437.85	15742.51
安 徽	3038.24	3290.13	3519.72	3923.10	4759.32	5375.12	6148.73
福 建	3920.07	4253.68	4467.55	4983.67	5763.35	6568.93	7614.55
江 西	2003.07	2175.68	2450.48	2807.41	3456.70	4056.76	4670.53
山 东	8542.44	9438.31	10275.50	12078.15	15021.84	18516.87	22077.36
河 南	5137.66	5640.11	6035.48	6867.70	8553.79	10587.42	12495.97
湖 北	4276.32	4662.28	4212.82	4757.45	5633.24	6520.14	7581.32
湖 南	3691.88	3983	4151.54	4659.99	5641.94	6511.34	7568.89
广 东	9662.23	10647.71	13502.42	15844.64	18864.62	22366.54	26204.47
广 西	2050.14	2231.19	2523.73	2821.11	3433.50	4075.75	4828.51
海 南	518.48	545.96	621.97	693.20	798.90	894.57	1052.85
重 庆	1589.34	1749.77	1990.01	2272.82	2692.81	3066.92	3491.57
四 川	4010.25	4421.76	4725.01	5333.09	6379.63	7385.11	8637.81
贵 州	993.53	1084.9	1243.43	1426.34	1677.80	1979.06	2282.00
云 南	1955.09	2074.71	2312.82	2556.02	3081.91	3472.89	4006.72
西 藏	117.46	138.73	166.56	189.09	220.34	250.21	291.01
陕 西	1660.92	1844.27	2253.39	2587.72	3175.58	3772.69	4523.74
甘 肃	983.36	1072.51	1232.03	1399.83	1688.49	1933.98	2276.70
青 海	263.59	300.95	340.65	390.20	466.10	543.32	641.58
宁 夏	265.57	298.38	377.16	445.36	537.16	606.26	710.76
新 疆	1364.36	1485.48	1612.65	1886.35	2209.09	2604.19	3045.26

数据来源：2001~2007年中国统计年鉴，表3-9各地区国内生产总值表。

2.2 建筑相关数据

2000～2006年全国各省城市建筑面积逐年变化表（单位：亿 m²） 附表1-27

年份 地区	2000	2001	2002	2003	2004	2005	2006
全 国	76.59	66.52	131.78	140.91	149.06	164.51	174.52
北 京	2.91	2.01	4.05	4.31	4.65	5.05	5.43
天 津	1.58	1.12	1.87	1.93	2.09	2.26	2.45
河 北	3.13	2.8	5.61	6.64	6.87	7.39	7.61
山 西	2.08	2.41	4.5	3.88	4.04	4.08	4.47
内蒙古	1.5	1.4	2.46	2.8	3.17	3.48	3.71
辽 宁	5.25	3.4	6.39	6.73	7.09	7.42	7.77
吉 林	2.36	1.84	3.24	3.42	3.63	3.86	3.92
黑龙江	3.57	2.71	5.25	5.69	6.17	6.4	6.63
上 海	3.42	2.35	2.66	5.14	5.93	6.42	7.03
江 苏	5.16	3.78	14.12	13.06	10.1	12.44	14.56
浙 江	3.76	3.23	6.98	7.68	8.69	10.36	9.47
安 徽	2.08	1.89	3.1	3.39	4.22	4.62	5.09
福 建	1.9	2.01	3.31	3.64	4.25	4.49	4.85
江 西	1.56	1.88	3.24	3.39	3.72	4.04	4.18
山 东	5.73	4.13	8.49	9.91	9.99	11.92	13.68
河 南	3.52	3.12	5.69	6.01	7.44	8.42	8.90
湖 北	4.45	3.48	5.83	6.07	6.58	6.7	7.04
湖 南	2.59	2.55	7.1	8.19	6.84	7.09	7.23
广 东	5.87	6.43	11.48	12.38	13.95	15.18	16.48
广 西	1.84	1.81	3.18	3.31	3.81	5.32	4.15
海 南	0.51	0.39	0.72	0.77	0.83	0.88	0.92
重 庆	1.54	1.29	2.38	2.68	3.23	3.5	3.98
四 川	3.38	3.45	7.16	7.61	8	8.35	9.06
贵 州	0.85	1.05	1.48	1.48	1.49	1.64	1.77
云 南	1.45	1.39	1.92	2.39	3.04	3.36	3.36
西 藏	0.09	0.25	0.09	0.1	0.13	0.13	0.18
陕 西	1.56	1.5	2.68	2.88	3.16	3.28	3.76
甘 肃	1.08	1.14	2.17	2.28	2.43	2.58	2.78
青 海	0.23	0.29	0.35	0.37	0.42	0.45	0.50
宁 夏	0.36	0.31	0.58	0.67	0.8	0.86	0.88
新 疆	1.28	1.12	2.04	2.13	2.31	2.54	2.68

数据来源：2001～2007年中国统计年鉴，表11-6各地区城市建设情况表。

2000～2006年全国各省农村建筑面积逐年变化表（单位：亿 m²）　　附表 1-28

地区＼年份	2000	2001	2002	2003	2004	2005	2006
全　国	200.64	204.73	207.57	209.34	211.18	221.04	226.02
北　京	0.81	0.85	0.84	0.86	0.87	0.92	0.99
天　津	0.65	0.68	0.64	0.63	0.66	0.68	0.72
河　北	10.6	10.87	11.07	11.18	11.27	12.09	12.37
山　西	4.6	4.6	4.62	4.59	4.59	4.69	4.80
内蒙古	2.39	2.35	2.39	2.41	2.43	2.48	2.48
辽　宁	4.51	4.43	4.38	4.37	4.29	4.37	4.41
吉　林	2.61	2.44	2.44	2.67	2.61	2.59	2.65
黑龙江	3.64	3.77	3.74	3.7	3.74	3.65	3.72
上　海	1.25	1.17	1.17	1.21	1.19	1.1	1.23
江　苏	14.27	13.94	13.97	13.92	13.87	14.38	14.82
浙　江	11.08	10.92	11.04	11.04	10.95	12.19	12.50
安　徽	9.38	10.18	10.47	10.49	10.56	10.66	10.75
福　建	6.66	6.77	7.01	6.94	7.23	7.44	7.84
江　西	7.98	8.04	8.22	8.49	8.62	9.25	9.56
山　东	13.26	13.43	13.7	13.92	13.9	15.06	15.40
河　南	16.07	17.25	17.53	17.55	17.72	17.68	18.04
湖　北	11.54	11.58	11.47	11.54	11.76	11.69	11.76
湖　南	13.81	14.75	15.05	15.27	15.71	15.28	15.27
广　东	8.96	8.14	8.18	8.23	8.58	9.29	9.16
广　西	7.6	8.21	8.39	8.69	8.88	8.86	9.13
海　南	0.93	0.94	0.9	0.91	0.89	0.99	0.99
重　庆	5.64	5.78	5.66	5.64	5.68	5.05	5.13
四　川	17.03	17.3	17.47	17.45	17.55	19.03	18.61
贵　州	5.45	6	6.18	6.28	6.38	6.4	6.50
云　南	7.23	7.2	7.58	7.45	7.43	7.91	8.03
西　藏	0.31	0.42	0.42	0.44	0.43	0.39	0.42
陕　西	5.7	5.89	6.14	6.27	6.36	6.07	6.12
甘　肃	3.11	3.05	3.18	3.3	3.33	3.39	3.43
青　海	0.53	0.55	0.56	0.57	0.58	0.59	0.62
宁　夏	0.65	0.67	0.68	0.7	0.74	0.72	0.75
新　疆	2.3	2.3	2.35	2.35	2.4	2.67	2.79

注：建筑面积＝人均住房面积×农村人口数，其中，人均住房面积。

数据来源：2001～2007 年中国统计年鉴，表 10-37 各地区农村居民家庭住房情况表。

2006 年我国农村生活用能状况　　　　　附表 1-29

省份	农村户数（万户）	人均居住面积（m²）	煤炭（万 t）	液化石油气（万 t）	电能（亿 kWh）	薪柴（万 t）	秸秆（万 t）	折合标煤总量（万 t）
北　京	142.2	36.43	546	10.2	13	29	34	485
天　津	119.8	26.03	190	3.4	12	12	17	198
河　北	1448.6	28.35	2294	27.3	72.2	349	708	2492
山　西	638.4	24.15	2609	2.6	19.5	72	30	1983
内蒙古	351.4	19.65	628	1.5	10.4	83	152	610
辽　宁	695.6	25.09	675	20.5	40.1	381	1773	1770
吉　林	383.7	20.10	388	4.8	14.8	216	555	743
黑龙江	494.0	20.37	871	9.3	19.91	1484	951	2070
上　海	111.1	56.56	0	12.4	14.9	3	6	78
江　苏	1593.2	38.59	252	80.7	118.9	256	132	953
浙　江	1224.6	56.65	193	61.6	99.2	196	101	757
安　徽	1346.1	27.02	116	44.7	55	2308	221	1847
福　建	682.2	40.00	40	29.1	51.2	198	10	361
江　西	795.3	34.10	305	17	38.3	892	65	947
山　东	2050.4	29.64	1806	88.6	94.1	1035	568	2668
河　南	2025.7	27.21	1846	20.9	76.3	205	185	1829
湖　北	1016.4	36.05	442	17.4	61.4	427	29	829
湖　南	1492.5	38.38	651	13	90.4	687	73	1249
广　东	1540.8	25.71	249	79.6	102.5	445	214	1045
广　西	986.1	28.67	159	1.4	67.1	287	9	527
海　南	112.6	21.82	41	0.8	7.5	25	12	78
四川（重庆）	2698.0	34.61	981	29.4	127.6	3188	982	3597
贵　州	792.3	23.50	467	6.6	20.1	376	31	654
云　南	877.4	25.24	64	0.3	29.7	760	268	739
西　藏	40.4	19.14			4.8	202		138
陕　西	705.0	26.01	1176	10.6	31.6	140	192	1144
甘　肃	463.7	18.17	779	1.2	15.7	55	92	689
青　海	77.6	17.95	205	1.1	3.3	8	34	181
宁　夏	93.6	21.03	162	0.3	4.2	27	44	169
新　疆	223.9	21.13	1108	0.8	8.8	16	21	839
全国总计	25222.6	30	19243	597	1324	14361	7509	31669

数据来源：表中农村户数和人均居住面积两项数据引自《中国农村统计年鉴 2006》，其他项数据来自于清华大学建筑科学技术系 2006 年、2007 年夏季对全国 24 个省份的典型农户调查统计的调研结果。

2000～2006年全国城市集中供热面积逐年变化表（单位：万 m²）　　附表1-30

年份 地区	2000	2001	2002	2003	2004	2005	2006
北 京	7843	14296	18172	25108	28150	31736	34977.1
天 津	6185	8167	7051	10787	11441	14041	15140.6
河 北	10200	12147	13595	15309	17229	18552	18941.2
山 西	5062	5369	6200	7106	9141	12708	15264.4
内蒙古	5216	5903	6930	7907	9215	11254	13155.7
辽 宁	20030	22049	24963	29669	38150	47621	46773.1
吉 林	9306	11987	12914	15873	17772	19585	20164.3
黑龙江	14321	18624	18435	19944	22707	24397	26056.9
上 海	—	—	—	—	—	—	—
江 苏	1338	1960	2256	2156	2147	9397	3735.2
浙 江	357	10215	3377	4006	3332	3942	4338
安 徽	208	210	246	124	264	313	503.5
福 建	000	—	—	234	272	272	272
江 西	—	—	—	—	—	—	—
山 东	12378	14283	17059	20430	22714	26198	30517.5
河 南	3303	3604	4165	4365	4898	5361	6043.1
湖 北	581	539	409	460	498	849	859
湖 南	562	—	250	250	250	250	
广 东	—	—	—	—	—	—	—
广 西	—	—	—	—	—	—	—
海 南	—	—	—	—	—	—	—
重 庆	—	—	—	—	—	—	—
四 川	—	17	30	—	—	15	15
贵 州	—	—	—	—	—	—	—
云 南	—	—	—	—	—	—	—
西 藏	—	—	—	—	—	—	—
陕 西	1697	1609	1869	3087	3182	3318	4208.3
甘 肃	4260	6076	6627	5656	6443	6844	7416.1
青 海	54	54	90	102	108	111	114.4
宁 夏	1895	2284	2566	3443	4031	4328	4500.8
新 疆	5170	6937	8362	8939	10322	10964	12857.3

数据来源：2001～2007年中国统计年鉴，表11-9 各地区城市大型集中供热情况表。

3 国际数据

3.1 人口与GDP相关数据

2004年全球主要国家人口数量（单位：百万人）　　　　附表1-31

国家	人口	国家	人口
丹麦	5.4	爱尔兰	4
德国	82.5	奥地利	8.1
法国	60.4	比利时	10.3
芬兰	5.2	波兰	38.6
荷兰	16.2	巴西	180.7
捷克	10.2	非洲	869.2
挪威	4.6	印度	1081.2
葡萄牙	10.1	中国	1313.3
瑞典	8.9	俄罗斯	142.4
瑞士	7.2	澳大利亚	19.9
斯洛伐克	5.4	韩国	48
西班牙	41.1	日本	127.8
希腊	11	加拿大	31.7
意大利	57.3	美国	297
英国	59.4	世界	6377.6

数据来源：State of World Population 2004，United Nation Population Fund。

2005年全球主要国家人口与GDP　　　　附表1-32

国家	人口数量(千人)	GDP(百万美元)	国家	人口数量(千人)	GDP(百万美元)
美国	296,497	12,455,068	印度	1,094,583	785,468
日本	127,956	4,505,912	墨西哥	103,089	768,438
德国	82,485	2,781,900	俄罗斯	143,151	763,720
中国	1,304,500	2,228,862	澳大利亚	20,321	700,672
英国	60,203	2,192,553	荷兰	16,329	594,755
法国	60,743	2,110,185	瑞士	7,441	365,937
意大利	57,471	1,723,044	比利时	10,471	364,735
西班牙	43,389	1,123,691	土耳其	72,636	363,300
加拿大	32,271	1,115,192	瑞典	9,024	354,115
巴西	186,405	794,098	世界	6,437,784	44,384,871
韩国	48,294	787,624			

数据来源：世界发展指标，世界银行（World Development Indicators database，World Bank），1 July 2006。

3.2 能源消费相关数据

2006年全球主要国家一次能源消费量及结构　　　　附表 1-33

	占全球消费比例（%）	一次能源消费量（Mtce）	消费结构%				
			石油	天然气	煤炭	核电	水电
美国	20.74	3338	40.4	24.4	24.6	8	2.5
中国	15.61	2220	21.1	2.7	69.6	0.8	5.8
俄罗斯	6.48	970.9	19.1	53.6	16.4	5	5.8
日本	4.78	749.4	46.5	13.9	23.1	12.6	3.8
印度	3.89	553.3	29.9	8.5	55	1	5.6
德国	3.02	462.9	37.5	23.9	25.3	11.4	1.9
加拿大	2.96	453.6	31.5	25.9	10.2	6.6	29.7
法国	2.41	374.4	5.5	15.4	5.1	39.1	4.9
英国	2.08	324.7	36.5	37.4	17.2	8.1	0.7
韩国	2.08	320.9	47	13.3	24.4	14.8	0.5
巴西	1.90	277.9	43	9.4	6.9	1.1	39.6
意大利	1.67	262.7	46.9	38.7	9.2	—	5.2
伊朗	1.64	231.4	48.4	49.1	0.7	—	1.7
沙特阿拉伯	1.46	214	58.2	41.8	—	—	—
西班牙	1.42	210.6	53.5	19.7	14.5	8.8	3.5
墨西哥	1.34	210.3	59.6	30	4.1	1.6	4.3
欧盟	15.84	2450.1	40.8	24.7	17.4	12.9	4.1
OECD 欧洲	51.05	7917.7	41	23	21.1	9.6	5.3
世界	—	15053	36.4	23.5	27.8	6	6.3

数据来源：BP Statistical Review of World Energy, June 2006。

各国 1990~2006 年天然气消费量（单位：亿 m^3）　　　附表 1-34

	1990	1995	2000	2002	2003	2004	2005	2006
美国	5403	6380	6697	6616	6431	6450	6298	6197
俄罗斯	4201	3778	3772	3889	3929	4019	4051	4321
英国	524	705	968	951	953	970	1024	1.51
加拿大	618	802	830	856	922	927	914	966
伊朗	227	352	629	792	829	865	951	908
德国	599	744	795	826	855	859	862	872
日本	512	612	749	752	826	787	790	846
意大利	434	499	649	646	709	736	787	771

续表

	1990	1995	2000	2002	2003	2004	2005	2006
乌克兰	1278	762	730	698	680	729	712	737
沙特阿拉伯	305	429	498	567	601	657	729	664
墨西哥	278	281	385	427	458	486	457	556
中国	147	177	238	286	332	390	476	541
法国	293	329	397	417	433	445	458	562
乌兹别克斯坦	368	424	471	524	472	448	440	432
阿根廷	203	270	332	303	346	379	406	418
阿拉伯联合尊长国	169	248	314	364	379	402	413	417
荷兰	344	378	392	393	403	411	393	403
印度尼西亚	201	301	323	345	334	369	381	397
印度	125	196	259	287	299	327	375	396
马来西亚	34	137	243	268	318	339	395	383
韩国	76	102	210	257	269	315	337	342
世界	19686	21530	24354	25400	26019	26947	27803	28508

数据来源：BP Statistical Review of World Energy, June 2007。

各国煤炭消费量（单位：Mtce） 附表1-35

	1990	1995	2000	2001	2002	2003	2004	2005	2006
中国	811.1	1055.8	1014.4	1035.6	1085	1296.7	1486.9	1644.5	1701.9
美国	731.7	769.6	865	839.5	839	855	860.6	874.6	810.4
印度	162.2	217.1	257	261.6	276.2	286.4	309.6	323.6	339.6
日本	115.5	131	150.3	156.6	162	170.5	183.6	184.4	170.1
俄罗斯	274.5	181.5	161.3	165.7	157.9	166.3	162.3	169.6	160.7
南非	108.4	117.6	124.5	122.5	126.9	135.7	143.6	139.7	134.0
德国	197	137.7	129	129.2	128.6	132.5	129.8	124.8	117.7
澳大利亚	60	62.5	73.4	75.4	79.5	77.4	82.5	86.2	83.4
韩国	37.1	42.7	65.4	69.5	74.6	77.7	80.7	83.3	78.3
波兰	121.9	109	87.6	88.2	86.2	87.7	79.6	79.3	73.0
英国	98.6	72.2	56.1	60.8	55.8	59.6	57.9	59.4	62.6
乌克兰	113.7	64	59	59.9	58.2	59.3	57.9	56.8	56.6
世界	3468.5	3427.8	3588.6	3619.6	3698.9	3996.4	4254.3	4453.3	4414.4

数据来源：BP Statistical Review of World Energy, June 2007。

3.3 建筑相关数据

2004 年各主要国家终端能耗量（单位：Mtce）　　　附表 1-36

国家	住宅	公共建筑	工业	交通运输业	合计
巴西	21.6	14.4	118.9	93.7	248.7
非洲	46.9	10.8	198.2	0.0	364.0
中东	97.3	25.2	328.0	162.2	612.7
印度	64.9	18.0	227.1	54.1	360.4
中国	158.6	64.9	1012.8	158.6	1394.8
俄罗斯	111.7	14.4	547.8	86.5	764.1
非经合组织	699.2	223.5	3287.1	1074.1	5287.4
澳大利亚	14.4	10.8	68.5	54.1	144.2
韩国	28.8	25.2	133.4	64.9	248.7
日本	68.5	79.3	310.0	147.8	609.1
经合欧洲	428.9	187.4	886.6	666.8	2173.3
加拿大	46.9	46.9	169.4	82.9	346.0
美国	410.9	302.8	944.3	1005.6	2663.5
经合组织	1016.4	659.6	2609.5	2086.8	6372.3
世界	1719.2	883.0	5896.5	3160.9	11659.7

注：经合欧洲（OECD Europe）包括如下国家：奥地利，比利时，捷克共和国，丹麦，芬兰，法国，德国，希腊，匈牙利，冰岛，爱尔兰，意大利，卢森堡，荷兰，波兰，葡萄牙，斯洛伐克共和国，西班牙，瑞典，瑞士，土耳其，英国等。下表同。

数据来源：International Energy Outlook 2007，Energy Information Administration，2007，7。

2004 年各主要国家一次能源消费结构比例（单位：Mtce）　　　附表 1-37

国家	住宅	公共建筑	工业	交通运输业	合计	建筑能耗占社会总能耗比例（%）
巴西	39.1	31.9	159.7	93.7	324.4	21.88
非洲	87.4	27.0	271.2	0.0	493.8	23.18
中东	156.2	58.9	386.9	162.2	764.1	28.14
印度	103.8	47.2	343.8	54.1	555.1	27.21
中国	261.3	121.9	1594.9	170.0	2148.1	17.84
俄罗斯	169.0	48.8	754.1	109.4	1084.9	20.08
非经合组织	1199.9	518.0	4612.5	1113.3	7457.1	23.04
澳大利亚	33.3	29.7	106.3	54.1	219.9	28.69
韩国	36.4	47.9	178.8	64.9	324.4	26.00
日本	128.1	138.9	396.1	154.4	814.6	32.79
经合欧洲	637.9	367.6	1225.4	688.4	2923.0	34.40
加拿大	87.9	79.7	235.1	82.9	493.8	33.94
美国	762.1	638.0	1223.7	1005.6	3629.5	38.58
经合组织	1711.6	1309.5	3501.2	2117.1	8639.3	34.97
世界	2938.0	1880.2	8052.8	3229.1	16100.1	29.93

中美日单位面积建筑能耗对比表　　　　　附表 1-38

单位	住宅				商业建筑单位面积能耗		
	单位面积采暖能耗值	单位面积非采暖能耗值		人均住宅面积	单位面积采暖能耗值	单位面积非采暖能耗值	
		热耗	电耗			热耗	电耗
单位	kgce/(m²·年)	kgce/(m²·年)	kWh/(m²·年)	m²/人	kgce/(m²·年)	kgce/(m²·年)	kWh/(m²·年)
美国	9.7	3.85	49.6	70.3	9.5	5.5	205
日本	5.3	6.58	61.1	31.2	7.4	11.3	165
中国城市	10.2	2.6	15.6	17.7	10.2	—	120

数据来源：美国数据 building energy data book 2006；

日本数据：Handbook of Energy & Economic Statistics of Japan；

中国数据：参见附录二。

4　能源计量单位换算

能源计量单位换算表　　　　　附表 1-39

燃料名称	低位发热量		折标煤系数	
标煤	29271200	J/kg	1.0000	kgce/kg
原煤	20908000	J/kg	0.7143	kgce/kg
天然气	38930696	J/m³	1.3300	kgce/m³
原油	41816000	J/kg	1.4286	kgce/kg
液化石油气	50179200	J/kg	1.7143	kgce/kg
煤气	16726400	J/m³	0.5714	kgce/m³
热力	1000000	J/MJ	0.0342	kgce/MJ
木炭	26344080	J/kg	0.9000	kgce/kg
木柴	17562720	J/kg	0.6000	kgce/kg
秸秆	14635600	J/kg	0.5000	kgce/kg
电力（当量）	3600000	J/kWh	0.1230	kgce/kWh
电力（等价）	按当年火电发电标准煤耗计算，中国各年发电煤耗参见附表 1-13			

附录二 2004年中国建筑能耗计算说明

1 各类建筑面积计算方法及结果

本书未考虑工业厂房的建筑面积。参见附表2-1。

各类建筑面积计算（单位：亿 m²）　　　　　　　　　附表 2-1

农村	北方城镇采暖	城镇住宅	南方住宅分散采暖	一般公共建筑	大型公共建筑
240	65	96	40	49	4
建设部	中国统计年鉴2005，表11-4中，采取集中供热方式的省、自治区和直辖市的城镇建筑面积之和，包括：北京、天津、河北、山西、内蒙古、辽宁、吉林、黑龙江、山东、河南、陕西、甘肃、青海、宁夏、新疆	中国统计年鉴2005，表11-4	我国夏热冬暖地区上海、江苏、浙江、安徽、福建、江西、湖北、湖南、重庆、四川的城镇住宅面积之和	一般公共建筑和大型公共建筑的总面积为（城镇建筑总面积－城镇住宅建筑总面积）。再把公共建筑的面积按不同能耗指标的建筑类型估算，其中能耗指标大于90kWh/(m²·年)或建筑面积大于2万m²的交通枢纽、文化场所等认为是大型公共建筑，详见附表2-7	

2 各类建筑能耗计算方法及计算结果

由于我国的建筑运行用能没有专门的统计渠道和准确的统计数据，本书根据能找到的公开文献，对建筑能耗进行了估算，并通过几个模型相互校验，将建筑能耗数据限制在一个合理的范围内，从而给出我国的建筑能源消耗数据。计算方法如下。

2.1 农村建筑能耗

农村建筑能耗指农村居民的生活能耗。通过对 24 个省、直辖市和自治区的农村能耗调研数据进行整理,得到的我国农村各地区每户每年生活用能量情况,包括炊事、采暖、降温和照明的能耗。采用《中国农村统计年鉴 2006》中所提供的各省农户数量进行推算,可以得到各个调研省份农村整体的生活用能量。由于农村生活能耗主要由气候和经济发展水平决定,因此,通过已调查的 24 个省、直辖市和自治区的能耗统计结果,可以推算出我国其余的省、直辖市和自治区的能耗(台湾、香港、澳门和西藏未计算在内)。参见附表 2-2、附表 2-3。

农村能耗调查结果(产物实物消耗) 附表 2-2

省份	总户数(万户)	每户建筑面积(m²)	实际煤炭(kg)	实际薪柴(kg)	实际秸秆(kg)	实际液化石油气(kg)	实际电(kWh)	木炭(t)
北京	142.2	36.43	3841	206	236	72	913	—
甘肃	463.7	18.17	1682	118	198	3	339	—
河北	1448.6	28.35	1584	241	489	19	498	—
河南	2025.7	27.21	911	101	92	10	376	—
吉林	383.7	20.1	1012	562	1448	12	387	—
辽宁	695.6	25.09	971	547	2549	29	576	—
内蒙古	351.4	19.65	1787	235	433	4	295	—
宁夏	93.6	21.03	1740	293	471	3	443	—
青海	77.6	17.95	2651	103	441	14	425	—
山东	2050.4	29.64	881	505	277	43	459	—
山西	638.4	24.15	4087	112	46	4	306	—
陕西	705	26.01	1669	199	272	15	448	—
天津	119.8	26.03	1589	98	144	28	1000	—
新疆	223.9	21.13	4950	73	94	6	395	—
安徽	1346.1	27.02	86	1714	164	33	830	38
湖北	1016.4	36.05	329	420	29	17	622	51
湖南	1492.5	38.38	886	460	49	9	855	76
江苏	1593.2	38.59	632	21	190	27	847	2
江西	795.3	34.1	384	1121	81	21	598	21
上海	111.1	56.56	0	26	53	111	2176	0

续表

省份	总户数 (万户)	每户建筑面积 (m²)	实际煤炭 (kg)	实际薪柴 (kg)	实际秸秆 (kg)	实际液化石油气 (kg)	实际电 (kWh)	木炭 (t)
四川	2698	34.61	364	2324	528	11	736	0
浙江	1224.6	56.65	0	865	0	77	1504	37

我国各省农村生活用能实物消耗量 附表 2-3

省份	煤炭 (万t)	液化石油气 (万t)	电能 (亿kWh)	薪柴 (万t)	秸秆 (万t)	折合标煤总量 (万t)
山东	1806	88.6	94.1	1035	568	2676
河北	2294	27.3	72.2	349	708	2501
山西	2609	2.6	19.5	72	30	1994
河南	1846	20.9	76.3	205	185	1837
辽宁	675	20.5	40.1	381	1773	1773
陕西	1176	10.6	31.6	140	192	1149
新疆	1108	0.8	8.8	16	21	844
吉林	388	4.8	14.8	216	555	744
甘肃	779	1.2	15.7	55	92	692
内蒙古	628	1.5	10.4	83	152	613
北京	546	10.2	13	29	34	487
天津	190	3.4	12	12	17	199
青海	205	1.1	3.3	8	34	182
宁夏	162	0.3	4.2	27	44	169
四川	981	29.4	127.6	3188	982	3602
安徽	116	44.7	55	2308	221	1847
湖南	651	13	90.4	687	73	1252
浙江	193	61.6	99.2	196	101	759
江苏	252	80.7	118.9	256	132	954
江西	305	17	38.3	892	65	949
湖北	442	17.4	61.4	427	29	831
上海	0	12.4	14.9	3	6	78
黑龙江	871	9.3	19.91	1484	951	2074
福建	40	29.1	51.2	198	10	381

续表

省 份	煤炭 (万 t)	液化石油气 (万 t)	电能 (亿 kWh)	薪柴 (万 t)	秸秆 (万 t)	折合标煤总量 (万 t)
广 东	249	79.6	102.5	445	214	1047
广 西	159	1.4	67.1	287	9	528
云 南	64	0.3	29.4	760	268	739
贵 州	467	6.6	20.1	376	31	656
海 南	41	0.8	7.5	25	12	78
西 藏	0	0	4.8	202	0	138
总 计	19243	597.1	1324.21	14362	7509	31775

注：表中灰色部分表示并未取得实地调研数据，而是通过周边相近地区的调研数据进行推算所得到的结果。

而 2004 年的农村建筑能耗，由于没有实际调查数据，不能简单用 2006 年的农村能耗来替代。这里取中国可持续能源项目参考资料 2005 年能源数据（王庆一，能源基金会）。2004 年农村生活用商品能源包括电力 830 亿 kWh，煤炭折合 15330 万 t 标煤，液化石油气 960 万 t 标煤，生物质能（秸秆、薪柴）共折合标煤 2.66 亿 t 标准煤。

2.2 城镇采暖能耗

(1) 北方城镇采暖

我国的严寒地区和寒冷地区包括黑龙江、吉林、辽宁、内蒙古、新疆、青海、甘肃、宁夏、山西、北京、天津、河北这些省市自治区的全部城镇及陕西北部、山东北部、河南北部的部分城镇。2004 年这些省份城镇建筑面积总量约 64 亿 m^2，其 70% 以上的建筑采用不同规模的集中供热进行采暖，剩余部分则采用各类不同的分散采暖方式。

综合考虑北方地区不同气候状况和建筑保温水平，可以近似得到目前我国北方城镇建筑物采暖平均需热量为 90kWh/(m^2·年)，平均过量供热率 25%，末端实际供热 113kWh/(m^2·年)，管网损失 3%，热源平均供热量 117kWh/(m^2·年)，采用完全为热电联产热源时，折合的供热煤耗为 9.6kg 标煤/(m^2·年)；采用锅炉房热源时,供热煤耗为24kg标煤/(m²·年);采用70%的热电联产,30%的大型锅炉房调峰时,平均供热煤耗折合为14kg标煤/(m²·年)。我国集中供热系统热电联产和集中锅炉房热源约各占50%,平均供热煤耗19kg标煤/(m²·年)。

各类分散的供热方式约占城镇建筑面积的30%,主要为分散煤炉、分散燃气炉、电采暖和各种热泵采暖方式。采用水源热泵方式采暖,目前都是通过一定规模的管网实行集中供热,由于存在15%~20%的过量供热率,当水源热泵的电-热转换效率为3.5时,105kWh/(m²·年)的供热量折合10.6kg标煤/(m²·年)。然而,目前各类热泵和分散燃气炉采暖占非集中供热中的比例很小,分散煤炉占绝大部分。分散煤炉所供热的建筑均为体量小、体型系数大的建筑,所以能耗高达20~25kg标煤/(m²·年)。这样集中供热以外方式采暖的平均能耗折合成燃煤大约为22kg标煤/(m²·年)。

我国城镇采暖35%为热电联产集中供热,35%为各类锅炉集中供热,30%为分散供热,平均能耗折合成燃煤为:

$$14kg \times 0.35 + 24 \times 0.35 + 22 \times 0.3 = 20kg 标煤/(m^2 \cdot 年)$$

我国目前北方城镇采暖建筑面积约为64亿m²,采暖能耗折合约为1.28亿t标煤/年。其中,依靠天然气的采暖方式约消耗天然气30亿m³,折合约400万t标煤。

(2) 长江流域城镇住宅采暖

根据清华大学、上海建筑科学研究院、重庆大学等机构在长江流域一些地区的调研结果,长江流域城镇住宅采暖多采用空调或电热器形式,平均单位建筑面积的电耗约为5~6kWh/(m²·年)。该地区的城镇住宅建筑面积约为40亿m²,因此长江流域城镇住宅采暖的能耗约200~240亿kWh电力。

2.3 城镇住宅除采暖外的能耗

城镇住宅除采暖外的能耗包括住宅电力消耗、燃气消耗和燃煤消耗。下面分别加以说明。

(1) 住宅电力消耗

住宅电力消耗包括空调电耗、照明电耗和家电电耗。

各类住宅电耗的计算方法 附表 2-4

条 目	空 调	照 明	家用电器
数据来源	北京、上海、杭州、深圳的调查数据；各地区的气象数据	中国绿色照明工程促进项目；中国统计年鉴各地区的城镇住宅面积	中国统计年鉴
计算方法	考虑气候、经济水平、空调器能效比和生活模式对住宅空调能耗的影响，利用简化算法对各地区空调能耗进行计算（李兆坚，我国城镇住宅空调能耗简化算法研究，暖通空调，2006. vol. 36，第 11 期）	单位建筑面积照明电耗 6.8kWh/(m^2·年)	A 电器的保有量＝每百户拥有量×（城镇人口总数/平均每户人口数/100） A 电器年能耗＝A 的保有量×A 的年利用小时×A 的平均功率
计算结果	全国城镇住宅夏季空调总能耗为 256 亿 kWh	全国城镇住宅照明总电耗为 644 亿 kWh	全国城镇住宅家用电器总能耗为 600 亿 kWh

2004 年我国各地区城镇住宅电力消耗的计算结果（港澳台除外） 附表 2-5

地 区	城镇住宅面积（万 m^2）	夏季空调电耗（亿 kWh）	照明电耗（亿 kWh）	其他家用电器电耗（亿 kWh）	总计（亿 kWh）
内蒙古	19819	0.1	13.3	18.5	24
辽 宁	42615	0.9	28.6	25.8	67
吉 林	23967	0.1	16.1	24.3	35
黑龙江	42444	0.2	28.4	13.3	54
北 京	26200	7.3	17.6	20.9	49
天 津	13465	2.7	9.0	11.3	25
河 北	47798	7.4	32.0	11.4	60
山 西	28276	0.8	18.9	7.3	31
陕 西	20835	4.3	14.0	1.3	30
甘 肃	13966	0.0	9.4	3.9	17
青 海	3000	0.0	2.0	7.7	3
宁 夏	4576	0.0	3.1	53.2	7
新 疆	13822	0.1	9.3	22.4	17
山 东	60665	13.5	40.6	34.7	107
河 南	49562	13.0	33.2	50.7	69
上 海	35211	16.3	23.6	29.4	99

续表

地区	城镇住宅面积 (万 m²)	夏季空调电耗 (亿 kWh)	照明电耗 (亿 kWh)	其他家用电器 电耗(亿 kWh)	总计 (亿 kWh)
江 苏	62600	22.7	41.9	17.6	149
浙 江	56153	22.5	37.6	13.9	123
安 徽	28335	7.4	19.0	10.5	55
福 建	30246	16.1	20.3	38.6	74
江 西	25151	6.2	16.9	16.7	43
湖 北	41717	16.4	28.0	16.4	108
湖 南	42768	11.1	28.7	23.8	73
重 庆	21210	10.9	14.2	6.7	58
四 川	53142	8.8	35.6	7.4	81
贵 州	11341	0.1	7.6	0.3	15
云 南	19627	0.0	13.2	47.3	21
西 藏	1083	0.0	0.7	14.1	1
广 东	91519	58.6	61.3	2.4	167
广 西	25448	7.4	17.0	18.5	39
海 南	5059	1.0	3.4	25.8	7
总 计	961617	256	644	600	1500

(2) 城镇住宅热力消耗

城镇住宅热力消耗用于炊事和生活热水。由城市建设统计年报 2005 表 9-32、表 9-22 和表 9-12，可得到我国各地区的液化石油气、天然气和煤气的消耗量和用气户数，以及各地区的燃气普及率，基于使用不同种类燃料的家庭用户平均用热量基本相同的假设，则可以求得各地区的热力消耗总量。认为不使用燃气的家庭用户使用燃料种类为燃煤，即：

城镇住宅总热力消耗＝(液化石油气热力＋天然气热力＋煤气热力)/
　　　　　　　　燃气普及率

城镇住宅燃煤消耗＝热力消耗－(液化石油气热力＋天然气热力＋煤气热力)
　　　　　　　＝总热力消耗×(1－燃气普及率)

计算的各地区城镇住宅热力消耗结果如附表 2-6 所示。

2004 年我国各地区城镇住宅热力消耗计算结果 附表 2-6

地区	液化石油气（万 t 标煤）	天然气（万 t 标煤）	煤气（万 t 标煤）	燃气普及率	燃煤（万 t 标煤）	总热力消耗（万 t 标煤）
内蒙古	136583	2210	5651	62.79	17.38	46.69
辽 宁	286350	27616	43441	87.16	15.83	123.23
吉 林	107342	3765	8712	71.33	11.23	39.17
黑龙江	166666	3166	24135	68.84	20.92	67.10
北 京	401214	48519	3239	99.75	0.32	129.82
天 津	27432	15145	7594	98.48	0.42	27.85
河 北	208355	6188	28721	93.29	4.29	63.91
山 西	33061	7135	38074	68.63	16.50	52.56
陕 西	44671	13849	4490	76.73	8.20	35.23
甘 肃	22692	5679	3659	65.20	6.87	19.74
青 海	16517	3279	—	69.95	2.93	9.74
宁 夏	17810	3893	355	49.39	8.18	16.16
新 疆	101085	14571	1200	87.25	5.22	40.91
山 东	408224	44898	30284	74.29	49.08	190.81
河 南	155629	17507	19342	66.17	30.16	89.12
上 海	203639	19695	122205	100.00	0.00	128.61
江 苏	708033	2630	40926	91.98	12.90	160.80
浙 江	656596	530	26347	98.22	2.32	130.53
安 徽	195482	1665	14852	69.18	19.61	63.61
福 建	227904	—	1407	93.18	2.92	42.78
江 西	138974	10	16030	80.15	8.17	41.15
湖 北	289804	3505	13787	64.35	34.25	96.02
湖 南	258444	277	7642	68.71	22.32	71.30
重 庆	43733	52230	—	63.52	40.73	111.61
四 川	90883	142644	4534	81.75	42.72	234.02
贵 州	50337	4067	7747	59.54	12.23	30.21
云 南	82995	5270	12793	61.85	17.23	45.15
西 藏	700	—	—	41.88	0.17	0.29
广 东	1648814	756	21627	92.99	22.31	318.12
广 西	249492	168	3233	67.39	21.69	66.48
海 南	61891	3383	—	88.24	1.96	16.67
总 计	7041351	454248	512026	—	459.05	2509.35

2.4 公共建筑除采暖外的能耗计算方法

(1) 公共建筑的电力消耗

公共建筑的电力消耗＝建筑面积×单位建筑面积电耗

其中，公共建筑面积＝城镇总建筑面积－城镇住宅建筑面积（由于工业厂房的面积比例很小，且没有确切数据，这里不作考虑）

公共建筑个体之间的电耗差异很大，单位建筑面积的电耗从 30～300kWh/(m²·年)不等，且分散度很高。根据清华大学十几年来的调查，发现公共建筑单位面积的电耗与建筑规模、经济发展水平和功能有关。即单体建筑面积大，经济发展水平高、"高档"的建筑电耗相对较高；从功能上，大型商场、酒店电耗总体高于大型综合办公楼；而学校和普通小型办公楼的电耗一般则较低；气候差异对公共建筑电耗的影响不大。

基于以上认识，对公共建筑以单位建筑面积电耗进行分类，如附表 2-7 所示。根据 2005 年北京统计年鉴和 2005 年上海统计年鉴对北京和上海这几类建筑的面积进行拆分和估算，再根据各地区经济发展水平对其他省、自治区和直辖市的这几类公共建筑面积的比例进行修正。由单位面积电耗与建筑面积的乘积，可计算出全国各地区的公共建筑电力消耗，计算结果如附表 2-8 所示。

根据单位建筑面积电耗对公共建筑分类的方法 附表 2-7

分类	1	2	3	4	5	6
功能	大型酒店、商场，超市	大型综合楼	大型办公楼	交通枢纽、文化场所，医院	中型办公楼	学校、一般公共建筑
平均的单位面积电耗 (kWh/(m²·年))	180	120	90	60	50	40

2004 年我国各地区公共建筑电力消耗估算结果 附表 2-8

	公共建筑面积 (万 m²)	几类建筑所占面积比例						公共建筑电耗 (亿 kWh)
		1	2	3	4	5	6	
内蒙古	11839	1.3%	1.2%	2.3%	1.1%	10.4%	83.8%	53

续表

	公共建筑面积 (万 m²)	几类建筑所占面积比例						公共建筑电耗 (亿 kWh)
		1	2	3	4	5	6	
辽 宁	28324	1.8%	1.7%	3.3%	1.5%	15.0%	76.7%	134
吉 林	12346	1.2%	1.1%	2.2%	1.0%	10.0%	84.3%	55
黑龙江	19278	1.6%	1.4%	2.8%	1.3%	12.7%	80.1%	89
北 京	20323	4.1%	3.8%	7.6%	3.5%	34.0%	46.9%	115
天 津	7438	3.5%	3.2%	6.5%	3.0%	28.9%	54.8%	40
河 北	20892	1.4%	1.3%	2.6%	1.2%	11.9%	81.5%	96
山 西	12097	1.0%	0.9%	1.9%	0.9%	8.4%	86.9%	53
陕 西	10760	0.9%	0.8%	1.6%	0.7%	7.1%	88.9%	47
甘 肃	10373	0.7%	0.6%	1.2%	0.6%	5.5%	91.5%	44
青 海	1150	1.0%	0.9%	1.8%	0.8%	7.9%	87.7%	5
宁 夏	3430	0.9%	0.8%	1.6%	0.7%	7.2%	88.7%	15
新 疆	9283	1.3%	1.1%	2.3%	1.1%	10.3%	84.0%	42
山 东	39259	1.9%	1.7%	3.5%	1.6%	15.5%	75.8%	187
河 南	24799	1.1%	1.0%	1.9%	0.9%	8.7%	86.4%	110
上 海	26891	0.9%	0.8%	1.7%	0.8%	7.4%	88.4%	117
江 苏	38422	2.3%	2.1%	4.2%	2.0%	19.0%	70.4%	190
浙 江	30733	2.7%	2.5%	4.9%	2.3%	22.0%	65.7%	156
安 徽	13823	0.9%	0.8%	1.6%	0.7%	7.1%	88.9%	60
福 建	12228	1.9%	1.8%	3.5%	1.6%	15.8%	75.3%	58
江 西	12029	0.9%	0.8%	1.7%	0.8%	7.5%	88.3%	53
湖 北	24050	1.2%	1.1%	2.2%	1.0%	9.6%	85.0%	108
湖 南	25611	1.0%	0.9%	1.9%	0.9%	8.4%	86.9%	113
重 庆	11113	1.1%	1.0%	2.0%	0.9%	8.8%	86.2%	49
四 川	24103	6.2%	5.7%	11.3%	5.3%	50.7%	20.8%	157
贵 州	3546	0.5%	0.4%	0.9%	0.4%	3.9%	94.0%	15
云 南	10759	0.8%	0.7%	1.4%	0.6%	6.2%	90.4%	46
西 藏	175	0.9%	0.8%	1.6%	0.7%	7.1%	88.9%	1
广 东	47983	2.2%	2.0%	4.0%	1.9%	18.1%	71.8%	235
广 西	12672	0.8%	0.7%	1.5%	0.7%	6.6%	89.7%	55
海 南	3226	1.1%	1.0%	1.9%	0.9%	8.7%	86.5%	14
总 计	528953	1.9%	1.7%	3.4%	1.6%	15.3%	76.2%	2513

其中，1~4 类为大型公共建筑，全国大型公共建筑总面积为 4 亿 m²，占公共建筑面积的比例为 7.5%。大型公共建筑总电耗为 500 亿 kWh，占公共建筑总电耗的比例为 20%。

(2) 公共建筑热力消耗

我国的能源统计按工业部门分类，主要发生在公共建筑中的能源消耗包括①交通运输仓储和②邮电、批发、零售业和住宿、餐饮业，以及③其他（党政机关和社会团体、科研和综合技术服务业、教育、文化体育和社会福利事业等）。根据中国统计年鉴 2006 的表 7-9，可得到以上①~③类建筑的燃气消耗，即公共建筑的热力消耗。

公建建筑燃气与煤炭消耗 附表 2-9

		①交通运输仓储和邮电	②批发、零售业和住宿、餐饮业	③其他	总计	折合万 t 标煤
煤炭	万 t	832	872	731	1414 万 t 标煤	1739
天然气	亿 m³	11.2	9.2	14.1	34.5m³NG	591

2.5 我国建筑能耗的总体消耗情况

汇总以上计算结果，得到我国建筑能耗的总体消耗情况（见附表 2-10）

2004 年中国建筑能耗计算结果 附表 2-10

	总面积 (亿 m²)	电耗 (亿 kWh)	煤炭 (万 t 标煤)	液化石油气 (万 t 标煤)	天然气 (万 t 标煤)	煤气 (万 t 标煤)	生物质 (万 t 标煤)	总商品能耗 (万 t 标煤)
农村	240	830	15330	960	—	—	26600	19200
城镇住宅(不包括采暖)	96	1500	460	1210	550	290	—	7820
长江流域住宅采暖	40	210	—					740
北方城镇采暖	64		12340		400			12740
一般公共建筑	49	2020	1740		590			9470
大型公共建筑	4	500						1760
建筑总能耗	389	5030	29870	2110	1540	290	14030	51730

3 从宏观统计模型计算的建筑能耗数据

以上为从微观模型出发，分地区计算的我国各类建筑能源消耗。在此基础上，必须从我国宏观的能源消耗出发，对建筑能耗计算结果进行校验。

3.1 建筑总能耗的上限值

在我国的能源消费总量中，农、林、牧、渔、水利业，工业中的采掘业和制造业，燃气的生产和供应业，水的生产和供应业，建筑业这几项均不属于民用建筑运行能耗的范畴；而交通运输、仓储及邮电通信业的燃料油消耗绝大部分没有发生在建筑中，都不应计入建筑能耗。从我国 2004 年能源消费总量中将以上能耗减去，得到我国建筑能耗的上限值为 50246 万 t 标煤，占 2004 年我国社会总能耗的 24.7%，如附表 2-11、附表 2-12 所示。

2004 年中国社会能耗消费量　　　　　　　　　　　附表 2-11

行　业	能源消费总量（万 t 标准煤）	行　业	能源消费总量（万 t 标准煤）
消费总量	203227	水的生产和供应业	653
农、林、牧、渔、水利业	7680	建筑业	3259
采掘业	12215	交通运输、仓储和邮政业	15104
制造业	115261	批发、零售业和住宿、餐饮业	4820
电力、热力的生产和供应业	14578	其他行业	7839
燃气生产和供应业	536	生活消费	21281

2004 年中国交通运输、仓储和邮政业能耗消费情况　　附表 2-12

能源消费总量（万 t 标准煤）	15104
煤炭消费量（万 t）	832
焦炭消费量（万 t）	2
原油消费量（万 t）	124
汽油消费量（万 t）	2308
煤油消费量（万 t）	820
柴油消费量（万 t）	4182

续表

燃料油消费量（万 t）	1150
天然气消费量（亿 m²）	11
电力消费量（亿 kWh）	450

数据来源：中国统计年鉴2006表7-9，能源换算方法系数参见附表1-39。

3.2 北方城镇采暖能源消耗的校核

北方城镇采暖煤耗＝集中供热用煤＋非集中供热用煤，其中，集中供热用煤＝城镇供热用煤＋热电联产余热供热用煤。城镇供热用煤可由中国统计年鉴2006的煤炭平衡表得到供热用煤；热电联产负责的集中供热热网总面积可由中国统计年鉴2005中表11-9各地区城市集中供热情况表得到，2004年热电联产的供热热网面积为21.6亿 m²，热电联产余热供热用煤＝单位面积耗煤量×集中供热热网总面积，这里取热电联产供热单位面积耗煤量为14kgce；而非集中供热面积取为集中供热面积的20%，故非集中供热用煤＝0.2×城镇供热用煤，校核结果如附表2-13所示。

2004年北方城镇采暖能耗校核　　　　　　　　　　　附表 2-13

计算能耗	年 鉴 数 据					年鉴数据
	城镇供热用煤	集中热网面积	热电联产供热用煤	集中供热用煤	非集中供热用煤	
12740万 t 标煤	11547万 t 原煤（8247万 t 标煤）	21.6亿 m²	2592万 t 标煤	10839万 t 标煤	2168	12925万 t 标煤

3.3 住宅建筑能源消耗的校核

中国统计年鉴2006的表7-13给出了住宅生活能源消耗情况，包括城镇住宅和农村住宅。将年鉴的能源消耗与计算的住宅能耗总量相比较，发现计算的电力消耗液化石油气消耗与年鉴数据基本吻合，而煤炭消耗，由于我国农村各类小煤窑产煤通过各种非正式渠道进入农村，可能这部分的燃煤量会在1亿吨标煤左右。天然气和煤气消耗由于不同年鉴获得的能耗数据不同，我们这里还是取中国城市建设统计年报的数据，即天然气消耗折合标煤290万 t，煤气折合标煤550万 t。

住宅能源消耗的校核　　　　　　　　　　　　　　　　　附表 2-14

		电耗 (亿 kWh)	煤炭 (万 t 标煤)	液化石油气 (万 t 标煤)	天然气 (万 t 标煤)	煤气 (万 t 标煤)	总商品能耗 (万 t 标煤)
计算数据	农村	830	15330	960	—	—	19200
	城镇住宅（包括长江流域城镇住宅的空调采暖能耗	1710	460	1210	290	550	7820
	合计	2510	15790	2170	290	550	27020
	年鉴数据	2465	5838	2315	816	789	18484

3.4 公共建筑能源消耗的校核

将公共建筑的计算电耗与年鉴数据相校核，如附表 2-15 所示，计算结果基本吻合。

公共建筑电力消耗　　　　　　　　　　　　　　　　　附表 2-15

计算数据 (亿 kWh)	年鉴数据（亿 kWh）			
	4. 交通运输仓储和邮电	5. 批发、零售业和住宿、餐饮业	6. 其他	总　计
2520	450	735	1037	2222

由上述校核，认为计算得到的 2004 年我国建筑能耗结果是合理的。

附录三 中国建筑能耗发展过程计算说明

这里按照《中国统计年鉴》来从宏观层面计算我国的建筑能耗数据。尽管由于我国的宏观能源统计是按照产业部门分类，而不是按终端能源消耗进行。以年鉴宏观数据计算的建筑能耗与实际情况存在一定的出入，但通过逐年连续的建筑能耗数据，也可反映我国建筑用能的现状、用能重点和发展趋势等问题。

1 各类建筑面积计算方法及计算结果

我国的建筑面积按如下分类进行统计计算：

(1) 农村建筑面积：农村建筑可以视为全是住宅建筑。农村建筑面积＝农村人口数×农村人均房屋面积；其中，农村人口数来自1997～2007年中国统计年鉴人口数及构成表，农村人均房屋面积来自1997～2007年中国统计年鉴中城乡新建住宅面积和居民居住情况表。

(2) 城镇建筑面积：根据建筑功能不同可分为：

1) 住宅建筑面积，采用1997～2007年中国统计年鉴中各地区城市房屋建筑及住房情况表中数据。

2) 公共建筑面积＝城市房屋建筑面积－城市房屋住宅面积，数据来自1997～2007年中国统计年鉴中各地区城市房屋建筑及住房情况表。

(3) 北方城镇采暖面积：此项单列，是考虑集中供热系统在中国北方的广泛应用，此项能耗难以按公共建筑与住宅建筑拆分开来。北方采暖面积采用1996～2006年中国统计年鉴中各地区城市房屋建筑及住房情况表，把如下的采暖省份面积相加得到：北京、天津、河北、山西、内蒙古、辽宁、吉林、黑龙江、山东、河南、陕西、甘肃、青海、宁夏、新疆。

统计结果如附表3-1所示。

1996～2006年度各类建筑面积情况表（单位：亿 m²）　　　　附表 3-1

年　份	1996	1997	1998	1999	2000	2001	2002	2003	2004	2005	2006
农村建筑面积	185	189	194	199	200	204	207	209	211	221	226
城镇住宅面积	34	36	40	42	44	67	82	89	96	108	113
公共建筑面积	28	29	31	32	33	44	50	52	53	57	62
北方采暖面积	30	30	33	34	36	50	55	60	64	70	75

2　各类建筑能耗计算方法及计算结果

为计算各类建筑能耗值，提出宏观模型的概念，从全国宏观能耗统计结果中拆分出建筑的能耗。主要计算项目如附表 3-2 所示。

建筑能耗宏观模型计算能耗项目列表　　　　附表 3-2

计算能耗项目		编　号	单　位
住宅建筑	电　耗	1	亿 kWh
	煤　耗	2	万 t 标煤
公共建筑	电　耗	3	亿 kWh
	煤　耗	4	万 t 标煤
北方城镇采暖能耗		5	万 t 标煤

各计算项目计算方法说明：

（1）住宅建筑电耗：采用 1997～2007 年中国统计年鉴中分品种生活能源消费总量表中电力项的值，如附表 3-3 所示，认为此项为中国农村与城镇住宅建筑电耗之和。

（2）住宅建筑热耗：指的是除电耗外其他所有能耗按低位发热量折算为标煤的值。住宅建筑煤耗＝生活消费总煤耗－住宅建筑电耗×当年发电煤耗。其中：生活消费总煤耗采用 1997～2007 年中国统计年鉴中分品种生活能源消费总量表中煤炭、液化石油气、天然气以及煤气的数值，而热力项是城市集中供热的消耗，这在后面的北方城镇采暖中已有考虑，故在此项中不计，如附表 3-3 所示，当年发电煤耗参见本书附表 1-12。

1996～2006 年度分品种生活能源消费总量表　　　　　　附表 3-3

		1996	1997	1998	1999	2000	2001	2002	2003	2004	2005	2006
合计	万 t 标煤	17714	16368	14393	14552	15965	15427	17527	19827	21281	23450	25388
煤炭	万 t 原煤	14399	12238	8884	8408	7907	7830	7603	8175	8173	8739	8386
煤油	万 t	65	63	63	71	72	75	61	56	27	26	23
液化石油气	万 t	703	742	769	878	988	1006	1169	1293	1350	1329	1456
天然气	亿 m³	20	21	24	26	32	44	51	57	67	79	103
煤气	亿 m³	48	60	74	81	89	119	125	131	138	145	156
热力	万百万千焦	16669	16432	18711	20127	23234	23369	26613	33666	41395	51744	56948
电力	亿 kWh	1133	1253	1325	1481	1672	1839	2001	2238	2465	2825	3252

(3) 公共建筑电耗：采用 1997～2007 年中国统计年鉴中电力平衡表进行计算，公共建筑电耗＝交通运输、仓储和邮政业＋批发、零售业和住宿、餐饮业＋其他，如附表 1-12 所示。

(4) 公共建筑热耗：采用 1997～2007 年中国统计年鉴中煤炭平衡表进行计算，公共建筑电耗＝交通运输、仓储和邮政业＋批发、零售业和住宿、餐饮业＋其他，如附表 1-10 所示。

(5) 北方城镇采暖热耗＝①锅炉房供热用煤＋②热电联产集中供热用煤＋③分散供热用煤，其中，①来自中国统计年鉴中煤炭平衡表的"供热"项；②热电联产集中供热用煤＝单位供热面积煤耗量×集中供热热网总面积，这里单位供热面积煤耗量取为 14kgce；③分散供热面积取为锅炉房供热面积的 20%，③分散供热用煤＝0.2×锅炉房供热用煤，计算结果如附表 3-4 所示。

1996～2006 年北方采暖煤耗量计算表　　　　　　附表 3-4

项　目	1996	1997	1998	1999	2000	2001	2002	2003	2004	2005	2006
锅炉房供热用煤量（万 t 原煤）	6366	6245	6320	6473	6692	6962	7474	10896	11547	13542	14561
全国热电联产集中供热面积（亿 m²）	7.3	8.1	8.7	9.7	11.1	14.6	15.6	18.9	21.6	25.2	26.6
总供热耗热（万 t 标煤）	6484	6483	6629	6903	7287	8016	8584	11984	12925	15136	16205

最终计算结果如附表 3-5 与附图 3-1 所示。

1996~2006 年中国建筑能耗变化表 附表 3-5

计算结果		1996	1997	1998	1999	2000	2001	2002	2003	2004	2005	2006
住宅	电耗（亿 kWh）	1133	1253	1325	1481	1672	1839	2001	2238	2465	2825	3252
	热耗（万 t 标煤）	12007	10611	8381	8290	8243	8533	8769	9495	9758（19758）	10313	10626
公建	电耗（亿 kWh）	786	878	1056	1189	1318	1442	1597	1931	2222	2524	2871
	热耗（万 t 标煤）	2918	2164	2229	2101	1940	1883	1879	1949	1739	1754	1714
北方城镇采热煤耗（万 t 标煤）		6484	6483	6629	6903	7287	8016	8584	11984	12925	15136	16205
建筑能耗合计（万 t 标煤）		28646	27251	26116	27145	28323	30146	32041	38228	41011（51011）	45549	49544
社会总能耗（万 t 标煤）		138948	137798	132214	133831	138553	143199	151797	174990	203227（213227）	223319	246270
建筑占社会能耗比		20.6%	19.8%	19.8%	20.3%	20.4%	21.1%	21.1%	21.8%	20.2%（23.9%）	20.4%	20.1%

注：由于一些小煤窑的能源统计问题，农村住宅有一部分煤炭消耗未计入我国的能源统计渠道。2004 年认为这部分能耗为 1 亿 t 标煤，以此可重新计算当年我国的建筑能耗和占社会总能耗的比例（详见括号内数字）。

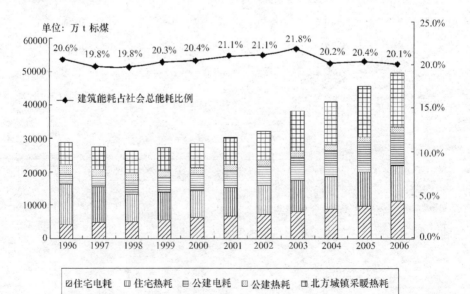

附图 3-1 中国建筑能耗逐年发展变化图

附录四 能源统计中不同类型能源核算方法的探讨[1]

1 引 言

科学合理的能耗统计方法对于能源政策制定、项目的决策等非常重要,随着西气东输、三峡水利枢纽等大型工程的实施及投入使用,我国以煤炭为主的单一能源结构体系逐渐多元化发展,水电、核电、天然气等高品位的商品能源占商品能源生产的比重越来越大,我国传统的以标准煤为计量对象的能源消耗统计方法提供的数据是否科学合理,是否还适应现实的需要值得商榷。另一方面,终端能源种类,满足这些需求的能源转换系统也越来越多,尤其在暖通空调领域,水泵冷机的用电,空调的用冷、采暖的用热等各类能源的品位相差很大。科学地实现各种类型能源间的核算,对于正确地评价和比较各种用能方式,从而促进和推动真正节能的方式,就显得尤为重要。而现有的能耗统计方法评价这些系统在能耗之间的差异、转换方式的优劣和损失时,就不十分清晰。为此,本文就能耗统计过程中不同能源间转化的问题进行探讨。

2 我国能耗统计中的核算方法及存在的问题

2.1 我国能耗统计中的核算方法

目前我国能源消耗统计方法主要依据燃料的平均低位发热量进行简单折算。对

---

[1] 江亿等,原文章发表在《中国能源》2006年第六期。

水电、核电的折算又可分为发电煤耗计算法和电热当量计算法两种，区别在于对水电、核电的核算方法：发电煤耗计算法将水电、核电按当年平均火力发电煤耗换算成标准煤；而电热当量计算法中水电、核电仅按电的热功当量换算成标准煤，2003年部分能源折算系数见附表 4-1[1][2]。

部分能源折标准煤参考系数　　　　　　　　　附表 4-1

能源名称	平均低位发热量	折标准煤系数	
		发电煤耗计算法	电热当量计算法
水电、核电		0.3619kgce/kWh(电)	0.1229kgce/kWh(电)
火电		0.3619kgce/kWh(电)	0.3619kgce/kWh(电)
天然气	9310kcal/m³	1.33kgce/m³	1.33kgce/m³
原油	10000kcal/kg(油)	1.4286kgce/kg(油)	1.4286kgce/kg(油)
汽油、煤油	10300kcal/kg(油)	1.4714kgce/kg(油)	1.4714kgce/kg(油)
柴油	10200kcal/kg(油)	1.4571kgce/kg(油)	1.4571kgce/kg(油)
原煤	5000kcal/kg(原煤)	0.7143kgce/kg(原煤)	0.7143kgce/kg(原煤)
热(集中供热)	—	0.03412kgce/MJ(热)	0.03412kgce/MJ(热)

2.2 目前能耗核算方法存在的问题

不同能源有品位高低之分，电是最高品位能源，其次是天然气、煤等。以上无论是发电煤耗计算法还是电热当量计算法，除电的转换外，其他能源都只是简单的从"量"上考虑，将各种不同能源按低品位的热折算成标煤，忽略了能源之间"质"的差别，因此在计算能源消耗、评价能源转换系统必然存在不足。

2.2.1 掩盖了天然气等高品位能源的做功能力

从核算结果上看，1MJ 发热量的天然气和 1MJ 发热量的原煤折成标煤在数量上没有区别，但二者的潜在做功能力显然不同，在现有的技术条件下，1MJ 的天然气采用燃气蒸汽联合循环可以发 0.55MJ 的电，而 1MJ 的原煤则只能发 0.34MJ 的电，二者转换为高品位的电的能力（或者说做功能力）相差很大。因此，目前的核算结果掩盖了高品位能源的做功能力，贬低了其实质价值。这就容易造成只要消耗的一次能源热值一样，是什么能源没有区别的错觉，导致在能源利用时，经常出现"高级能干低级活"的不合理方式。

2.2.2 电的能耗折算存在逻辑矛盾

先看发电煤耗计算法，将水电、核电比照火电，统一按当年平均火力发电煤耗折算成标准煤，以 2003 年为例，考虑平均发电效率 34%，则 1kWh 电按 0.3619kg 标煤折算，这种虚拟增值的方法是建立在多生产 1kWh 水电（核电）可以少生产 1kWh 火电的逻辑基础之上。但如果设想少生产 1kWh 的火电，可以减少 0.3619kg 标煤的消耗，直接燃烧可以供出 10.588MJ 的热量，而 1kWh 的水电（核电）全部转化为热也仅 3.6MJ，显然水电（核电）直接比照火电转换，在逻辑上也存在不合理之处。

再看电热当量计算法，与发电煤耗计算法的差别在于，将水电、核电直接按自身的热功当量换算成标准煤，即 1kWh 的电折合为 0.1229kg 标煤，这种方法虽然避免了发电煤耗计算法的逻辑矛盾，但我们在实际的终端能源统计中很难直接获得水电、核电和火电分别的消耗数据，因此在其分别按不同系数转换为标准煤时存在困难。另外，这种方法在统计电的输配损失时也无法分清火电、水电、核电[2]，统一按发电煤耗计算法 0.3619kg 标煤/kWh 对待，这种初端电热当量计算法计算，中间损失按发电煤耗计算法不可避免的会出现初端统计和终端统计无法平衡的矛盾。

我国水电、核电增长迅速，由 1980 年的 582.1 亿 kWh，增长到 2003 年的 3270.2 亿 kWh，随着三峡电站的投入实施，以及大批核电站的论证立项，水电核电将进一步增加，采用目前的能耗核算方法的矛盾将逐渐突出。

2.2.3 能源转换系统的评价出现争议

由于在以上两种能耗核算方法中，不同的能源只是简单按其发热值折算成标煤，这就在评价能源转换系统时存在诸多争议，下面分别以建筑热电冷联供（BCHP）、热电联产系统和热泵系统的评价为例。

(1) 热电冷联供（BCHP）系统评价

若 BCHP 的发电效率 25%，产热 50%，由附图 4-1 所示的能源转换方式，1MJ 的天然气与 0.4MJ 的电相当。按照热量法计算，取平均发电效率为 34%，即 1MJ 的天然气只能发出 0.34MJ 的电，如附图 4-2 所示，因此采用 BCHP 不仅可以减轻电网峰值，而且能源利用率从 34% 提高到 40%，节约了能源。但另有观点认为天然气在纯发电时不是和燃煤发电厂一样的低效，而多是采用燃气蒸汽联合循环系统，发电效率可达55%，即1MJ的天然气相当于0.55MJ的电，这样BCHP系统的能源利用率仅为40%，低于大型燃气蒸汽联合循环发电厂的55%，因此在能源利用率上是不合适的。同样的一个系统得出两种截然不同的结论。而不管是发热煤耗法还是电热当量法，具有1MJ热值的天然气都只是折算成0.03412kg标煤。

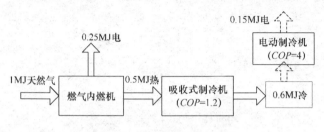

附图4-1 BCHP的转换系统

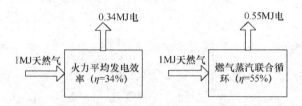

附图4-2 天然气发电系统

(2) 热电联产系统评价

目前评价热电联产系统时，常用的评价方法有基于电热当量法的按热量分摊、基于发电煤耗法的好处归热以及好处归电法三种，具体如附表4-2所示。

热电联产系统评价方法加税　　　　　　　　　　　　　　附表4-2

(1) 按热量分摊法	电、热煤耗按热量比分摊
(2) 好处归热法	热煤耗＝总煤耗－发电量×发电标准用煤量
(3) 好处归电法	电煤耗＝总煤耗－产热量×产热标准用煤量

如果从以上三种方法出发，在评价热电联产系统时很难统一结论。例如评价附图4-3所示的两个热电比不同的热电联产系统。

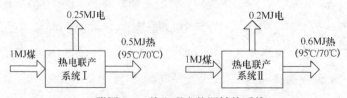

附图4-3 热电联产能源转换系统

热电联产系统比较结果　　　　　　　　　　附表 4-3

	热电联产系统 I		热电联产系统 II	
	产电效率	产热效率	产电效率	产热效率
(1) 按热量分摊	75%	75%	80%	80%
(2) 好处归热	34%	189%	34%	146%
(3) 好处归电	50%	100%	50%	100%

从附表 4-3 可以看出，若按基于电热当量法的按热分摊评价，热电联产系统 II 产电产热效率均要高于系统 I，系统 II 好；而如果从基于发电煤耗法的好处归热评价，由于产电效率一样，系统 I 的产热效率高，系统 I 好。再看好处归电法，两个系统效率相同。同样两个系统比较，采用现有的两种能耗核算方法，结论完全不一样。因此现有能耗核算方法在评价热电联产系统时，很容易引起争论并给项目决策者带来困扰。

(3) 热泵系统的评价

现有的能源核算方法在评价热泵系统时，同样存在不足，例如评价一个 $COP_H=2.0$ 的热泵系统在冬季运行的节能性，由于直接电热的 COP_H 仅为 1，这样看热泵是节能的；但是如果依据发电煤耗核算方法，1MJ 电折算为 2.95MJ 的标煤，如果将 2.95MJ 标煤直接燃烧（效率按 75%），可以产出 2.2MJ 的热，大于热泵的 2MJ，热泵不节能。两种核算方法，结论完全相反。

2.2.4　新型能源折算困扰

随着太阳能、风能等新型能源的广泛利用，对于它们所产生的电能，在能耗核算时，如果还按热值进行折算，就会低估了这些可再生能源的作用，因此也需要找到一个合适的方法。

3　新的不同类型能源间的换算方法：等效电法

3.1　换算方法

因为所有一次能源（煤、天然气、油、水力、核力、太阳能、风能等）都可以用来发电，如果以高品位的电作为标准，将其他终端能源按照一定的折算系数转化为电,就不仅考虑了不同能源之间"量"的差异,还体现出"质"的不同。

等效电的折算标准:
$$W_{ee}=\eta\times Q$$

式中,W_{ee}表示某形式能源折合的等效电数值,单位 kWh,Q 为该种形式能源的总能量,单位 kWh;η 为该类型能源转换电的最大效率,其值直接反映出各种不同能源的品位,可以由热力学第二定律推出[3]。

(1) 天然气、油品、煤炭及其制品的等效电转换效率计算公式:

$$\eta(气\backslash 油\backslash 煤)=1-\frac{T_0}{T-T_0}\ln\frac{T}{T_0}$$

其中,T_0 为参考温度,K;T 为天然气(油、煤)的完全燃烧温度,K。

(2) 热水和蒸汽的等效电转换效率计算公式

$$\eta(热水)=1-\frac{T_0}{T_g-T_h}\ln\frac{T_g}{T_h}$$

$$\eta(蒸汽)=1-\frac{T_0}{T_{steam}}$$

其中:T_0 为能源使用地点的参考温度,暖通空调领域夏季可以选取当地的夏季空调室外日平均温度,冬季选取当地的采暖室外日平均温度。对于其他领域可以分春夏秋冬四季选取当地室外日平均温度作为计算依据。T_g、T_h 分别为市政热水的供回水温度,T_{steam}是蒸汽压力所对应的饱和温度(单位均为 K)。以北京冬季为例,95℃/70℃ 的市政热水转换效率为 23.6%,0.4MPa 的蒸汽转换效率为 34.8%。

附表 4-4 是依上述方法计算的各种能源的等效电折算系数。

等效电折算方法参考折算系数 附表 4-4

终端能源	效率 η	总能量 Q[2]	折标准电系数 W_{ee}
电	100%	1.000kWh	1.000kWh/kWh
天然气 (1500℃/−1.6℃)	66.1%	10.825kWh/m³	7.156kWh/m³ (天然气)
原油 (1500℃/−1.6℃)	66.1%	11.628kWh/kg	7.686kWh/kg (原油)
汽油、煤油 (1500℃/−1.6℃)	66.1%	11.977kWh/kg	7.917kWh/kg (汽油、煤油)
柴油 (1500℃/−1.6℃)	66.1%	11.860kWh/kg	7.840kWh/kg (柴油)
原煤 (550℃/−1.6℃)	45.4%	5.814kWh/kg	2.640kWh/kg (原煤)
标准煤 (550℃/−1.6℃)	45.4%	8.140kWh/kg	3.695kWh/kg (标准煤)
市政热水 (95℃/70℃/−1.6℃)	23.6%	1.000kWh	0.236kWh/kWh (热水)
市政蒸汽 (0.4MPa/−1.6℃)	34.8%	1.000kWh	0.348kWh/kWh (蒸汽)

当能耗核算方法改为等效电法后,以上的诸多问题迎刃而解。由于不同能源在折算成等效电时考虑了转换成电的最大能力,这种"质""量"一体的核算方法真实反映出了能源的品位高低。而且,由于此方法对电不作转换,因此水电核电的折算不存在任何问题。

3.2 应用实例

再看等效电法评价上述三个能源转换系统的结果:

(1) 建筑热电冷联供(BCHP)系统。由于1MJ热值的天然气等效电为0.661MJ,而1MJ热值的天然气通过附图4-1所示BCHP系统转换后仅等效0.4MJ的电,如果不考虑BCHP系统的电力调峰作用,仅从节能角度看,该工况的BCHP系统是不节能的。

(2) 热电联产系统。如附图4-3所示,1MJ热值的煤通过热电联产系统Ⅰ,可产出0.25MJ的电和0.5MJ的热,折算成等效电0.368MJ(100%×0.25MJ(电)+23.6%×0.5MJ(热)),而1MJ热值的煤通过热电联产系统Ⅱ,可产出0.2MJ的电和0.6MJ的热,折换成等效电0.342MJ(100%×0.2MJ(电)+23.6%×0.6MJ(热)),小于系统Ⅰ的0.368MJ,显然系统Ⅰ要优于系统Ⅱ。

(3) 热泵评价。若冬季热泵的供回水温度60℃/55℃,取北京的冬季室外温度-1.6℃为参考温度,计算出热水的等效电转换效率为17.9%。当热泵$COP_H=2$时,消耗1MJ的电可产出2.0MJ的热,但这2.0MJ的热折合成等效电只有0.358MJ,远小于投入的1MJ,因此在北京冬季用$COP_H=2$的热泵产热是不节能的。

从另一个角度我们也可以看到由于热水的品位较低,因此等效电的数值很小,如果采用锅炉燃烧直接供热,即使燃烧效率较高也是不合适的。比如,假设燃煤锅炉效率达到100%,1MJ的热(95℃/70℃/-1.6℃)也只折成等效电仅0.236MJ,显然直接燃煤供热是让"高级能"干"低级活",能源利用不合理。这样的能耗核算方法就可根据用能的品位需求来选择采用合适的能源转换方式,改变传统"只要能源转换效率高就是好系统"的看法,有利于对新型的能源转换系统合理评价,从而避免盲目推广。

对于水电、核电,由于都是电,就不必再作区别。而当终端需要热时,就可以对用燃料产热、用电直接产热、用热泵产热以及热电联产产热加以区别。

对于新型能源的能耗核算，只要按照上述方法可以很容易得到其等效电核算系数。因此采用等效电的能耗核算方式更适合现实的需要，在能耗核算方面更加科学合理。

4 结 论

（1）目前的能耗核算方法简单的将不同能源按低品位的热折算成标煤，不能反映能源之间品位的差异，掩盖了高品位能源的做功能力，因而在水电、核电的折算、能源转换系统的评价等方面存在诸多矛盾。

（2）以高品位的电作为标准的等效电法从"质"和"量"上科学的反映不同能源消耗之间的差异，有效解决目前能耗核算方法中存在的诸多问题，在能耗核算方面更加科学合理。

（3）建议现在开始试行用"等效电"方式核算能源生产、输送和消耗。

参考文献

[1] 中国统计出版社．中国统计年鉴 2005．

[2] 中国统计出版社．中国能源统计年鉴 2004．

[3] 江亿，刘晓华等．能源转换系统评价指标的研究．中国能源，2004，26(3)：27-30．

附录五　热舒适理论的深入研究报告[❶]

1　稳态空调环境的设定温度与传统热舒适理论

传统的基于稳态的热舒适研究已有近一个世纪的历史，其主要特征是考查人体在稳态热环境条件下的热反应。经过大量实验，研究人员力图将构成热环境的四个要素(空气温度、湿度、流速及环境表面平均辐射温度)与人体的热感觉联系起来。因此出现了如当量温度、有效温度及标准有效温度等一些衡量热环境的指标。20世纪60年代，丹麦技术大学的P.O.Fanger教授通过大量的人体热舒适实验，提出人体的热平衡方程及热舒适方程，并导出人体对稳态热舒适偏离的程度与人体热感觉的近似函数关系，即PMV指标[1]。PMV是Predicted Mean Vote(预测平均热感觉)的缩写，定义为：在已知人体代谢率与做功的差$M-W$、人体服装热阻(影响服装面积系数f_{cl}和服装表面温度t_{cl})、空气温度t_a、空气中的水蒸气分压力P_a、环境平均辐射温度$\bar{t}_r$以及空气流速(影响对流换热系数h_c)六个条件的情况下，人们对热环境满意度的预测值。PMV指标采用了与热感觉投票TSV相同的$-3\sim 0\sim +3$的7级分度，0代表热中性。其表达式为：

$$PMV = [0.303\exp(-0.036M) + 0.0275]$$
$$\times \{M-W-3.05[5.733-0.007(M-W)-P_a]\}$$
$$-0.42(M-W-58.15)-1.73\times 10^{-2}M(5.867-P_a)-0.0014M(34-t_a)$$
$$-3.96\times 10^{-8}f_{cl}[(t_{cl}+273)^4-\bar{t}_r+273)^4]-f_{cl}h_c(t_{cl}-t_a) \quad (5\text{-}1)$$

PMV指标代表了同一环境下绝大多数人的感觉，但由于人有个体差异存在，故PMV指标并不能够代表所有个体的感觉。通过实验发现，即便当$PMV=0$的

[❶]　该研究获国家自然基金50278044，50478008，国家"十一五"科技支撑计划2006BAJ02A06资助。

时候，仍然还有 5% 的人感到不满意。

由于 PMV 的值取决于人体的蓄热率，人体蓄热率越高，PMV 就越大，反之 PMV 就越小。从寒冷环境进入到温暖环境时，人体的蓄热率是正值；从炎热环境进入到中性环境时，人体的蓄热率是负值。但这些蓄热率都是有助于改善人体的热舒适的，与一直逗留在稳态热环境中有很大差别。所以 PMV 方程只适用于评价稳态热环境中的人体热舒适，而不适用于动态热环境。另外 PMV 计算式是利用了人体保持舒适条件下的平均皮肤温度和出汗率推导出来的，所以当人体偏离热舒适较多的情况下，譬如 PMV 接近+3 或者-3 的状态下，其预测值与实际情况也有较大的出入。

上述研究成果已成为美国采暖、制冷与空调工程师协会(ASHRAE)和国际标准化组织(ISO)制定室内热环境控制标准的依据，各国所用热环境标准基本上也引用这些标准。PMV 的预测结果与采用新有效温度 ET^* 的适用于办公室工作的 ASHRAE 舒适区是基本一致的。

2 非空调环境与稳态空调环境下热舒适的差异

2.1 非空调环境下人体热感觉与 PMV 指标的偏离

越来越多的现场调查分析表明，非空调环境下的实际热舒适调查结果与 PMV 预测值有着较大的偏差，特别是在偏热环境中，PMV 指标模型并不能准确地预测人体的热反应。de Dear[2] 和 Busch[3] 等学者对曼谷、新加坡、雅典和布里斯班的大量非空调建筑进行了现场调查，发现环境越热，人们的实际热感觉与 PMV 模型预测值的偏离就越大，出现了第二篇图 2-3 所示的"剪刀差"现象。Ealiwa 等(1997)在利比亚开展了类似的调研工作，他们认为 PMV 模型如果没有经过修正，就不能准确预测自然通风建筑中用户的热舒适状况。林波荣等[4] 对安徽省泾县查济村传统民居的热环境进行了实测，发现在偏热的自然通风环境中，居民的实际热感觉投票值 TSV 均比 PMV 偏低，更接近热中性。夏一哉[5] 对北京不安装空调的 140 余户住宅进行了热舒适调查，结果表明实测的热感觉投票值 TSV 普遍低于 PMV 的预测值(附图 5-1a)。纪秀玲等[6] 于 2000 年和 2001 年的夏天对上海、江苏、浙江等地不同人群共 1814 名受试者进行了热舒适调查，发现在非空调环境下，被调查人群的平均热感觉投票值 TSV 普遍低于 PMV 预测值，TSV 与 $0.7PMV$ 比较接近（附图5-1b）。

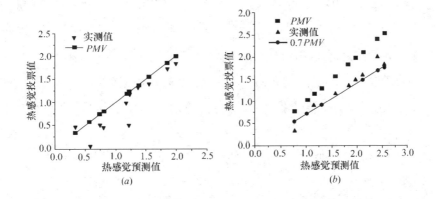

附图 5-1　实际热感觉投票值与 PMV 计算值的比较

(a) 夏一哉的调查结果[5]；(b) 纪秀玲的调查结果[6]

江燕涛等于 2004 年 1 月至 2005 年 1 月期间在湖南省长沙市某高校对 615 名大学生进行了现场调查，把所测的室内温、湿度和风速值转化为新有效温度 ET^*，将调查得到的全部热感觉 TSV 值和计算得到的 PMV 值以算术平均的形式统计，见第二章的图 2-4。从图中可以发现，平均热感觉 TSV 的斜率比平均 PMV 小得多，人们对热感觉的主观判断比 PMV 预测的敏感程度要小。实验结果显示，在非空调偏热环境中，人体的热感觉 TSV 较 PMV 偏低，这与之前的研究者得到的实验结果一致；同时指出，在非空调的偏冷环境下，TSV 较 PMV 要高。

综上所述，无论是偏冷还是偏热环境，在非空调条件下的 TSV 均比 PMV 接近热中性。

2.2　非空调环境下的舒适温度

在现场调查中，常以受试者热感觉 $TSV=0$ 时的中性温度作为舒适温度。大量研究结果表明，在偏热的非空调环境中，人们感觉到舒适中性温度要高于 ASHRAE 标准中规定的夏季最优值 24.5℃。这就对稳态热舒适的结论提出了挑战，并为夏季尽量减少使用空调的可能性提供了佐证。

Hanna（1997年）通过对伊拉克地区传统民居的调查发现，人们感觉到的舒适温度在31℃左右。H. Shahin（2001年）通过对伊朗地区自然通风建筑的热舒适调查发现，伊朗居民接受的热舒适温度远比现有标准中推荐的高，通过受试者热感觉投票实测得到的热中性温度为27.4℃，而使用PMV指标计算得到同等条件下的热中性温度为24.2℃。R. Lambert（2001年）通过在巴西南部的调研发现在非空调环境下，人们感到舒适的温度和湿度范围相对要宽一些。

夏一哉[5]发现北京居民在自然通风住宅的热中性温度为26.7℃（ET^*）。按ASHRAE标准提出的可接受度80%以上的区间为可接受热环境，可接受的热环境温度上限大约在30℃（ET^*）左右；纪秀玲[6]对江浙、上海地区居民的调查结果也表明人群可接受的热环境有效温度ET^*上限是30℃左右，见附图5-2。

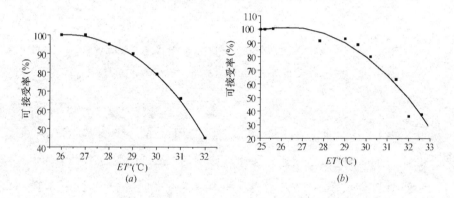

附图5-2　被测人群对非空调环境可接受率随有效温度ET^*的变化
(a) 夏季北京[5]；(b) 夏季江苏、浙江、上海[6]

上述各非空调热环境的调查项目中，室内相对湿度调查值大部分在34%～77%的范围内，绝大部分都在80%以下，少数达到了80%～100%。

综上所述，自然通风环境中，人员可接受的舒适上限可以达到30℃左右。在干燥的中东地区，这一上限可达到31℃。即便是在湿度偏高的地区，良好的自然通风也能够有效地改善人体的热感觉。

2.3　空调与非空调环境对人群健康的影响

长时间停留于空调维持的相对低温的环境，虽然免除了夏日高温给人们带来的不适，但改变了人在自然环境中长期形成的热适应状况，由此产生空调不适应症并非无稽之谈。不过，某些症状具有潜在性的特征，其有害性并非短期就能显现出来，通过人群流行病调查，可以考查空调环境下的长期暴露对人体健康的影响。

2000年及2001年夏季，尚琪等[7]分别对江苏省江阴市和宜兴市及上海市的普陀区和虹口区实施现场的流行病学调查。调查人群以近3～5年内使用空调与否进行选择，分为工作场所和住宅均使用空调人群（YY）、工作场所或住宅使用空调人群（YN，NY），以及工作场所和住宅均不使用空调人群（NN）四组，其中NN组作为对照组。人群的来源是企事业机关和旅馆饭店的职员。共回收有效调查问卷3528份（流行病学健康影响问卷2595份，人群免疫功能调查问卷578份，暑期感冒、发烧就诊人员问卷355份），检测了943人的血清免疫指标，并进行了实验室条件下人群神经行为功能测试。对问卷调查的分析结果为：

(1) 人群各种不适应症状发生的时间分布显示，所调查人群不适症状的发生与使用空调有关；

(2) 使用空调人群（YY，YN，NY）各种不适症状的发生率均高于NN对照组。不适症状包括神经与精神类不适感、消化系统类不适感、呼吸系统类不适感和皮肤黏膜类不适感等，其中神经与精神类不适症状反应较明显；

(3) 使用空调的人群暑期"伤风/咳嗽/流鼻涕"的发病率明显高于对照组；

(4) 使用空调的人群在热反应时的生理活动程度大于对照组，NN组人群对热的耐受力好于使用空调人群；

(5) 研究中未见暑期使用空调对人体免疫功能的影响，但长期在空调环境下工作学习的人群和非空调环境下的人群相比，在偏热环境条件下，其注意力、反应速度、视觉记忆和抽象思维方面都受到了一定的影响；

(6) 除环境热物理条件变化因素对机体的直接影响外，人的心理因素影响亦与某些疾病和各种不适感觉的发生有着密切的关系。

2.4 非空调环境影响人员热感觉的因素

(1) 环境物理参数方面

调查表明，在非空调环境下人体感觉与空调环境有显著差异，衣着量的差异是原因之一。由于非空调环境下温度普遍在27～35℃之间，居住者通常选择较轻薄的服装，如短袖、短裤、凉鞋等，其服装热阻在0.4～0.5clo之间，与稳态空调环境中常穿着的长袖衬衫、长裤和皮鞋的组合（热阻为0.6~0.7clo）有较大不同，从而造成热中性温度的相应提高。H. Shahin（2001年）通过对伊朗地区自然通风建筑的热舒适调查发现，当温度高于27℃时，居住者的平均衣着量小于0.5clo，并给出了室内温度与服装热阻之间关系的调查值（附图5-3）。夏一哉的调查表明，非空调环境下，北京普通住宅中居民室内服装热阻平均为0.31clo，对应的中性温度为26.7℃[5]。

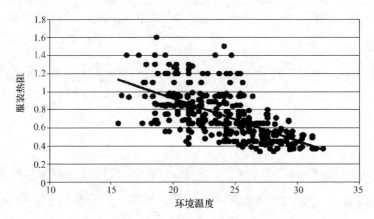

附图5-3 非空调环境下服装热阻与环境温度的关系

(2) 心理因素的影响

在偏热环境中，PMV的预测值一般比实测值TSV要偏高，P. O. Fanger认为这主要是由于在非空调环境下人们对环境的期望值低造成的，在自然通风环境下的受试者觉得自己注定要生活在较热的环境中，所以对环境更容易满足，给出的TSV值就偏低。Fanger提出了在温暖气候条件下非空调房间PMV_e的修正模型，引入了一个值为0.5~1的心理期望因子E来修正当量稳态空调条件下计算出来的PMV，见式(5-2)，并给出了不同气候条件下不同区域的期望因子E，如附表5-1所示[9]。

$$PMV_e = E \times PMV \tag{5-2}$$

温暖气候下无空调房间的期望因子　　　　　　　　　附表5-1

期望值	应用条件	期望因子E
高	空调建筑普及地区/夏季炎热时间较短地区	0.9~1.0
中	空调建筑有一定应用地区/夏季炎热地区	0.7~0.9
低	空调建筑未普及地区/全年炎热地区	0.5~0.7

此外，de Dear 等[2]在来自全世界各气候区域的 211 万份现场调研报告的基础上，提出了适应性模型。他认为 PMV 指标建立的基础——热量平衡模型是严格的实验室产物。实验过程中，人被看作是人造环境中天气变化的被动接受者，而不是可在更大的温度范围内自然调节的适应者，因此不能反映出人们感受环境、改变行为或逐步调整自己的期望值以适应环境的复杂方式，导致 PMV 结果与人们对温度的实际选择标准相去甚远。

de Dear 认为人体有三种基本的适应模式，是自然通风建筑中实际观测结果与 PMV 预测结果不同的主要原因：

1) 生理适应：在长期特定的且相对残酷的热环境下形成的生物体反应；

2) 行为适应：人们改变身体热量平衡所做的有意或无意的行动，比如换衣服、改变活动量、打开风扇等；适应模型认为在自然通风环境中，居住者通常拥有更多的环境控制手段，这也是居住者感到更舒适的一个重要原因；

3) 对热环境的心理适应：人们由于自己的经历和期望而改变了的对客观环境的感受和反应。

de Dear 指出，集中空调建筑的居住者对温度偏差的敏感度大约是自然通风建筑居住者的 2 倍，也就是说，集中空调建筑居住者对温度恒定的要求更高，而当温度发生偏差时很快就会出现不满；自然通风建筑的居住者表现出更大温度范围内的适应力，而且对室内舒适温度 T_{comf} 的期望会随室外空气平均温度 $T_{a,out}$ 的改变而改变：

$$T_{comf} = 0.31 T_{a,out} + 17.8 \tag{5-3}$$

(3) 生理因素的影响

尽管 P. O. Fanger 指出人体热舒适区与人种无关[1]，但也有学者认为，目前被国际公认的室内热舒适标准 ISO7730 和 ASHRAE 55-1992 主要是以欧美等国家的健康青年人为实验对象建立的标准，这些标准未必适用于中国人或其他种族。Tao[8]在美国 Kansas 州立大学对抵美不久的中国留学生和美国学生进行的对比实验表明，两个种族的受试者在生理反应上存在差别。在各个温度工况下，美国受试者普遍比中国受试者出汗要多，皮肤温度也较高；在对热环境的评价上反映出中国受试者对较热的环境有较大的承受能力，而对较冷环境的承受能力不及美国受试者。

还有一个重要的影响因素是非空调环境不是稳态热环境。现有的研究结果表明，在温度偏低的环境下，变化的风速会导致人体的吹风感，因此目前的空调标准要求严格控制气流的湍流度。另外早有人发现在偏热环境中，人们对摇头电风扇的接受度要高于对固定电风扇的接受度。这个现象吸引了一些学者把研究兴趣转向动态热环境的研究。

3 动态空调环境下热舒适的研究进展

目前动态热舒适的研究主要集中在：

(1) 阶跃温度变化对人体热感觉的影响，可以突出反映人体对变化热环境的反应；

(2) 周期变化风速对人体热感觉的影响，因为风速的变化比温度的变化更容易实现，研究更容易；

(3) 研究自然风的变化与机械风的区别，试图寻求制造仿自然室内环境的途径。发现二者在湍流度、脉动频率、功率谱密度函数等物理特征参数上有着较大差别[10]。

现有动态热舒适的实验结果均反映了一个现实，就是相同平均温度和平均风速的动态热环境与稳态热环境相比，人们总是觉得前者要凉快或者偏冷一些。这样的成果可能带来的结果是：有可能以变化的手段来取代空调降温达到改善偏热环境中人体热舒适的目的，同时又能够实现建筑节能。

例如 Gagge（1967 年）和王良海（1991 年）在进行阶跃温度实验时发现人的感觉总是对升温比较迟钝，对降温却非常敏感；而 Fanger[1]和夏一哉[5]均发现频率在 0.3~0.5Hz 范围内变化的气流最容易使人体产生冷感；贾庆贤[12]与周翔等[11]均发现在稳态机械风、仿自然风、正弦波送风以及随机送风四种气流中，人们最喜欢仿自然风，最不喜欢稳态机械风，因此可以通过提高仿自然风的风速来改善人体热感觉而不会使人们感到厌烦和不适。

上述现象是有着人体生理特征为基本依据的。Hensel[13]指出人体能够感受外界的温度变化是因为在人体皮肤层中存在温度感受器，冷感受器的分布密度要明显高于热感受器，且冷感受器的埋深较热感受器浅，导致人体对冷刺激尤为敏感，并进一步导致在适当的温度或流速变化条件下,人体的实际热感觉要低于按 PMV 计算得到的平均热感觉。此外,人类的长期进化过程也决定了人体对于具有自然特征的物理刺激有着更强的适应能力。

参考文献

[1] Fanger P O. Thermal comfort-analysis and application in environment engineering. Danish Technology Press, Copenhagen, Denmark, 1970.

[2] deDear R. J., Brager C. S.. Developing an adaptive model of thermal comfort and preference. ASHRAE Trans, 1998, 104(1): 145~167.

[3] Busch J. F.. Tale of two populations: thermal comfort in air-conditioned and naturally ventilated offices in Thailand. Energy and Buildings, 1992, 18(3-4): 235~249.

[4] 林波荣,谭刚,王鹏等. 徽派民居的热环境测试分析. 清华大学学报,2002,42(8): 1071-1074.

[5] 夏一哉. 气流脉动强度与频率对人体热感觉的影响研究. 清华大学博士学位论文,2000.

[6] 纪秀玲. 人居环境中人体热感觉的评价及预测研究. 中国疾病预防控制中心博士学位论文,北京,2003.

[7] 尚琪,戴自祝等. 夏季空调室内热环境与人群不适综合症状的调查和研究. 暖通空调,2005,(5).

[8] Tao, P.. The thermal sensation difference between Chinese and American people. Indoor Air'90: The 5th International Conference on Indoor Air Quality and Climate, 1990, 699~704. Ottawa, ON, Canada: Canada Mortgage and Housing Corporation.

[9] Fanger P. O., Toftum J.. Extension of the PMV model to non-air-conditioned buildings in warm climates. Energy and Buildings, 2002, 34(6): 533~536.

[10] 欧阳沁,戴威,朱颖心. 建筑环境中自然风与机械风的谱特征分析. 清华大学学报(自然科学版),2005,(12).

[11] Zhou X., Ouyang Q., Lin G., Zhu Y.. Impact of dynamic airflow on human thermal response. Indoor Air, 2006, 16(5): 348~355.

[12] 贾庆贤. 送风末端装置的动态化研究. 清华大学博士学位论文, 2000.

[13] Hensel H.. Thermoreception and Temperature Regulation. London: Academic Press, 1981.

附录六　办公建筑提高夏季空调设定温度对建筑能耗的影响[①]

1　引　言

近年来随着我国经济的迅猛发展，建筑能耗也随之不断增加，因而如何控制和降低这部分能耗变得愈发的重要和紧迫。日前，国务院下发了《关于严格执行公共建筑空调温度控制标准的通知》[1]，提出空调设定温度夏天不得低于26℃，冬天不得高于20℃。

为了深入研究提高空调设定温度对于建筑能耗影响的规律，本文以北京地区的办公建筑为研究对象，通过模拟分析的方法对不同空调设定温度下的建筑能耗进行模拟，逐步分析影响节能量的主要环节和因素，提出应如何改善空调系统的运行调节手段，以通过空调设定温度的提高，真正实现建筑节能降耗的目标。

2　研究方法

在夏季，对于办公类建筑，提高空调设定温度时，引起建筑能耗下降的因素主要有以下几点：

1) 室内外温差减小，通过围护结构的传热量减少；

2) 室外新风与室内空气的焓差变小；

3) 全年可以利用自然通风的时间变长，从而减少了开启空调及输配设备的运行时间；

[①]　秦蓉、刘烨、燕达、江亿等，原文发表在暖通空调2007年第8期。

4)可提高制冷机的供水温度,使得制冷机 COP 提高。

但由于办公建筑个体间的差异很大,不同办公建筑在提高空调设定温度时,影响其能耗的主要因素也不尽相同,因此要真正实现建筑的节能降耗所采取的措施也各有侧重。为此,根据办公建筑的体量及空调方式,我们可以把办公建筑划分为三类:小型办公建筑、中型办公建筑、大型办公建筑。各类办公建筑的特点见附表6-1。

各类办公建筑的特点 附表 6-1

小型办公建筑	中型办公建筑	大型办公建筑
体量、面积较小	体量适中,内区较小	体量大,具有较大内区
外窗可开启,过渡季可利用自然通风	外窗可开启,过渡季可利用自然通风	玻璃幕墙,不可开窗通风
分体空调器	集中空调系统	集中空调系统

针对这三种类型的办公建筑,通过模拟软件 DeST[2] 计算建筑全年逐时空调耗冷量,并根据上面提出的影响建筑能耗的各个因素详细分析,提出应如何改善空调系统的运行调节手段,以通过空调设定温度的提高,真正实现建筑节能降耗的目标。

确定的具体研究内容如下:

1)针对每种类型的办公建筑,分别计算在 3 个空调设定温度 24℃、26℃、28℃下,采用 DeST 对建筑全年能耗进行模拟。

2)根据 DeST 的模拟结果,比较随着空调设定温度的提高,建筑全年累计冷负荷降低的幅度;选取某一典型房间,分析其夏季典型日的负荷曲线;总结得出空调设定温度对冷负荷的影响效果。

3)根据 DeST 的模拟结果,比较随着空调设定温度的提高,建筑全年累计自然通风的时间和空调系统的运行时间;选取典型房间,分析其夏季典型日的温度曲线和自然通风量曲线;总结得出自然通风对空调系统运行时间的影响效果。

4)根据 DeST 的模拟结果,针对每种类型办公建筑选取适宜的空调系统,考虑由于空调设定温度提高,可因此提高制冷机供水温度从而提高制冷机效率,以此估算空调设定温度对制冷机、输配系统、风机的电耗影响。

5)根据以上分析结果,总结对于不同类型办公建筑影响建筑能耗的主要因素及实现节能降耗的具体措施。

3 研究对象

3.1 建立模型

针对不同类型办公建筑，选择如附图 6-1 所示的建筑结构及空调系统类型不同的建筑 1~3，并以空调设定温度 26℃的案例作为参考案例进行分析。

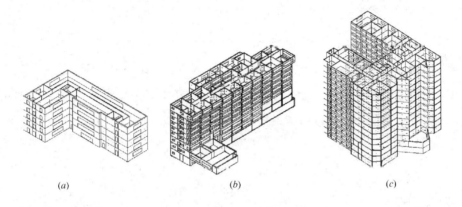

附图 6-1 建筑模型

(a) 建筑 1：小型办公建筑（建筑面积 4280m²）；(b) 建筑 2：中型办公建筑（建筑面积 12977m²）；
(c) 建筑 3：大型办公建筑（建筑面积 27554m²）

3.2 计算工况（夏季工况）

1) 气象数据：采用北京地区标准年的逐时气象数据。

2) 内部热扰：由于办公建筑中主要房间功能为办公室、会议室，分别给出其逐时人数；灯光、设备也按照办公建筑特点给出其逐时单位面积产热量指标。

3) 空调设定温度（即开启空调后房间的控制温度）：18~24℃，18~26℃，18~28℃。

4) 通风模式：

对于小型办公建筑，换气次数为 0.5~10h^{-1}。当过渡季、夏季的夜间和早晨室外温度低于室内温度时，通过增加通风量而非开启空调来达到降温目的，即根据室外温度情况通过人为开窗来自主调节自然通风量，此时换气次数定为 10h^{-1}；当过渡季和夏季室外温度高于室内温度，或虽然室外温度低于室内温度但即使开窗通风也不能消除房间负荷时，需要开启空调，此时换气次数定为 $0.5h^{-1}$。

对于中型办公建筑，由于其建筑层数较小型办公建筑多，且带有小部分内区，对于其较高楼层应考虑到外窗需密闭，对于内区房间应考虑到不能与外界自然通风。因此简化处理后，对于外区房间，可以自然通风，换气次数为 $0.5\sim5h^{-1}$；对于内区房间，人均最小新风量为 $30m^3/(人 \cdot h)$。

对于大型办公建筑，外窗均密闭，无自然通风，人均最小新风量为 $30m^3/(人 \cdot h)$。

5) 空调模式：对于小型办公建筑，采用分体空调器，综合 COP 为 2.5；对于中型办公建筑，采用风机盘管加新风的集中空调系统，具体性能参数根据 DeST 模拟结果结合空调设计手册[3]选择；对于大型办公建筑，采用全空气集中空调系统，具体性能参数根据 DeST 模拟结果结合空调设计手册[3]选择。

4 计算结果分析

4.1 空调设定温度对冷负荷的影响

通过对建筑物的全年逐时负荷进行模拟计算，三种不同空调设定温度下建筑全年累计冷负荷如附图 6-2 所示。从附图 6-2 可以看出，随着空调设定温度的提高，

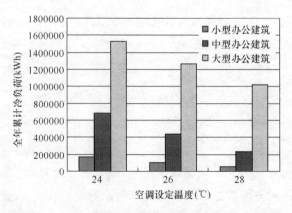

附图 6-2 三种不同空调设定温度下建筑全年累计冷负荷

各类型办公建筑的全年累计冷负荷都有大幅度的降低。其中,中型办公建筑和小型办公建筑的降幅都接近50%,大型办公建筑的降幅稍小,约为20%,但由于其总负荷很大,节能潜力也是很可观的。

为了更进一步分析空调设定温度提高对于哪部分冷负荷造成的影响较大,下面以小型办公建筑的单个房间为例,对夏季典型日冷负荷进行拆分,作进一步分析。

(1) 选取7月30日上午10:00的冷负荷进行拆分,分析其对应的室内显热、室内潜热、新风显热、新风潜热,结果见附图6-3。

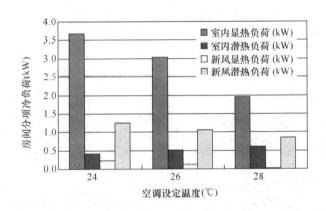

附图6-3 小型办公建筑单个房间夏季典型日冷负荷拆分结果

从附图6-3可看出,当空调设定温度上升时,房间的冷负荷下降,其中室内显热负荷、新风显热负荷和新风潜热负荷均呈递减趋势,特别是室内显热负荷和新风显热负荷递减幅度较大,但室内潜热负荷却稍有增加。这是因为室内潜热负荷主要由人员产湿形成,当温度升高时,人员的产湿量增大,因此相应的室内潜热负荷也略有增大。

由于此时室外温度为28.3℃,高于空调设定温度(24、26、28℃),因此当空调设定温度提高时,室内外温差焓差减小,新风显热负荷和潜热负荷也相应减小。

总的来说,在夏季,当空调设定温度提高时,室内外温差减小,通过围护结构的传热量减少,而室外新风与室内空气的焓差也减小,因此其冷负荷总量降低,从而降低了空调能耗。

(2) 夏季典型日全天的冷负荷曲线分析

附图6-4是7月30日某房间的负荷变化情况,3条曲线分别代表空调设定温度为 24、26、28℃时的房间冷负荷。

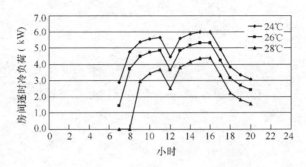

附图 6-4　夏季典型日房间冷负荷变化情况

从附图 6-4 可以看出，在夏季典型日，空调设定温度从 26℃ 上升 2℃，房间冷负荷降低为原来的 70%；空调设定温度从 26℃ 下降 2℃，房间冷负荷上升为原来的 120%。

对于中型办公建筑及大型办公建筑，各部分负荷变化趋势与小型办公建筑类似，只是随空调设定温度提高其冷负荷下降幅度不同。

4.2　自然通风对空调系统运行时间的影响

通过对建筑的全年模拟，为分析自然通风状况对不同类型办公建筑（由于大型办公建筑无自然通风，这里仅比较小型与中型办公建筑）的影响，分别选取某一典型房间，比较全年可利用自然通风的时间及空调开启时间。

小型办公建筑和中型办公建筑全年可利用自然通风的时间及空调开启时间分别见附图 6-5、附图 6-6。

从附图 6-5、附图 6-6 可以看出，随着室内空调设定温度的提高，全年可以利

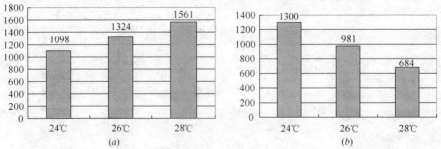

附图 6-5　小型办公建筑单个房间全年可用自然通风的时间及空调开启时间（h）
(a) 全年可用自然通风的时间；(b) 全年空调开启时间

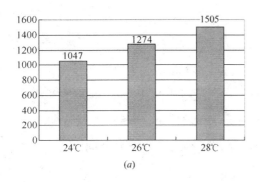
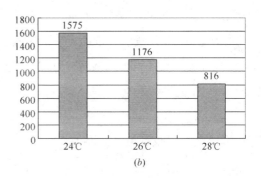

附图 6-6 中型办公建筑单个房间全年可用自然通风的时间及空调开启时间（h）

(a) 全年可用自然通风的时间；(b) 全年空调开启时间

用自然通风的时间变长，从而减少了开启空调的时间。当空调设定温度从 26℃ 提高 2℃ 时，两类建筑可利用自然通风的时间均增加了约 20%，空调开启时间缩短了约 30%；而当空调设定温度从 26℃ 降低 2℃ 时，可利用自然通风的时间两类建筑均缩短了 20%，空调开启时间增加了约 30%。因此，适当提高室内空调设定温度，可以减少空调系统运行时间，从而降低能耗。

为了更进一步分析自然通风如何减少了空调系统运行时间，下面以小型办公建筑单个房间为例，分析夏季典型日自然通风对空调系统运行时间的影响。

仍然选取 7 月 30 日为例，不同空调设定温度下的室内逐时温度变化及自然通风量如附图 6-7 所示。

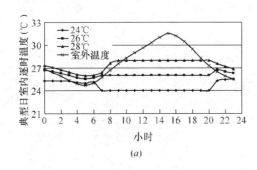
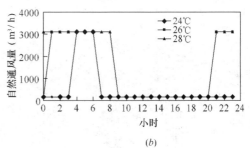

附图 6-7 夏季典型日不同空调设定温度下的室内逐时温度变化及自然通风量

(a) 室内逐时温度；(b) 自然通风量

早晨 7:00 开始开启空调，若此时室外气温低于空调设定温度，自然通风量应尽量增大（换气次数为 $10h^{-1}$），用来带走室内余热，以达到减小空调负荷的目的，如果此时的自然通风能够带走全部的室内余热，那么这一时段空调系统可以不开启（如附图 6-5a 中所示，空调设定温度为 28℃时，早晨 7：00～8：00 间室外温度低于空调设定温度，自然通风量尽量增大，这个时段内的空调负荷如附图 6-4 所示为 0，空调系统不开启）；但如果这段时间内自然通风量增加到最大也不能带走室内全部的余热，需要开启空调，那么这段时间内自然通风量降到最小（换气次数为 $0.5h^{-1}$）；当室外温度逐渐上升超过室内温度时，自然通风会增大空调负荷，需要把自然通风量降到最小（换气次数为 $0.5h^{-1}$）。

当空调设定温度升高时，室外气温低于室内空调设定温度的时段增多，可利用自然通风的时间也相应增多，从而降低了建筑的冷负荷，达到降低能耗的作用。

4.3 空调系统耗电量

（1）小型办公建筑

小型办公建筑采用的是分体机，以综合 COP 为 2.5 估算其累计耗电量，结果如附图 6-8 所示。

（2）中型办公建筑

中型办公建筑采用的是风机盘管＋新风的集中空调系统，冷机采用电制冷机组，根据建筑物全年逐时冷负荷并结合空调设计手册选取合适的空调设备，计算逐时的冷源和输配系统的电耗，结果如附图 6-9 所示。

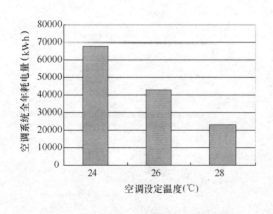

附图 6-8　小型办公建筑空调系统耗电量

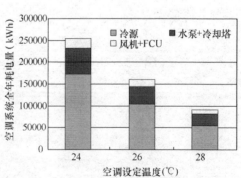

附图 6-9　中型办公建筑空调系统耗电量

（3）大型办公建筑

大型办公建筑采用的是全空气集中空调系统，冷机采用电制冷机组，根据建筑物全年逐时冷负荷并结合空调设计手册选取合适的空调设备，计算逐时的冷源和输配系统的电耗，结果如附图 6-10 所示。

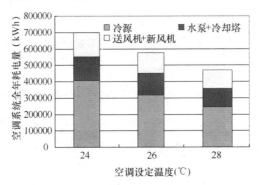

附图 6-10　大型办公建筑空调系统耗电量

附图 6-11 分别是以空调设定温度 26℃为基准，提高 2℃和降低 2℃后的空调系统耗电量与原空调系统耗电量的比较。

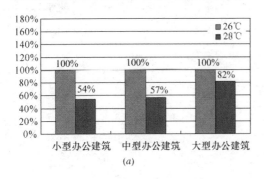
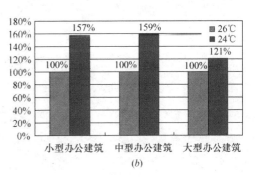

附图 6-11　以空调设定温度 26℃为基准提高 2℃和降低 2℃后的
空调系统耗电量与原空调系统耗电量的比较
(a) 提高 2℃；(b) 降低 2℃

从附图 6-11 可以看出，提高空调设定温度对于办公建筑的空调系统耗电量有很大影响，特别是对中、小型办公类建筑的电耗影响很大。

4.4　引起空调能耗降低的主要因素及相应节能措施

根据对以上计算结果的分析，空调设定温度能够显著影响建筑的空调能耗，将空调设定温度提高 2℃将能大大降低空调用电。

1) 对于小型办公建筑，引起空调能耗降低的因素主要是：室内外温差减少，通过围护结构的传热量减少；室外新风与室内空气的焓差变小，新风负荷降低；全年可以利用自然通风的时间变长，从而大大减少了需要使用空调系统的时间。

针对以上影响因素，相应的节能措施为在过渡季、夏季夜间和早晨等室外温度适宜时，多开窗加强通风冷却，减少使用空调系统的时间；在使用空调时，适当提高空调的设定温度值。

2) 对于中型办公建筑，引起空调能耗下降的因素除了上面提到的几点外，还包括由于空调的设定温度提高，建筑冷负荷减小，集中空调系统需要处理的负荷降低，从而所需制冷机供水温度上升，制冷机 COP 提高，整个空调系统的电耗降低。

针对这一影响因素，相应的节能措施为在适当提高空调设定温度的基础上，结合该建筑空调系统的实际情况适当提高制冷机的供水温度和系统的送风温度。此外，由于采用了风机盘管加新风系统，风机盘管风速尽量调节为低档风速。同时在外温适宜时多开窗加强通风冷却也是必要的。

3) 对于大型办公建筑，由于没有自然通风的影响，不存在通风带来的负荷降低，因此空调能耗下降的主要影响因素是由于空调设定温度提高，室内外温差和焓差减小，造成负荷降低，空调系统运行时间缩短；同时，所需制冷机供水温度上升，制冷机 COP 提高，空调系统的电耗降低。

针对以上影响因素，除了不能够开窗通风，可采取的节能措施与中型办公建筑类似，主要是通过提高空调设定温度、调控空调系统的运行达到节能降耗的目的。

5 结　　语

提高空调设定温度对于办公建筑的节能降耗有很大意义，应该大力推广。当然，只靠提高空调设定温度是远远不够的，针对不同类型的办公建筑，特别是采用集中空调系统的建筑，其能耗降低的很大一部分在于如何调控空调系统的运行。因此，要真正实现大幅度的节能，在适当提高空调设定温度的前提下，必须通过以下具体措施来实现：

(1) 对于具有室内控制器的末端装置，例如风机盘管控制器或小型空调控制器，需要使温度设定值不低于 26℃；

(2) 针对外窗可开启的办公建筑，在过渡季、夏天的夜间和早晨温度适宜时多开窗通风，但在空调运行期间一般禁止开窗；

（3）针对使用集中空调系统的办公建筑，其空调系统运行调节的节能措施有：

1）减少冷机开启时间，同时也注意停开水泵、风机等配套设备；

2）适当提高冷机供水温度和系统送风温度；

3）适当降低风机盘管转速。

参考文献

[1] 国务院办公厅. 关于严格执行公共建筑空调温度控制标准的通知. 国办发[2007]42号，2007.

[2] 清华大学DeST开发组. 建筑环境系统模拟分析方法—DeST[M]. 北京：中国建筑工业出版社，2006.

[3] 陆耀庆. 实用供热空调设计手册[M]. 北京：中国建筑工业出版社，1996.

附录七　深圳住宅建筑能耗标识体系实践[1]

1　引　　言

住宅能耗标识体系在我国是一项新的制度，虽然经过多年的理论分析与技术研究，但其中不乏存在不完善之处，还未被大家熟悉，冒然大范围推广存在较大的风险。因此，必须先进行试点工作，通过与房地产市场各方主体的磨合，不断完善该体系，使其真正成为可推广的促进住宅节能的有效手段。

2　项　目　简　介

作为中国终端能效项目（由国家发改委、联合国开发计划署（UNDP）及全球环境基金（GEF）共同发起）的一个子课题，清华大学与深圳建筑科学研究院选择在深圳开展试点工作。首先，深圳有良好的政策条件。近年来，深圳市政府非常重视节能工作，先后颁布了不少的政策法规。该市建筑节能工作开展相对其他南方城市较早，建筑节能工作进展较快。其次，深圳有良好的技术条件。在政策的支持，市场需求的推动下，深圳市建筑节能相关的科研机构得以发展，具有融入市场，紧扣需求的综合科研能力。再次，深圳有良好的市场条件。深圳经济发展较快，特别是房地产业较发达。一方面，深圳的房地产市场活跃自由，另一方面深圳有不少的房地产商也意识到了住宅能耗标识的重要性。这可为能耗标识工作的开展搭建最好的平台，也是在深圳开展能耗标识试点工作最重要的条件。此次能耗标识试点工作就得到了深圳万科、招商地产两大房地产公司的理解和大

---

[1] 马晓雯、郭永聪、刘佳燕、李钼金、刘烨、张晓亮等，原文发表在《建设科技》2007年Z2期。

力支持。初步确定了万科城四期、招商花园城四期、招商海月四期作为首次住宅能耗标识试点楼盘。其中万科城四期项目标识工作已经完成，正准备在楼盘开盘时推入市场。

万科城四期项目位于深圳市龙岗区布吉镇坂雪岗工业区，由深圳市万科房地产有限公司开发建设，主要为townhouse，局部为小高层商住楼的大型住宅区。本次标识的对象为45栋3层的townhouse。每户建筑面积介乎200~350m²。

关于标识的内容。首先，因为深圳是夏热冬暖地区，一般不考虑采暖，因此本次只标识夏季空调耗电量，相应地主要房间热环境性能指标只标识夏季需空调小时数。本户夏季空调耗电量是指本户在实际围护结构热工性能的情况下，在标准使用工况下的夏季空调耗电量的计算模拟值。夏季需空调小时数是指在没有或不开启空调设备的情况下，室温超过29℃的小时数。其次，为了让人们对所标识的用电量有直观感性的衡量，标识还给出了参照户的夏季空调耗电量。参照户夏季空调耗电量是指本户在围护结构热工性能刚好达到《深圳市居住建筑节能设计标准实施细则》要求时，在标准使用工况下的夏季空调耗电量的计算模拟值。再次，对于房屋来说日照采光是一个非常重要的指标，通风在深圳地区也是住宅环境调节的重要手段，但是由于时间关系，本次没有对日照和自然通风作标识。此外，所标识的数据均是基于标准使用工况，与千变万化的实际使用情况有一定的差别。因此可以给出一个修正系数，以便标识值与实际值作对比。但由于本标识卡是首次与深圳市民见面，考虑到版面须简洁，未在卡上附修正系数。住宅能耗标识卡模版见附图7-1。

住宅能耗标识卡
Energy consumption index of residential building

楼盘名称	万科城东区
房号	
夏季空调耗电量（kWh/年） Energy consumption of air-conditioning in summer	
本户	参照户
主要房间热环境性能指标 Thermal environment index of main rooms	
房间名	夏季需空调小时数(h)
起居室	
餐厅	
卧室1	
卧室2	
主卧室	
书房	

说明：
　本户夏季空调耗电量是指本户在实际围护结构热工性能的情况下，在标准使用工况下的夏季空调耗电量的计算模拟值；
　参照户夏季空调耗电量是指本户在围护结构热工性能刚好达到《深圳市居住建筑节能设计标准实施细则》要求时，在标准使用工况下的夏季空调耗电量的计算模拟值；
　夏季需空调小时数是指在没有或不开启空调设备的情况下，室温超过29℃的小时数。

附图7-1　住宅能耗标识卡（模版）

3 标识指标的获取与使用

3.1 指标的获取手段

由于建筑物是一个复杂系统,其能耗及热性能很难简单地根据建筑尺寸及窗墙形式与材料估算。而对于如此复杂的系统,如果全部通过现场实测,很难在短期内获得有效的数据,测量成本也很高。因此,可行的方法是通过计算机模拟计算的方法,根据施工图纸或部分实测数据,计算得到相应的指标。本次标识采用的是清华大学建筑模拟分析软件 DeST 系列软件中的住宅能耗标识版本 DeST-i。它将住宅能耗的影响因素,如科学的气象参数、调研得来的室内发热量状况、室内空调运行状况、室内外通风情况及窗帘开关情况等嵌入程序,使用者只需要通过图形界面描述出整座建筑后,就可以直接给出每套住宅单元的能耗等热环境性能指标。

3.2 指标的获取示例

首先,用 DeST-i 软件描述设计建筑信息,包括地理位置、朝向、几何信息、围护结构信息,即接近实际地建立"房子"模型。然后,设置房间的类型,添加住户,即设定房子是什么功能,划分哪些房子是哪一户的。最后,进行室温计算和能耗计算,输出结果报告,便可得到每户空调耗电量以及各房间夏季需空调小时数。

如附图 7-2 所示的设计建筑,朝向为东西向,包含 4 户,户型基本相同。每一

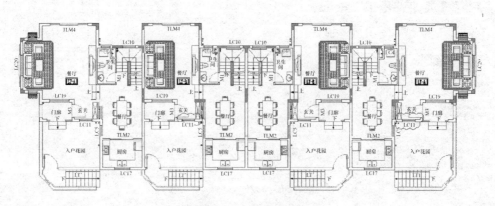

附图 7-2 设计建筑信息

户都包含了1间起居室，1间餐厅，1间书房、2间次卧室、1间主卧室。围护结构方面，主体墙采用加气混凝土砌块，传热系数 $K=1.07W/(m^2 \cdot K)$；剪力墙为钢筋混凝土墙 $K=3.15W/(m^2 \cdot K)$；屋顶采用保温屋面，$K=0.84W/(m^2 \cdot K)$；窗户采用铝合金中空玻璃窗，$K=3.0W/(m^2 \cdot K)$，$SC=0.3$。窗墙面积比≤0.25。用 DeST-i 软件建立其模型，见附图 7-3。将以上的建筑信息输入，计算后便可以输出结果。

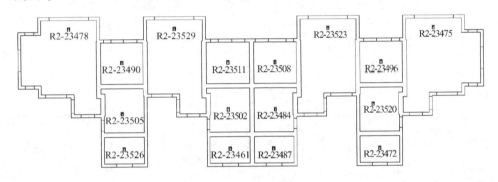

附图 7-3　建筑模型信息

3.3　结果分析

本次标识的 45 栋（约 160 套）别墅的计算结果显示，户夏季空调耗电量从 550~1350kWh/年不等。理论上分析，户型、朝向、位置是导致同一个项目每户能耗有差别的主要原因。但是从本次标识计算的结果来看，朝向对能耗的影响不明显，不同位置的房子能耗却差别较大。例如附图 7-2、附图 7-3 所示的这栋联排别墅，边户的夏季空调耗电量约为 1000kWh/年，而中间户则只需约 700kWh/年。与此栋别墅朝向调转 180°的另一栋别墅，其能耗也是边户 1000kWh/年与中间户 700 度（见附图 7-4）。

朝向影响不明显的原因，主要是因为这些建筑的窗墙比都非常小，对能耗的影响基数不大。而中间户能耗比边户的小，是因为中间户的外窗、外墙比边户少的缘故。

3.4　标识数据的使用

标识数据经审核后，便可以将其填入如附图 7-1 所示的标识卡，每户一张。售

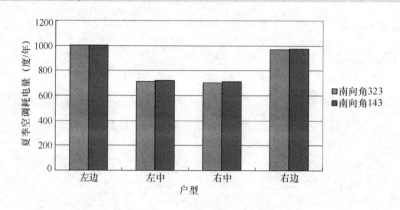

附图 7-4　不同朝向、位置、户型对夏季空调耗电量的影响

楼时将整个楼盘的所有标识卡制作成集，摆放在售楼现场，供前来的购房者翻阅参考。当某一户成交时，其标识卡将一并移交户主。用户在该户的使用过程中，如有需要，可根据实际情况对所标识的数据进行修正。修正后数据可以与实际空调耗电量进行对比。

4　调研工作计划

住宅能耗标识最终是要推向市场与社会各方接触，特别是与房地产市场各方主体：标识的供方——房地产商、标识的"推销商"——售楼人员、标识的最终服务对象——消费者，息息相关。了解相关方面对住宅能耗标识的看法建议可以帮助认清能耗标识的社会现状，即优点、不足以及进一步的需求等，为进一步完善住宅能耗标识制度提供科学依据。为此，清华大学社会学系准备在项目开盘前后就本标识对房地产商、售楼人员、购房者展开调研，以下是调研方案。

4.1　购房者（消费者）调研

计划通过两场消费者座谈会，每一场座谈会由6~8人参与，深入了解目标消费者的购房决策过程、对节能的认知、对住宅节能的认知，并对现有的能耗标识体系进行测试。了解其期望、困惑、问题等，为营销概念开发打下基础。同时在上海、北京等城市开展调研工作，进行城市间比较研究。目标被访者应满足的条件：1) 过去四年内已购商品房者；2) 购房决策人；3) 年龄在25~60岁之间；4) 家庭可支配收入处于社会中高等水平之上。

4.2 售楼人员调研

计划选取深圳两家或以上的销售商,每一家销售商中选取 3~4 名销售人员进行深度访谈。目的是从市场销售角度,深入了解购房消费者的群体细分、购房选择影响因素、节能概念的推广情况和市场接受程度,发掘市场需求。目标被访者应满足以下条件:1) 深圳商品房销售行业从业经验 2 年以上;2) 在深圳居住 2 年以上。

4.3 房地产商(管理者)调研

采用访谈的方式,调查房地产开发商对住宅节能化的态度,重点了解其对住宅能耗标识系统的了解程度、评价及开发意愿,并搜集改进建议。

4.4 调研结果评审

组织专家会议,邀请相关领域,包括建筑学院、社会学系、传播学院、美术学院等领域的专家,针对以上的调研结果进行评审,提出有针对性的利益点、结合点。具体操作方法是定性报告陈述、头脑风暴讨论等。

5 总结与展望

从本次住宅能耗标识试点工作来看,技术上的问题基本解决。本试点工作得到了房地产商的认同与积极配合。从房地产商的初步反应看,住宅能耗标识需要进一步加强与房地产市场各方的沟通,了解各方需求、期望,以便进一步完善。因此在项目试点实施过程中,调研社会各方的反应十分必要。相信通过理论与实际需求的紧密结合,住宅能耗标识必然有效地促进我国住宅建筑节能的发展。

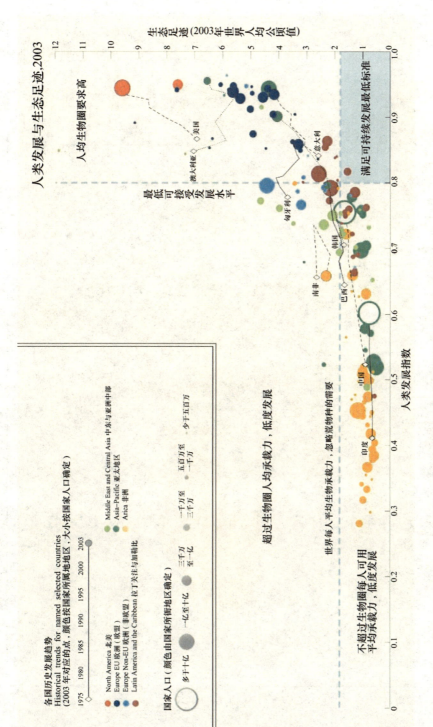

图 1-37　2003 年世界主要国家人类发展与生态足迹

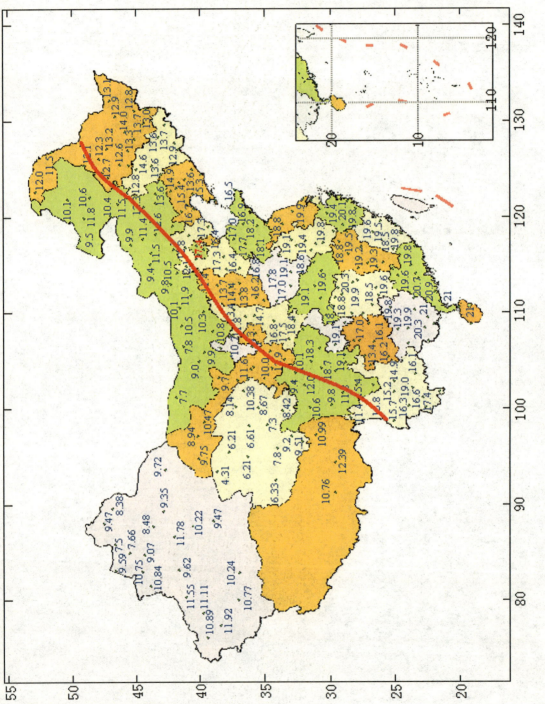

图 3-24 我国主要城市最湿月的平均含湿量 (g/kg)

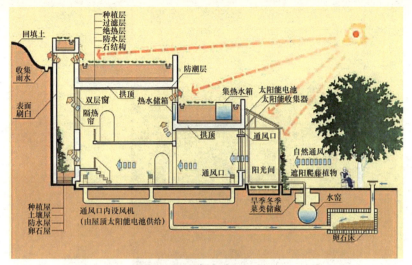

新型窑居节能设计原理图

节能型窑居建成实景

农民模仿自建新窑居

图 节能型窑居建筑的设计原理和实景

新窑居聚居

图 3-38 节能型窑居建筑的设计原理和实景（二）